HIT

HARBIN INSTITUTE OF TECHNOLOGY

1920—2020

100th ANNIVERSARY

勠力同心　笃行致远

哈尔滨工业大学化工与化学学院发展史

《勠力同心　笃行致远》编委会　编

哈爾濱工業大學出版社

图书在版编目(CIP)数据

勠力同心　笃行致远:哈尔滨工业大学化工与化学学院发展史/《勠力同心　笃行致远》编委会编.—哈尔滨:哈尔滨工业大学出版社,2020.10

ISBN 978-7-5603-9117-5

Ⅰ.①勠…　Ⅱ.①勠…　Ⅲ.①哈尔滨工业大学化工与化学学院-校史-大事记　Ⅳ.①G649.283.51

中国版本图书馆 CIP 数据核字(2020)第 196049 号

勠力同心　笃行致远:哈尔滨工业大学化工与化学学院发展史

LULI TONGXIN DUXING ZHIYUAN:HAERBIN GONGYE DAXUE HUAGONG YU HUAXUE XUEYUAN FAZHAN SHI

策划编辑　李艳文　范业婷
责任编辑　苗金英　王晓丹
封面设计　屈　佳
出版发行　哈尔滨工业大学出版社
社　　址　哈尔滨市南岗区复华四道街 10 号　邮编 150006
传　　真　0451-86414749
网　　址　http://hitpress.hit.edu.cn
印　　刷　哈尔滨市石桥印务有限公司
开　　本　787mm×1092mm　1/16　印张 15.25　字数 286 千字
版　　次　2020 年 10 月第 1 版　2020 年 10 月第 1 次印刷
书　　号　ISBN 978-7-5603-9117-5
定　　价　100.00 元

编 委 会

顾　问　王金玉　徐崇泉　史鹏飞　强亮生

　　　　姜兆华　黄玉东　尹鸽平

主　编　孟令辉　杨春晖

副主编　杨云峰　黎德育　龙　军

编　者　王　平　裴　健　李　娜　穆　韡

　　　　李　季　张　华　盛　利　李宣东

　　　　罗成飞　郭　威　刘志威　胡　桢

　　　　杜耘辰

卷首语

一世纪规格功夫，新百年世界一流。2020年6月7日，习近平总书记在致哈尔滨工业大学建校100周年的贺信中指出，在党的领导下，学校扎根东北、爱国奉献、艰苦创业，打造了一大批国之重器，培养了一大批杰出人才，为党和人民作出了重要贡献。

百年勠力同心，百年笃行致远，化工与化学学院的发展建设始终服从国家战略布局，服从学校建设大局。学院的发展历史最早可以追溯至1925年，学校成立了讲授理论基础课程的化学教研组，之后建立了当时全校规模最大的实验室——化学实验室。1938年，学校改名为哈尔滨工业大学后，正式开设应用化学科并招生，从理论教学授课走向与科学实践研究相结合的办学模式。抗日战争胜利后，学校重新组建了化工系，但随着1952年全国院系大调整，化工系转入大连工学院，成为其化工学科发展的重要基础，学校仅保留了少部分从事化学基础课程及实验课程授课任务的教师。一切从头开始的化工化学人并未气馁，补充师资、组织招生、学习经验，在1958年重新成立了化学工程系，之后虽然历经"南迁北返"等困难，但化工化学人自强不息，艰苦创业，不断发展壮大，办学地址的变迁就是最好的例证：从原来的老化学楼、机械楼地下室、电机楼，到搬入共用的理学楼，再到独立成院搬入使用面积近两万平方米的化工楼（明德楼），近百年的发展历程，始终秉承并弘扬"规格严格，功夫到家"的哈工大校训，为社会输送了万余名毕业生，并获得了一批国家级科研奖励。

总结历史是为了更好地开创未来。本书通过"艰苦奋斗创新业""奋发作为铸辉煌""追求卓越谋新篇"三方面内容细数学院近百年发展大事记，通过各专业创建历程详细介绍发展壮大过程，以及通过精心收集整理毕业生名单将每一名学生"载入史册"。回顾本书从策划、编纂、审校到出版，反复前往档案馆查阅资料、组织专题会议讨论撰写内容、征求老先生们的意见建议，每一次查阅资料、聆听历史，都让我们感慨动容、荡涤心灵，比如整理毕业生名单时，年逾80岁高龄的王金玉老师依然能一一回忆复述出1965届和1967

届所有学生的姓名,令人惊叹又自愧弗如。借此机会对所有为本书编纂提供帮助的老先生和老师、校友表示衷心的感谢,学院近百年发展历史厚重且丰盈,难免会出现疏漏和错误,恳请大家谅解。

长风破浪会有时,直挂云帆济沧海。我们希望通过编写此书,指引新百年化工化学人承前启后、凝聚力量,以我们特有的精神气质,肩负育人育才使命,瞄准国际学术前沿和国家重大战略需求,努力为实现“两个一百年”奋斗目标和中华民族伟大复兴的中国梦作出新的更大贡献。

《勠力同心　笃行致远》编委会

2020 年 7 月

目 录
CONTENTS

勤力同心　笃行致远

勤力同心　笃行致远

第一章

学院大事记

HARBIN INSTITUTE OF TECHNOLOGY

1920-2020

学校于1925年成立化学教研组，1938年开设应用化学科，是我国设立化工与化学学科较早的院校之一。新中国成立后，经过数次院系调整，1980年重新成立应用化学系，2008年成立化工学院。2015—2016年，食品学院、理学院化学系和基础与交叉科学研究院化学部分并入，学院更名为化工与化学学院。

学院紧扣立德树人根本任务，着力培养信念坚定、品德优良、知识丰富、本领过硬、具有国际视野的创新型化工化学人才，为社会各行各业输送了万余名毕业生。根据全国第四轮学科评估结果，毕业生质量在化工类学科中排名全国第二。建有首批全国高校"双带头人"教师党支部书记工作室、首批全国党建工作样板支部，学院党委2019年入选新时代高校党建示范创建和质量创优工作全国党建工作标杆院系。

学院紧密围绕国际学术前沿和国家重大战略需求开展研究，坚持立足航天、服务国防，面向国民经济主战场，在新型动力电源、新型能源材料、高分子材料、材料表界面工程、光电功能晶体与器件、硅基材料、生物分子工程、食品工程与极端环境营养等领域取得显著成果，形成了鲜明的特色和优势。学院承担了国家科技重大专项、国家重点基础研究发展(973)计划项目、国家高技术研究发展(863)计划项目、国家科技支撑计划项目、国家科技部国际合作项目、国家自然科学基金重点项目以及国防航天重大重点项目等一批重要科研项目，共获国家级科技奖励16项、省部级科技奖励近200项，出版专著、教材近100部。近年来，在*Science*、*Nature*子刊等著名期刊上发表论文5 000余篇，包括全国百篇最具影响国际学术论文、ESI高被引论文等，授权发明专利1 000余件。学院高度重视科研成果转化，建立了哈工大-无锡新材料研究院等产学研平台，多项成果实现了工程应用及产业化，创造了显著的经济和社会效益。

学院现有教师217人，教授73人，副教授65人。双跨院士2人，"长江学者"特聘教授5人，"长江学者"讲座教授2人，国家杰出青年基金获得者1人，国防科技卓越青年人才1人，"百千万人才工程"国家级人选1人，国家"万人计划"领军人才6人，国家级青年人才计划6人，"长江学者"青年学者1人，军委科技委青年托举人才1人，科技部创新领军人才1人。全国创新争先奖获得者1人，中国青年科技奖获得者3人(特别奖1人)，中国青年女科学家奖获得者1人，哈尔滨市市长特别奖1人。英国皇家化学会会士3人，爱思唯尔中国高被引学者2人。国防科技创新团队1个。省教学名师1人，国家级教学团队1个，国家级精品资源共享课1门，国家级精品在线开放课程1门，全国学位与研究生教育学会研究生教育成果奖1项，省部级高等教育教学成果奖10余项，省优秀研究生导师团队1个。建有化学工程与技术一级学科博士点，化学、食品科学与工程两个一级学科硕士点。化学工程与技术学科为工信部重点一级学科、黑龙江省重点一级学科，建有博士后流动站，在全国第四轮学科评估中位居全国第8位、QS世界大学排名全球151～200名；化学学科进入全球ESI(基本科学指标数据库)前1‰的行列。建有国家级实验教学示范中心、国家地方联合工程实验室、工信部重点实验室和黑龙江省重点实验室/工程中心等教学和科研平台。

学院结合自身优势和科研平台积极开展国际交流与合作，与20余所世界名校及科研机构建立了良好的合作关系，与瑞典皇家工学院、丹麦奥胡斯大学、新加坡国立大学等建立了学分互认联合培养项目，成立了"哈尔滨-奥胡斯尺度界面化学与工程国际中心"及"中俄特种食品联合实验室"等国际化联合科研平台，积极开展双边或多边国际联合论坛，拓宽了师生的国际化视野，扩大了国际化影响力，并吸引了一大批海外留学生来院求学和深造。

第一节 艰苦奋斗创新业(1925—1979 年)

1925 年,建立化学教学教研组,为铁路建筑系和机电工程系讲授化学理论基础课程。

1928 年,建立化学实验室,是学校同时成立的四大实验室之一,另外 3 个为物理、电气工程和材料强度实验室。

1938 年,学校改名哈尔滨工业大学后,正式开设应用化学科,是学校的六大科之一,另外 5 个为土木、建筑、电气、机械、采矿冶金科,招收的学生来自中国、朝鲜及日本。同年,学校扩建了化学实验室,使用面积超过 500 平方米。

1940 年,应用化学科学生刘丹华作为发起人之一,成立了以反对日本帝国主义、不当亡国奴为宗旨的“青年抗日革命组织”。

1940 年,应用化学科朝鲜学生李钟玉毕业,回国后参与朝鲜经济建设发展,历任朝鲜政务院总理、国家副主席。

1941 年,应用化学科学生高方参加抗联地下组织“北满执委部”,并担任哈尔滨 85 组组长。

1941 年应用化学科毕业班学生合影

1942 年,一年级学生的第一学期期末考试中,应用化学科中国学生于永忠排名第一,为全校排在各科第一名的 4 名中国学生之一。于永忠后来成为我国高能炸药合成领域的开拓者和功勋科学家。

勤力同心 笃行致远

1949 年 4 月，根据国家发展需要，学校重新组建了化工、矿冶和航空 3 个系。

1949 年，我国第一艘核潜艇总设计师及核工业奠基人彭士禄在化工系就读，同年底转至大连大学应用化学系学习。

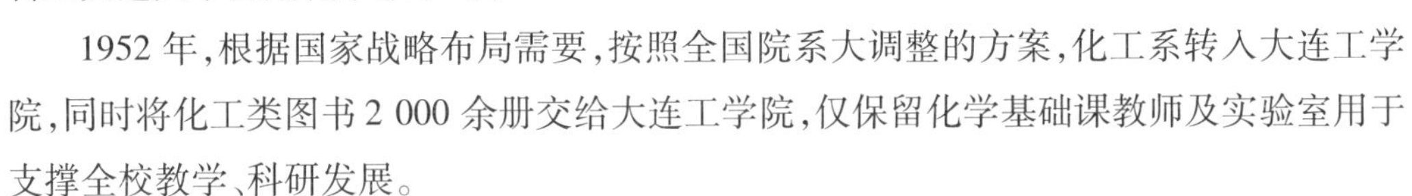

1952 年，根据国家战略布局需要，按照全国院系大调整的方案，化工系转入大连工学院，同时将化工类图书 2 000 余册交给大连工学院，仅保留化学基础课教师及实验室用于支撑全校教学、科研发展。

全国院系大调整时进行物资搬运

1955 年，教育部在学校召开全国第一次普通化学教学经验交流会，教师周定代表哈工大化学教研室在会上介绍了学习苏联教学经验的体会，并把由化学教研室编写的全套教学资料赠送给全国的兄弟院校。时任国家高等教育部副部长、化学专家曾昭抡参加了会议，对会议给予高度评价，认为哈工大化学教研室为兄弟院校学习苏联经验、提高教学质量做出了贡献。

周定在指导有机化工专业学生进行有机合成化学实验

周定在上化学讨论课

卢国琦在实验室指导化学实验

勤力同心 笃行致远

路建培与俄语实验员一起准备实验

化学实验室同志在准备化学实验

1958 年上半年,由李见明、张毓芬、肖涤凡等教师组成了化学工程系筹备组,前往大连工学院、天津大学等兄弟学校学习创办化学工程系的经验,同时进行招生、补充师资等工作。

1958 年 8 月 4 日,化学工程系正式宣布成立,设立无机物工学、基本有机合成和化工机械 3 个专业。同日,系属稀有元素提炼厂和炼焦厂投入生产。会上,时任校党委第一书记兼校长李昌同志做了重要指示,时任党总支书记兼代理系主任张毓芬等同志讲话。此外,学校决定成立化工研究室,组织全体教师试制新产品和解决尖端技术问题。同年,相关研究成果持续涌现:研发生产钾盐、丹宁、硫酸肼等产品,并指导同学生产墨水和肥皂;试制金粉成功;成功开发了一种新的测定硅酸盐、碳酸盐和黏土中的氧化钙、氧化镁的方法,效率提高 64 倍;提炼出纯度达 99.9% 、可用于制造电子计算机的稀有金属锗,受到李昌校长高度肯定。

化学工程系成立大会

1959 年 1 月 27 日,学校任命古士淼担任化学工程系党总支第一书记。

1960 年 3 月 26 日,化工研究室有机硅单体小组入选我校首届先进集体代表名单。

化学教研室全体教师合影

1960 年，成立电化学工学专业，首届招收 2 个班学生共计 87 人（其中包括电化学与化学电源训练班 27 人）。

1961 年，学校任命禹明武、蔡善昶、张萍担任工程化学系党总支副书记。

1962 年 7 月，根据中央“调整、巩固、充实、提高”的八字方针，一级军委装备会议对院校专业调整的决定，化学工程系调整为工程化学系，其中包含了非金属材料及成型工艺专业（高分子材料科学与工程专业的前身）和电化学及化学电源专业。时任非金属材料及成型工艺专业负责人为贝有为，电化学及化学电源专业负责人为卢国琦。同年，学校任命袁礼周担任工程化学系党总支书记。

电化学专业成立后全体教师合影

1962—1969 年,连续培养了 7 届工程化学系毕业生。

1965 年 2 月 8 日,学校任命郭守礼担任工程化学系党总支书记。

1970—1973 年,工程化学系部分教师随学校经历“南迁北返”。

1972 年,成立人工晶体研究室,早期研究人员有徐玉恒、徐崇泉、蒋宏第、强亮生等。

1973—1976 年,电化学工学专业招收培养了 4 届工农兵学员。

1978 年 3 月,国家高考制度恢复后,电化学专业 77 级新生入学。同年 9 月,化学师资班学生入学。

第二节　奋发作为铸辉煌(1980—2007 年)

勤力同心　笃行致远

1980 年 11 月 1 日,学校举行应用化学系成立大会。校党委常委张真、李家宝等参加大会并表示祝贺,应用化学系负责人佘健介绍了基本情况:建系后有教师 75 人,其中副教授 9 人、讲师 43 人、工程技术人员 23 人(高级工程师 1 人、工程师 7 人),将承担普通化学、无机化学、有机化学、物理化学、分析化学等重要基础课程,并表示一定要把应用化学系的各项工作做好,为实现“四个现代化”、培养高质量的化学化工人才做出新的贡献。

我校应用化学系成立

房产处组织人员检查防寒工作

校报报道应用化学系成立大会

1981 年，胡信国等研究的“一步法无氰镀铜”项目获国家发明三等奖，为学校首个获国家发明奖项目。

1981 年 3 月 16 日，学校任命佘健为应用化学系主任，周定、肖涤凡、石桐为副主任。任命于国政、张满山为党总支副书记。

1982 年，获批全国首批应用化学硕士学位授权点。

1982 年 4 月 15 日，学校任命赵清慧为应用化学系党总支书记。

1983 年 6 月 9 日，学校任命胡信国为应用化学系副主任，任命王福平为应用化学系党总支副书记。

1983 年 10 月 7 日，应用化学系首届 80 级环境化学与工程专业的两名研究生蔡伟民、杨硕林在导师周定的指导下，通过毕业答辩并获得硕士学位。

1984 年 7 月，电化学专业第一位硕士舒建文毕业，导师为卢国琦。

1985 年，学校任命胡信国为应用化学系主任，任命杨景德、孙强、田占行为副主任。

1987 年 2 月 26 日，学校任命徐崇泉为应用化学系副主任。

1987 年，陈庆琰、温溯平、黄荣泰研究的“氟硼酸体系电镀废水的处理”项目获国家发明四等奖。

1988 年，王鸿建、王金玉等研究的“铅青铜轴瓦电镀铅锡铜三元合金”项目获国家发明三等奖。

1988 年 6 月 24 日，学校任命刘兰毅担任应用化学系党总支副书记。

1989 年，王纪三等人首次将泡沫镍作为电极材料，研发出中国第一块新型高能量镉镍电池，大幅度提高了当时镍镉电池的电化学性能，并在全世界首次实现产业化，引领了电池行业技术变革。

1990 年，韦永德等研究的“稀土特殊共渗热处理新技术”项目获国家发明二等奖，是学校有史以来获得的最高层次奖励。

1990 年 11 月 16 日，学校任命王福平担任应用化学系党总支书记。

1991 年 4 月 12 日，应用化学系首名环境化工博士后陈福明出站，并被学校认定为副教授。

1992 年 10 月 30 日，学校任命周德瑞担任应用化学系党总支书记。

1994 年 4 月 22 日，学校整合应用化学系、应用数学系、应用物理系、生命科学与工程系（筹）成立理学院。在成立大会上，首任院长刘亦铭做了题为“认清形势，抓住机遇”的报告。当时应用化学系主任为胡信国，副主任为徐崇泉、张秋道、刘兰毅。

1994 年 9 月 9 日，学校任命徐崇泉担任应用化学系主任。

1996 年，苏贵品、李晓飞、胡信国等研究的“高效高速低温工程镀铬工艺研究”项目

获国家发明四等奖。

1996 年,陈庆琰、孙治荣、薛玉等关于“综合利用头孢氨苄废液制备六甲基硅脲”的研究成果获国家发明四等奖。

1996 年,成立化学实验中心,以化学实验改革为突破口,突出化学学科及学科改革的特点,深入进行化学教学改革。当时中心负责人为尤宏。

1997 年 6 月 22 日,理学院应用化学系电化学专业师生和校友代表在邵馆集会,庆贺电化学专业创建 35 周年,校领导李生、谭铭文,理学院领导刘亦铭、刘兰毅等出席会议并表示祝贺。

1998 年 4 月 25 日,高分子材料科学与工程专业师生代表与兄弟单位代表在邵馆集会,祝贺专业成立 38 周年。校长杨士勤与理学院、应用化学系党政领导到会表示热烈祝贺。

1999 年 1 月,蔡伟民等人根据超分子化学理论研制出的“8% 扑虱灵农药水面扩散剂”入选 1998 年高校十大科技进展。

1999 年 3 月,应用化学系从原化学楼、机械楼地下室、电机楼及地下室等旧址搬入理学楼。

1999 年 3 月 21 日,学校任命姜兆华担任应用化学系主任,任命尹鸽平担任应用化学系副主任。

2000 年 6 月,哈尔滨工业大学和哈尔滨建筑大学合并,原应用化学系环境学科所属专业和教师并入市政环境学院,哈尔滨建筑大学化学师资并入应用化学系。

2000 年,获批应用化学二级学科博士学位授权点。

2000 年 3 月 21 日,根据教育部专业目录调整,应用化学系所属三个专业更名为:高分子材料与工程、化学工程与工艺(原电化学)、应用化学(原精细化工)。

2001 年 6 月,强亮生受聘为教育部高等学校非化学化工类专业基础课程教学指导委员会委员。

2001 年 10 月,任命孟令辉担任应用化学系副主任。

2002 年 1 月 7 日,黄玉东入选国防科工委“511 人才工程”。

2002 年 3 月 15 日,建立材料化学本科专业,并在同年开始招生。当时专业负责人为陈振宁。

2003 年,获批化学工艺二级学科博士学位授权点。

2003 年 5 月,学校任命孟令辉担任应用化学系党总支书记。

2004 年,“大学化学”获批国家精品课程。

2004 年,任命杨春晖担任应用化学系副主任。

勤力同心 笃行致远

2004 年 2 月 26 日,全国第一轮学科评估中,化学工程与技术学科排名全国第 15 名。

2005 年,获批化学工程与技术一级学科博士学位授权点。

2006 年,应用化学系参加全国高等学校本科教育质量评估,学校整体评估结果为优秀。

2006 年 3 月,黄玉东受聘为教育部高等学校高分子材料与工程专业教学指导委员会委员,姜兆华受聘为教育部高等学校化学工程与工艺专业教学指导委员会委员。

2006 年 3 月 27 日,学校任命黄玉东担任应用化学系主任,任命韩喜江担任副主任。

2006 年 6 月,建立核化工与核燃料工程本科专业。当时专业负责人为李欣。

2007 年,获批化学工程与技术博士后流动站。

第三节 追求卓越谋新篇(2008—2020 年)

2008 年 7 月 8 日,按照学科发展需要,经学校批准同意,将高分子、电化学两个隶属工科的专业,整建制成立化工学院,同时吸纳了部分应用化学系其他专业的骨干教师,教职工总数 45 人。成立大会在邵馆礼堂举行,校领导孙和义、崔国兰到会祝贺,金涌院士、衣保廉院士,时任大连理工大学化工学院院长曲景平等相关兄弟单位领导应邀参会。

首任党政领导班子为:党委书记姜兆华,院长黄玉东,副院长尹鸽平、杨春晖、孟令辉。

化工学院成立大会

2008 年，王振波的博士论文《直接甲醇燃料电池阳极碳载铂-钌基合金催化剂研究》获全国优秀博士学位论文提名，导师史鹏飞、尹鸽平。

2008 年 9 月，学校任命岳会敏担任院党委副书记，主管学生工作。

2009 年，根据部分教师研究方向，新增化学工程与工艺专业化学工艺方向，并在 9 月开始招生。学院委任姜兆华牵头建设该专业。

2009 年 1 月，全国第二轮学科评估中，化学工程与技术学科位居全国第 10 名。

2009 年，“大学化学”团队入选国家级教学团队，负责人强亮生。

2009 年 4 月，化工学院院长黄玉东入选教育部“长江学者”特聘教授。

2009 年 6 月，按照学校的统一部署，化工学院负责内蒙古自治区的招生工作，由孟令辉担任招生组组长。

2009 年 9 月 25 日，学院召开首届教职工大会，选举产生了职代会和工会两级组织，校领导崔国兰出席大会。

2009 年，获批“寒地资源食品质量安全与极端环境营养”黑龙江省重点实验室，负责人张兰威。

2010 年 1 月 8 日，学院召开首届党员代表大会，全院党员干部以“围绕学院中心工作，积极推进学院科学发展”的报告为主线，深入讨论、形成共识，明确了奋斗目标，推选产生第一届学院党委委员。校党委书记王树权书记到会讲话，鼓励化工学院要坚持“小院也要办大事”的精神，使学院尽快发展起来。

化工学院第一次党员代表大会

2010 年 3 月，姜兆华负责的“应用表面化学”课程被评为黑龙江省精品课程，填补了学院在专业课程建设上的空白。

2010 年 10 月，化学工程与工艺专业（电化学方向）获批教育部“卓越工程师教育培

养计划”,获批学校建设资金75万元。

2010年10月,引进中国科学院半导体研究所梁骏吾院士为双跨院士。

2010年,获批“新能源材料界面化学与工程”黑龙江省重点实验室,负责人黄玉东。

2011年3月,新增国家新兴战略产业新专业——“能源化学工程”本科专业,成为全国首批建立的10个能源化工专业之一,并在秋季学期开始招收首届本科生。学院委任杨春晖牵头建设该专业。

2011年4月,举办首届本科生科技创新论坛,推动了大学生创新创业活动的开展,加强了学生间的学术交流。

2011年4月5日,聘请丹麦奥胡斯大学、界面科学领域顶尖科学家弗莱明·贝森巴赫教授担任学校荣誉教授和首席国际学术顾问,学院牵头建设的“哈尔滨-奥胡斯尺度界面化学与工程国际中心(HAISI)”在行政楼一楼大厅举行成立揭牌仪式,任南琪副校长出席并致辞。

弗莱明·贝森巴赫教授受聘我校荣誉教授和首席国际学术顾问

2011年8月,于淼入选首批国家级青年人才计划。

2011年8月,2007级本科生刘远获第七届中国青少年科技创新奖。

2011年9月,购置11台(套)化工基础实验设备建立化工实验平台,服务新开设的化工单元操作等5门化工基础课程。

2011年12月,黄玉东负责的“纤维/树脂浸润增效关键技术及工程化应用”项目获国家发明二等奖。

2011年12月,“高分子材料与工程”专业获批黑龙江省重点本科专业。

2011年12月,以黄玉东为学术带头人、杨春晖为后备带头人的化学工程与技术学科省级带头人梯队获批,成为我校第二个获此荣誉的团队。

2012 年,新增化学工程与工艺专业生物化工方向,并在 9 月开始招收本科生。学院委任韩晓军牵头建设该专业。

2012 年 10 月,荣获黑龙江省优秀研究生导师团队,带头人黄玉东。

2012 年 10 月 25 日,以化工与化学学院为依托的哈尔滨工业大学无锡新材料研究院正式签约成立,黄玉东为院长,白永平为常务副院长。副校长韩杰才到会致辞。

哈尔滨工业大学无锡新材料研究院营运启动仪式

2012 年 10 月,黄玉东获黑龙江省第十一届劳动模范荣誉称号。

2012 年 12 月,杨春晖负责的“中远红外非线性光学晶体 * * * * 生长技术及应用”项目获国防科学技术发明一等奖。

2012 年 12 月,张生、尹鸽平发表的论文 *Graphene nanosheets decorated with PtAu alloy nanoparticles:facile synthesis and promising app lication for formic acid oxidation* 入选 2011 年全国百篇最具影响国际学术论文。

2012 年 12 月,化学工程与技术一级学科被评为工业和信息化部重点学科。

2012 年,高分子科学与工程系获评学校先进集体、先进党支部。

2013 年 1 月 18 日,为进一步加强化学电源和电化学领域在国内外的学科优势和特色,更好地适应我国国防航天电源的迫切需要,成立特种化学电源研究所,尹鸽平担任所长,杜春雨担任副所长。副校长王福平、科工院院长付强代表学校出席大会。

特种化学电源研究所成立仪式合影

2013 年 1 月，全国第三轮学科评估中，化学工程与技术学科位居第 8 位，比上一轮学科评估排名提升了两位。

2013 年 7 月，杨春晖获批国家杰出青年科学基金。

2013 年 8 月，化工基础实验平台获批黑龙江省化工实验教学示范中心。

2013 年 9 月，高分子科学与工程专业首届国际留学生班（简称印尼班）学生入学，共招收 5 人，霍华担任班主任。

2013 年 9 月，以学院为依托的黑龙江省天然石墨加工新技术与高端应用工程技术研究中心获批黑龙江省工程技术中心，负责人黄玉东。

2013 年 9 月，化工学院院长黄玉东获哈尔滨市长特别奖，并将所获奖金 10 万元全部捐助设立新生奖学金。

2013 年 12 月，杨春晖负责的“中远红外非线性光学晶体 * * * * 生长技术及应用”项目获国家技术发明二等奖。博士生雷作涛作为第二获奖人，获得首届国家开发银行科技创新奖学金。

2013 年 12 月，学院首席学术顾问弗莱明 · 贝森巴赫教授获评中国科学院外籍院士。

2014 年以来，尹鸽平、王振波连续 6 年入选爱思唯尔（Elsevier）中国高被引学者榜单。

2014 年 3 月，QS 世界大学学科排名中，化学工程学科进入全球 151 ~ 200 名，位居国内化工学科前列。

2014 年 4 月，张生的博士论文《燃料电池催化剂的可控合成及性能研究》获全国优秀博士学位论文提名，导师尹鸽平。

2014 年 5 月 5 日，化工学院获评学校安全工作先进单位。

2014 年 9 月，杨微微开设的“化工安全概论”课程正式面向大一新生授课，在学校率先实现安全教育进课堂。

2014 年 12 月，杨春晖入选教育部“长江学者”特聘教授。

2014 年 12 月，学校任命岳会敏为院党委书记、张旭为院长助理（主管学生工作）。

2015 年 2 月，黄鑫入选国家级青年人才计划。

2015 年 5 月 7 日，根据学科发展需要，学校决定将食品学院整体并入化工学院，成立食品科学与工程系。校长周玉主持会议并讲话，副校长安实、组织部长孙雪出席会议。增选卢卫红担任副院长。

2015 年 6 月，获批“新能源转换与储存关键材料技术”工业和信息化部重点实验室，负责人黄玉东。

2015 年 6 月，甘阳入选英国皇家化学会会士。

2015 年 8 月，承办第十八次全国电化学大会，共计 240 余家机构 2 400 余名代表出席；承办第十七届全国晶体生长与材料学术会议，共计 130 余家机构 650 余名代表出席。

第十八次全国电化学大会

第十七届全国晶体生长与材料学术会议

2015 年 12 月，院长黄玉东入选“国家百千万人才工程”。

2015 年 12 月，“化工学院本科生成长档案”项目入选教育部思政司高校辅导员工作精品项目。

2015 年 12 月，“重走抗联路”学生社会实践团队获全国大学生纪念抗日战争胜利 70 周年寻访活动优秀团队、全国大中专学生志愿者“三下乡”暑期社会实践优秀团队。

2015 年 12 月，黄玉东负责的“耐高温杂化硅树脂及其复合材料制备关键技术”项目获国家技术发明二等奖。

2015 年 12 月，陈冠英、姜再兴入选中组部“万人计划”青年拔尖人才。

2016 年 3 月 1 日，按照学校党委部署，为进一步整合资源、突出优势，按照做强化工、以工带理、相互促进的原则，决定将化工学院、理学院化学系以及基础与交叉科学研究院化学部分的办学资源进行整合，合并成立化工与化学学院。校长周玉、副校长丁雪梅、副校长安实、理学院院长高会军、基础与交叉科学研究院党委书记王广飞出席会议，大会由副校长丁雪梅主持。校长周玉在总结讲话中希望学院站在新的起点上，以新的成果、新的成就书写新的辉煌。增选吴晓宏为副院长。

原应用化学教研室更名为应用化学系，主任杨玉林；原材料化学教研室更名为材料

化学系，主任陈刚；原基础与交叉科学研究院理学中心化学部分成立化学系，主任孙建敏；任命李欣为化学实验中心主任。

2016 年 3 月，方习奎入选国家级青年人才计划。

2016 年 5 月，刘丽获第十四届中国青年科技奖。

2016 年 10 月，杨春晖入选“万人计划”科技创新领军人才。

2016 年 11 月 16 日，化工与化学学院首届党员代表大会召开，院党委书记岳会敏做了题为“坚守哈工大规格、练好哈工大功夫，加快世界一流化工化学学科建设步伐”的工作报告，推选出第一届学院党委委员。校党委书记王树权到会并讲话，校党委组织部部长孙雪出席会议。

2016 年 12 月，学生党员学风建设督导队作为学校学生党建工作品牌的亮点，在全国高校思想政治工作会议上进行汇报。

2016 年 12 月，获批“极端环境营养分子合成转化与分离技术”国家地方联合工程实验室，负责人卢卫红。

2016 年，“学生党员日常教育‘十个一’工程”工作案例获中组部组织工作教学案例评选三等奖，是全国高校唯一获奖项目。

2017 年 1 月，学校任命杜春雨担任副院长。

2017 年 4 月，吴晓宏入选教育部“长江学者”特聘教授，Hans Ågren 入选教育部“长江学者”讲座教授。

2017 年 5 月，王家钧入选国家级青年人才计划。

2017 年 5 月，博士生刘猛帅获学校“优秀学生李昌奖”。

2017 年 6 月，姜波获“侯德榜青年科技奖”。

2017 年 7 月，学院首届本科留学生丝塔芙顺利毕业，获得学士学位。

2017 年 12 月，吴晓宏负责的“＊＊＊轻质合金构件表面功能化研究”项目获国家技术发明二等奖。

2017 年 12 月，在全国第四轮学科评估中，化学工程与技术学科毕业生质量排名全国第 2，在校生质量排名全国第 5，科研成果和科研获奖 2 个指标排名全国第 4，在 147 个参评单位中位列 A 类。

2017 年 12 月，“无机化学（Ⅰ）”获批国家级精品在线课程，负责人张兴文。

2017 年，获批“黑龙江省空间表面物理与化学”黑龙江省重点实验室，负责人吴晓宏。

2018 年，博士生王宇获第四届中国“互联网+”大学生创新创业大赛金奖（学校首个）、工信部创新创业特等奖、宝钢优秀学生特等奖。

2018 年 3 月，刘丽入选第三批国家“万人计划”科技创新领军人才。

2018 年 3 月，2016 级材料化学学生团支部获全国高校“活力团支部”。

2018 年 5 月，刘丽入选教育部“长江学者”特聘教授。

2018 年 9 月，尹鸽平获学校首届立德树人先进导师。

2018 年 9 月，王振波、赵九蓬入选第四批国家“万人计划”科技创新领军人才，赵丽丽入选第四批国家“万人计划”科技创业领军人才。

2018 年 9 月，高分子科学与工程系教工党支部书记姜再兴工作室入选首批全国高校“双带头人”教师党支部书记工作室，是黑龙江省唯一入选的“双带头人”工作室。同年，高分子科学与工程系获校先进集体。

高分子科学与工程系教工党支部组织支部活动

2018 年 9 月，韩晓军入选英国皇家化学会会士。

2018 年 10 月，“面向重大需求、聚焦技术创新，应用化学研究生全链条培养的研究与实践”获第三届中国学位与研究生教育学会教学成果二等奖，是学院首个国家级教学成果奖。

2018 年 10 月，刘明入选国家级青年人才计划。

2018 年 11 月，学校任命孟令辉担任院党委书记。

2018 年 11 月，韩喜江受聘为教育部高等学校化学类专业教学指导委员会委员，唐冬雁为教育部高等学校大学化学教学指导委员会委员，韩晓军为教育部高等学校化工类专业教学指导委员会委员。

2018 年 12 月，吴晓宏获第十五届中国青年科技奖特别奖，姜波获中国青年科技奖。

2018 年 12 月，特种化学电源研究所师生联合党支部获评首批全国党建工作样板支部。

电化学专业老教师讲授“八百壮士”精神

2018 年 12 月，杨春晖参与的“寒区抗冰防滑功能型沥青路面应用技术与原位检测装置”项目获国家技术发明二等奖。

2019 年 2 月，姜波入选中组部“万人计划”青年拔尖人才。

2019 年 3 月，化学学科进入 ESI 全球前 4‰，农业学科在食品科学与工程系的主要支撑下进入 ESI 全球前 1% 行列。

2019 年 4 月，学校任命杨云峰担任学院党委副书记，主管学生工作。

2019 年 4 月，姜再兴获黑龙江省青年五四奖章。

2019 年 5 月，学院获学校 2018 年安全先进单位。

2019 年 5 月，黄玉东、吴晓宏 2 个团队入选黑龙江省头雁计划，共获资助 8 750 万元。

2019 年 9 月，本科生李为获“优秀学生李昌奖”（全校仅 5 名本科生获该奖项）。

2019 年 12 月，杨鑫参与的“农产品中典型化学污染物精准识别与检测关键技术”项目获国家技术发明二等奖。

2019 年 12 月，吴晓宏入选“第十六届中国青年女科学家”，陈冠英入选教育部“长江学者奖励计划青年学者”。

2019 年 12 月，学院党委入选第二批新时代高校党建示范创建和质量创优工作全国党建工作标杆院系。

2019 年 12 月，学院办公室获先进思想政治工作集体。

2019 年,学院先后与新加坡国立大学、澳大利亚阿德莱德大学等高校签署联合培养协议。

2019 年,为发挥传帮带作用,进一步推进挂牌上课制度,提高学院整体教学水平,组建“无机化学”“化学基础课”“化工基础课”教学团队。

2020 年 1 月,化学工程与工艺专业获批成为全国首批一流建设专业。高分子材料与工程、应用化学、材料化学获批黑龙江省首批一流专业。

2020 年 1 月,邵路入选英国皇家化学会会士。

2020 年 5 月,举行“百年育人”云端荣誉表彰大会,表彰 98 位从教 30 年以上的教师;举行“战疫教学与服务”云端表彰大会暨在线教学师生研讨会,表彰疫情期间高质量开展在线教学、尽心服务学院整体工作秩序、积极投身前线抗疫的优秀师生。

2020 年 5 月,姜兆华获第二届立德树人先进导师。

2020 年 5 月 30 日,黄玉东获第二届全国创新争先奖状。

2020 年 6 月 7 日,举行“致敬百年 · 化筑未来”校友师生论坛,与全院师生员工、离退休老教师、海内外广大校友和社会各界人士近千人通过线上集会,共同回顾历史,展望未来。

2020 年 7 月 2 日,学院新一轮行政领导班子换届工作完成,学校任命杨春晖担任院长,任命吴晓宏、刘丽、杜春雨、徐平担任副院长。

第二章

专业及平台发展史

1920
哈工大

100th
ANNIVERSARY

哈爾濱工業大學
HARBIN INSTITUTE OF TECHNOLOGY

1920-2020

第一节　高分子科学与工程系发展史

一、专业创建及发展

哈尔滨工业大学是新中国工业化的科技排头兵、中国航天科技人才的摇篮、国家新型工业化的基石。学校为满足航空航天发展需要，1962 年成立了航空非金属材料专业，即高分子材料科学与工程专业的前身。这是国内首批航空非金属材料专业，专业创始人为贝有为先生。在招收了几届本科生后，由于专业调整，航空非金属专业被迫取消，专业教师并入焊接专业，成为焊接专业所属的胶接教研室。

1966—1976 年，全国高校教学工作停滞，胶接教研室先是南迁至重庆，然后在 1974 年迁回主校区。魏月贞先生作为专业带头人，坚持开门办科研，1976 年研制成功了 6 种胶黏剂，所研制的系列粘接剂在航空航天领域得到了广泛的应用，其中 420 胶膜获得了航天科技进步二等奖。

1980 年，考虑到化学学科在国民经济和理工科发展中的重要地位，学校决定恢复建立应用化学系，胶接教研室开始网罗师资，准备筹建高分子材料专业。1981 年，应用化学系高分子材料专业正式成立，后来更名为高分子材料与工程专业。

2008 年，化工与化学学院成立，高分子材料与工程专业正式独立成为高分子科学与工程系。

高分子科学与工程系现有教师 34 人，其中长江学者 2 人，国家青年人才 3 人，教育部“新世纪人才支持计划”2 人，“万人计划”青年拔尖人才 2 人，教授 14 人，博导 16 人，副教授 9 人，教师博士化率达到 100%，有国外留学、进修经历的教师比例为 90%。教师年龄结构和职称结构合理，形成了一支以长江学者黄玉东教授为带头人的高水平教学团队，承担了专业教学和科研任务，其中多位教师在中国复合材料学会界面科学与工程专

业委员会任副主任，在黑龙江省复合材料学会任副理事长，担任国家安全重大基础研究项目专家组成员等，在国内同类专业中享有很高的知名度。

在全系教师的共同努力下，高分子科学与工程系在先进复合材料、功能高分子材料、高分子材料表界面工程、高性能有机纤维、高分子膜材料、工程塑料和耐高温防腐材料等研究领域取得了丰硕的研究成果，确立了国内外的学术地位。

现在高分子科学与工程系拥有的教学面积达到 2 000 多平方米，教学设备、资料齐全，固定资产达 1 200 万元，部分设备具有国际先进水平。2019 年 12 月入选黑龙江省一流本科专业建设名单。专业在全国高校同类专业评比中处于 A+水平，是黑龙江省重点专业，在国内高分子同类专业中处于领先的地位。现有高分子化学与物理硕士点、化学工程与技术博士点及博士后流动站。

近 10 年来，高分子科学与工程系面向国家对国防及民用先进高分子材料的需求，完成国家、省部级科研项目总数 50 余项，获国家技术发明二等奖 2 项、省部级奖励 7 项，发表学术论文 800 余篇，其中被四检收录论文 700 余篇，获得授权专利 200 余项，出版专著 4 部。目前在研项目 30 余项，其中包括国家重点研发计划、国家自然科学基金和国防重点预研项目等。

高分子科学与工程系始终坚持以立德树人为根本任务，秉承“规格严格，功夫到家”的校训，贯彻“以学生学习成效与发展为驱动”的教育理念，强化“厚基础、强实践、严过程、求创新”的人才培养特色，着力培养热爱祖国、信念执着、知行合一、求真务实、励志奋斗，具有健康、安全、环境质量责任关怀理念，具备沟通协作能力、解决复杂工程问题能力和终身学习能力，能在航空航天、化工、环境、生命工程等领域从事前瞻性基础研究、引领性技术创新的新型化工和绿色化学拔尖创新人才。迄今已培养合格本科毕业生 1 000 余人，硕士生近 500 人，博士生百余人。现每年招收本科生 30 余人、硕士生近 30 人、博士生 20 余人，涌现出一大批杰出校友，有科学家、航天专家、企业家和政府高级官员等。

高分子科学与工程系的发展大致可分为 3 个阶段。

勠力同心 笃行致远

（一）白手起家，砥砺前行（1981—1993 年）

1981 年，高分子材料专业（简称高分子专业）正式成立。

在高分子专业成立之初，条件异常艰苦，物资缺乏，在机械楼地下室仅 300 平方米的区域，时任高分子教研室主任的魏月贞先生，带领张志谦、邢玉清、范太炳等，克服重重困难，白手起家，艰苦奋斗，在教学和科研两方面拼出了一番新天地。

在科研方面，高分子教研室充分发挥自己的科研优势，在导电胶等特种胶黏剂研究领域继续深入研究。同时，高分子的前辈们还把目光放得更远，结合自身特色，积极探索新的研究方向。

20 世纪 80 年代初，时任高分子专业实验室主任的张志谦赴日本千叶工业大学学习交流，首次接触到玻璃纤维的表面改性。其间，魏月贞先生在参加国际会议的时候，敏锐地发现了两个新兴的研究方向：一个是导电高分子，另一个就是作为树脂基体和增强材料之间纽带的复合材料界面。老先生们不等不靠，自筹资金，迅速在这两个新兴的方向进行布局，开展研究工作。为此，高分子教研室专门将张志谦送到中科院化学所，跟随孙慕谨先生学习碳纤维表面的冷等离子体处理技术。张志谦学成归来后，教研室自筹资金，购买了冷等离子体发生设备，在国内率先开展了复合材料界面研究工作。

1982 年，"高模量碳纤维等离子体处理研究"获得航天部预研项目支持，魏月贞、张志谦、刘立洵带领陶晓秋、苏汲等硕士研究生在该方向上展开了深入细致的研究，通过碳纤维表面的冷等离子体处理，将复合材料的层间剪切强度提高了 20% 以上。1984 年，该项目获得航天部科技进步二等奖。高分子专业完美地完成了自己的第一次亮相，初步奠定了专业在复合材料界面方向的地位。

1985 年，由魏月贞和孙强主导的聚乙炔导电高分子研究获得了航天部科技进步二等奖。现在来看，当时的高分子老先生们准确把握住了时代的脉络，并且完美地付诸实践。然而，由于缺乏人员及资金的后续投入，并没有在导电高分子领域进行后续的研究工作。

1989 年，学校方面认识到了复合材料在新型材料中的重要地位，由顾振隆、姚忠凯、魏月贞"三驾马车"牵头成立国内首个复合材料博士点，这是一个涉及力学计算、金属基复合材料、陶瓷基复合材料、有机高分子复合材料等领域的综合性博士点。1990 年，黄玉东成为高分子专业第一位攻读复合材料博士学位的研究生。

1991 年，由张志谦和魏月贞牵头，获得了第一个国家自然科学基金——"树脂基碳纤维复合材料界面结构设计与直观表征研究"，自此高分子专业进入了复合材料界面的基础理论研究阶段，针对复合材料界面改性方法、界面相互作用机理和界面表征方法进行了深入细致的研究。其间，黄玉东博士开发了国内首台复合材料界面微脱粘测试仪，这台设备一改以往采用微复合材料等模型复合材料对界面进行研究的弊端，对复合材料的界面性能进行原位测试，为真实复合材料的界面作用机理研究提供了强大的表征手段。1992 年，复合材料界面微脱粘测试仪获航天部科技进步二等奖。时至今日，复合材料界面微脱粘测试仪已在 20 多家科研院所得到应用，为国内复合材料界面的研究提供了重要支撑。

10 年间，专业相继从国内各大高校补充师资，引进了孙强、金辉、苏汲、穆尉林、王炎、韩兴华、王绮明、赵建群、李寅、赵金宝、杨勇、陶晓秋、金庆镐、刘立洵、孟令辉、黄玉东等老师。

在教学方面，专业的各位老先生们建立了国内较早的高分子本科专业，结合本专业

的特色，逐步摸索建立了高分子专业的本科、硕士和博士培养方案。1982 年开始招收第一届硕士研究生，陶晓秋为专业首位硕士研究生。1983 年招收第一届本科生，共 25 人。

即使是在艰苦的条件下，高分子专业仍然为国家培养和输送了一大批优秀的人才。这一阶段有代表性的毕业生包括：

裴雨晨，航天三院 306 所，航天科工集团先进材料技术首席专家。1983—1987 年在专业就读，8371 班高分子专业首届本科毕业生。

陈刚，河北省委常委、省政府副省长、党组副书记，河北雄安新区规划建设工作领导小组办公室主任，雄安新区党工委书记、管委会主任。1984—1987 年，在高分子专业攻读硕士学位。

赵金保，厦门大学，教授，博士生导师，入选第 6 批国家级人才计划。1984—1987 年，在高分子专业攻读硕士学位。

黄玉东，哈尔滨工业大学，教授，博士生导师，“长江学者”特聘教授。哈尔滨工业大学化工与化学学院首任院长，现任哈尔滨工业大学人事处处长。1984—1993 年，在高分子专业攻读学士、硕士和博士学位。

张力，广东财经大学，教授，博士生导师。广东工业大学原党委常委，副校长，现任广东财经大学党委常委，副校长。1984—1988 年，在高分子专业攻读学士学位。

李寅，哈尔滨九洲电气股份有限公司董事长，全国优秀民营科技企业家。1986—1989 年，在高分子专业攻读硕士学位。

王福善，深圳牧己实业有限公司董事长。1986—1993 年，在高分子专业攻读学士和硕士学位。

杜红，新浪首席运营官兼联席总裁，荣登福布斯“中国科技女性榜”。1988—1992 年，在高分子专业攻读学士学位。

张翔，航天四院四十三所，航天专家。1988—1992 年，在高分子专业攻读学士学位。

刘宇艳，哈尔滨工业大学，教授，博士生导师，教育部“新世纪优秀人才支持计划”入选。1989—1996 年，在高分子专业攻读学士和硕士学位。

勤力同心 笃行致远

（二）鹰隼试翼，风尘翕张（1994—2004 年）

1994 年，学校考虑到数学、物理、化学等基础学科对学校发展的重要性，正式成立理学院，高分子专业随应用化学系并入理学院。

1995 年末，“211”工程正式启动。我校是首批入选“211”工程的 15 所院校之一，而复合材料学科作为学校十大重点资助的学科之一，获得了 1 000 万元的资金支持，高分子专业获得了其中的 250 万元。本着好钢用在刀刃上的原则，高分子专业将这些资金全部用于购买先进的仪器设备。1999 年春季，高分子专业搬出机械楼地下室，搬入理学楼，办

公条件和实验条件得到了一定的改善,使用面积达到600多平方米,高分子材料与工程专业进入了新的发展阶段。

这十年,是高分子专业不断巩固和提高自己在复合材料界面领域学术地位的十年。

1996年,黄玉东牵头的“碳/碳不同层次界面原位表征及其与宏观性能的关系”项目获得了国家自然科学基金;1998年再次牵头的“碳/酚醛立体织物纤维表面的均一改性研究及效果评价”项目获得了国家自然科学基金。在这些国家自然科学基金、“211”专项资金以及航天部、国防科工委等省部级项目资金的支持下,高分子专业在复合材料界面领域的研究不断深入,不仅取得了丰富的理论成果,在实际工程应用领域也有丰硕的成果。

1996年,等离子体连续处理碳纤维技术获得了航天部科技进步二等奖。

1997年,张志谦与黄玉东牵头,高分子专业与哈尔滨玻璃钢研究院在牡丹江镜泊湖联合主办了“第七届复合材料界面科学与工程学术会议”。这次学术会议汇聚了40余位国内外专家学者,对复合材料界面及其未来发展进行了深入的探讨。

1997年,黄玉东在“第11届国际复合材料会议(11th International Conference on Composite Materials,ICCM-11,澳大利亚)”做特邀报告。

1998年,连续碳纤维电化学阳极氧化处理技术获得了航天部科技进步二等奖。

1999年,黄玉东在“复合材料界面现象会议(Interfacial Phenomena on Composite Materials,IPCM'99,德国)”做特邀报告。

2000年,黄玉东在“第四届中日复合材料联合会议(4th China-Japan Joint Conference on Composite Materials,CJJCC-4,日本)”做特邀报告。

2002年,黄玉东在“第九届复合材料界面国际会议(9th International Conference on Composite Interface,ICCI-9,福州)”做特邀报告。

这一系列奖项,一系列国际、国内会议特邀报告,奠定了高分子专业在国内外复合材料界面领域的领先地位。

这十年,是高分子专业拓展新研究方向的十年。

在这十年里,高分子专业自己培养的学生相继留校任教。1995年,白永平博士留校;1997年,龙军博士留校;1998年,刘宇艳博士留校;2000年,刘丽博士留校任教;2002年,曹海琳博士留校(后调走)。在这新老交替的十年里,魏月贞先生、张志谦先生、邢玉清先生等老一辈高分子人欣慰地看到了新一代高分子人的成长,放心地将接力棒交到了以黄玉东教授和孟令辉教授为首的新一代高分子人手中。

在这十年里,不论是老一辈高分子人,还是新一辈高分子人,并没有迷醉在成绩里,他们都清醒地认识到了高分子专业的不足——研究方向过窄。为了拓展研究方向,让高分子专业的路越走越宽,两代人都在不断进行新的尝试,期待以复合材料界面为突破点,

以点带面，将研究方向扩展到整个树脂基复合材料领域。

早在 1993 年，白永平博士在张志谦和魏月贞先生指导下攻读博士学位，其课题方向就是新型聚酰亚胺的合成，这是高分子专业首次在高性能复合材料基体树脂合成方面的尝试。

1999 年，由张志谦牵头的“PP 微粒紫外光接枝及其玻纤毡高性能价格比材料基础研究”项目获得了国家自然科学基金。课题以玻纤毡增强 PP 复合材料为研究背景，采用马来酸酐紫外光接枝改性 PP 树脂，通过增强材料与树脂的界面相互作用来改善复合材料的综合力学性能，这是复合材料界面理论应用于民品复合材料的一次尝试。

1999 年，黄玉东敏锐地发现了芳杂环纤维的潜在应用价值，由黄玉东和龙军共同申请了航天创新基金项目“PBO 纤维的合成与制备研究”。这仅仅是一个小得不能再小的课题，但却是高分子专业后来长达二十年的高性能有机纤维制备研究的起点。

这十年，是高分子专业学生培养的黄金十年。

在改革开放的前二十年里，全国高校都面临着师资力量青黄不接的窘境，而出国潮和下海潮更是对很多高校的师资力量产生了巨大的冲击。高分子专业作为一个年轻的专业，所受的影响尤甚。老先生们逐渐年事已高，苏汲、赵金宝、王铁等年轻教师出国，金庆镐、李寅等年轻教师下海创业，频繁的师资流动对教学工作产生了巨大的影响，甚至连高分子物理、高分子化学这样重要的专业基础课程都不能保证稳定的师资力量。老先生们看在眼里，急在心上，想出各种办法解决这一问题。白永平、孙文训、龙军在攻读博士学位期间就为本科生授课，魏月贞先生在退休后毅然重新站上讲台，为硕士生授课。一直到白永平、龙军、刘宇艳、刘丽等博士研究生毕业后相继留校，这种窘况才得以缓解，高分子专业终于得以建立了一套人员相对稳定的本科教学力量，并逐步开展了一些教学研究工作。

2000 年，刘宇艳牵头的“面向实习教学的 CAI 课件的设计与实践”，获黑龙江省优秀高等教育科学成果优秀奖；2001 年牵头的“塑料成型工艺实习 CAI 课件”和“红外光谱分析实验教学软件”分别获东北地区高校优秀教学软件一等奖和黑龙江省教育科学研究二等奖；2003 年牵头的“塑料成型实习工艺 CAI 课件的研制”获黑龙江省优秀高等教育教学成果一等奖；2004 年牵头的“提高实习质量，减少实习经费的措施”获黑龙江省优秀高等教育科学成果三等奖。

2002 年，黄玉东获“国防科工委委属高等学校优秀教师”称号。

在理顺本科教学工作以后，高分子专业将目光转向了研究生培养方面。当时高分子专业的硕士学位点为复合材料，博士学位点为材料学，二者均归属材料学科。随着高分子专业的不断发展壮大，其研究生培养方面的弊端逐渐显现——部分研究生课程，尤其

勤力同心 笃行致远

是部分研究生学位课程的针对性不强。为此，高分子专业教师群策群力，努力筹建自己的硕士点和博士点。

2000 年，以电化学专业和高分子专业为主导，当时的应用化学系获得了应用化学博士点的博士学位授予权。2001 年，应用化学获评黑龙江省重点学科。高分子专业的博士研究生培养率先回归应用化学学科。

2002 年，高分子专业与化学工艺专业联合申请建立了化学工艺硕士点，高分子专业的硕士研究生培养正式回归应用化学系。

2004 年，高分子专业独立申请建立了高分子化学与物理硕士点，高分子专业独立拥有了自己的硕士二级学科。

在获得了自己的高分子化学与物理硕士点之后，高分子专业对国内外同类学科进行充分调研，结合自己的学科优势设定了研究生培养方案。培养方案中不仅设置了高等高分子物理、高等高分子化学、高分子分析表征技术、功能高分子等高分子方向研究生的传统课程，还包括高分子表面与界面等学科特色课程。至此，高分子专业形成了完善的本、硕、博人才培养体系。

这期间，高分子专业培养了一大批优秀的本科、硕士研究生和博士研究生，其中典型代表有：

刘丽，哈尔滨工业大学，教授，博士生导师，2018 年入选国家"长江学者"特聘教授。1995—2001 年在高分子专业攻读硕士和博士学位。

姜再兴，哈尔滨工业大学，教授，博士生导师，2017 年入选国家"万人计划"青年拔尖人才。2003—2007 年在高分子专业攻读博士学位。

邵路，哈尔滨工业大学，教授，博士生导师，2011 年教育部"新世纪优秀人才支持计划"人选，2020 年入选英国皇家化学会会士。1995—2001 年在高分子专业攻读学士和硕士学位。

党旭佞，航天九院，航天专家。1990—1997 年，在高分子专业攻读学士和硕士学位。

田华雨，长春应用化学研究所，博士生导师，2012 年国家自然科学基金优秀青年基金获得者；2019 年度国家杰出青年科学基金获得者。1994—1998 年在高分子专业攻读学士学位，1999—2001 年在高分子专业攻读硕士学位。

周永丰，上海交通大学，教授，博士生导师，国家杰出青年科学基金获得者和教育部"新世纪优秀人才支持计划"人选。1995—2001 年在高分子专业攻读学士和硕士学位。

许辉，黑龙江大学，教授，博士生导师，2016 年入选"长江学者"青年学者。1997—2003 年在高分子专业攻读学士和硕士学位。

(三)耕耘结硕果,梧桐引凤凰(2005—2020 年)

高分子专业的发展,与学校和学科的发展是息息相关的。2004 年,国家"985"工程二期建设启动,哈尔滨工业大学入选;在 2007 年教育部学位中心的全国第二轮学科评估中,学校的化学工程与技术一级学科从第一轮评估的第 15 名一跃前进到第 10 名,是学校进步最大的一级学科;在 2012 年第三轮学科评估中,化学工程与技术一级学科进一步前进到第 8 名,与很多老牌的化工强校比肩,高分子专业作为化学工程与技术一级学科的支柱专业之一,为此做出了重要的贡献。化学工程与技术学科的巨大进步,引起学校的高度重视。2008 年学校决定正式成立化工学院,并在"211"工程和"985"工程资助上予以适当倾斜。黄玉东任首任院长,高分子材料与工程专业正式独立成为高分子科学与工程系,刘丽任首任系主任。

随着专业的不断发展,贺金梅、宋元军、张春华、姜波、姜再兴等高分子专业自己培养的优秀博士毕业生相继留校。新教师的引进,以及每年不断招收的硕士生、博士生,使得办公和实验空间变得十分拥挤。但这些困难并没有阻挡教师们前进的脚步,由黄玉东、孟令辉、刘丽带领的高分子教研室,对待教学严谨认真、一丝不苟;对待科研大胆创新、一步一个脚印,按照既定的发展目标,以复合材料界面研究为突破点,坚持以点带线、以线带面,披荆斩棘,奋勇前行。

外有学校和学科的发展,内有 20 多年的科研沉淀,高分子专业厚积薄发,终于到了结出丰硕成果的阶段。

首先是继续强化高分子科学与工程系在复合材料界面领域的国际领先地位。

2008 年,以黄玉东为主导的"高性能材料表面化学修饰及界面作用机理",获黑龙江省自然科学一等奖。

2011 年,以黄玉东和刘丽为主导的"纤维/树脂浸润增效关键技术及工程化应用",获国家技术发明二等奖。该技术对界面均匀性基础理论和关键技术进行研究,发现界面不均匀的科学根源在于竞争吸附,在国际上首次提出溶液预浸中界面竞争吸附是影响预浸料浸透性的关键因素,明确了酚醛树脂在高性能纤维表面的吸附行为是酚醛、溶剂和纤维表面之间的氢键作用相互竞争的结果,阐明了超声高频空化强化浸润界面机理,建立了界面强化浸润的新方法、新工艺,提出了纤维/树脂界面强迫浸渍技术,解决了竞争吸附导致复合材料不均匀性的国际性难题,显著地提高了树脂对纤维的浸透性,使复合材料层间剪切强度的离散系数从 30% 降低到 10%,明显提高了复合材料的质量稳定性。这一技术解决了我国战略、战术重要武器型号研制和生产过程中的复合材料界面及工艺瓶颈,已成功应用于我国新一代战略武器和地地、地空、海防、空地、反导、反卫等战术武器以及我国载人航天神舟五号到十一号逃逸系统、风云二号气象卫星等所有的发动机喷

勤力同心 笃行致远

管生产，尤其在撒手锏武器中发挥关键作用。

该研究成果受到国内外同行的广泛关注，德国马普研究所所长、欧洲胶体与界面学会主席、国际胶体与界面终身成就奖获得者 Möhwald 教授在 *Adv. Mater* 上发表的文章将该成果作为经典的学术成果大段引用和评述。

2013 年，黄玉东牵头的“新型有机硅树脂制备方法及应用”，获黑龙江省技术发明一等奖。2015 年，“耐高温杂化硅树脂及其复合材料制备关键技术”，获国家技术发明二等奖。该技术瞄准深空探测飞行器、高速再入飞行器极端环境下界面粘接的急需，提出了基于耐高温、抗氧化基体树脂结构创新的高温界面粘接设计方法，建立异质材料宏观界面粘接的材料组分设计、热力性能优化体系，突破了高温界面粘接材料合成、高温结构稳定转化及实施工艺全流程关键技术与理论，解决了我国高超声速飞行器研制、试飞及定型中高温界面粘接的难题，使有机硅树脂在空气中的起始分解温度提高了 200 ℃，1 000 ℃的热失重小于 10%，使硅树脂基复合高分子材料的高温力学性能达到国际领先。同时，该技术还对高温结构转化与界面控制进行了研究，在此基础上发明了高氧化态金属氧化物高温转化剂，使其 1 000 ℃以上向稳定的无机结构转化，大幅度提高了界面粘接剂的耐热稳定性。

该成果突破了传统有机树脂 500 ℃使用的极限，形成了我国拥有自主知识产权的独特高温粘接剂，已成功应用在我国载人航天和多种卫星搭载等国家重大系列工程中，并形成了 HIT-J01、HIT-WJG01 等牌号的高温粘接剂系列产品。该成果解决了我国高速飞行器全部型号防热层等部位的高温粘接装配问题，满足了国防和航天领域对高温界面粘接领域的重大需求。在某型号的研制和生产中发挥重要作用，并定型批产。该成果提高了我国硅树脂的自主创新能力和技术水平，形成了成熟的创新体系，达到了国际先进水平，部分关键指标达到国际领先水平。这一研究成果不仅巩固了高分子科学与工程系在复合材料界面领域的地位，还开创了我系在耐高温复合材料树脂基体方面的新兴研究方向。

2018 年，黄玉东牵头的“复合材料界面调控关键技术及应用”，获黑龙江省技术发明一等奖。

其次，高分子科学与工程系在继续充分发挥其在复合材料界面领域科研优势的同时，还努力拓展新的科研方向。

黄玉东、宋元军，以及后来加入高分子系的胡桢和黎俊继续在高性能有机纤维合成与制备方面进行研究，在 PBO 纤维的基础上，开发了 PIPD 纤维等一系列新型的带有芳杂环结构的高性能有机纤维。

2010 年，刘宇艳主持的国家自然科学基金项目“环氧树脂及其复合材料的可控分解

与再利用研究”，针对热固性环氧树脂难溶难熔、难以分解的现状，在近临界条件下，以水为分解液，对不同交联网络结构的环氧树脂进行可控分解，为最终实现热固性环氧复合材料低成本、低污染回收奠定了研究基础。

2011 年，孟令辉主持了国家自然科学基金项目“基于超临界流体技术的表面改性及作用机理研究”，继续拓展复合材料表界面改性研究的理论和方法。同时，孟令辉还在探索超临界流体技术在塑料的降解、回收和再利用方面的应用。

刘宇艳和孟令辉的这些研究为高分子系开创了一个新的研究方向——塑料及复合材料的回收、循环、再利用。

2011 年，黄玉东主持国家自然科学基金重大研发计划项目“先驱体转化法制备多孔陶瓷/聚合物梯度结构功能一体化材料的研究”，开创了有机—无机杂化材料研究方向。

2016 年，刘宇艳主持国家自然科学基金项目“基于二阶段固化的新型形状记忆环氧制备及组织调控研究”，针对形状记忆聚合物在空间环境下易变形、强度低的问题，将二阶段固化的思路引入形状记忆环氧，合成一种新型的形状记忆聚合物，该聚合物可根据不同的固化机理进行两个阶段的独立固化。从分子结构设计角度出发，制备出二阶段固化可控的新型形状记忆环氧，实现了空间膜壳结构在轨展开柔—刚转化，为高收纳比超轻膜壳航天器的构建奠定了理论和实践基础。刘宇艳参与了国家重大专项，研发了层合铝刚化复合材料、紫外刚化复合材料、热刚化复合材料等系列新型材料，满足了不同空间充气展开结构的刚化任务需求，应用于大口径天线、太阳能阵列、空间伸展臂等结构中。团队研制的伸展臂在航天五院某卫星上成功在轨展开，实现航天器载荷可控充气展开、空间刚度获取，在轨保形时间超过 50 个月，处于国际领先水平。

2017 年，黄玉东、黎俊等人参与了国家探月三期工程中有关钻取采样取芯及功能组件的研制工作。该功能组件要求有效地完成月壤样品的获取工作，将月壤样品包裹于取芯软袋中并对软袋末端进行可靠封口，保证高取芯率、不漏样、不掉样，整个取芯装置具有很高的环境适应性，能在月面高低温交替、低重力、月尘等苛刻环境下可靠工作，并与后续的软袋提取以及缠绕整形动作形成良好接口，为整形缠绕做充分准备。采样难度极高，不仅采样地区特殊，而且采样深度远高于苏联与美国的月球采样任务，其成果将达到国际领先水平。

2017 年，黄玉东、刘丽等人牵头承担了科技部国家重点研发计划课题“新型氟硅材料制备关键技术”，总经费高达 1 908 万元。该项目所属专项为重点基础材料技术提升与产业化。该项目以笼型倍半硅氧烷（POSS）和全氟烯醚是新型硅、氟材料最重要的功能单体，作为共聚或改性单体参与聚合，可以在分子水平上对现有聚合物材料进行改性，对其研究和开发利用具有重要的科学意义和应用价值。上述两类功能单体的合成及其改性

勤力同心 笃行致远

聚合物理论和技术突破对于促进氟硅产业发展，满足国家战略需求具有重要意义，在航空、机械、石油化工、军事等领域显示了广阔的应用前景。

上述一系列重大科研课题，新型研究方向以及重要的科研奖励，使高分子科学与工程系自己培养的博士教师中涌现了一大批高端科研人才。

2008年，黄玉东入选“长江学者”特聘教授。

2010年，刘宇艳入选教育部“新世纪优秀人才支持计划”。

2017年，姜再兴入选国家“万人计划”青年拔尖人才。

2018年，刘丽入选国家“万人计划”科技创新领军人才及“长江学者”特聘教授。

2019年，姜波入选国家“万人计划”青年拔尖人才。

高分子科学与工程系逐渐从一棵小树苗成长为枝繁叶茂、硕果累累的梧桐树。但是黄玉东和刘丽等院系领导仍然居安思危，充分认识到了高分子系学缘结构的劣势，要为这棵梧桐树引来金凤凰，引进高端人才，丰富学缘环境，继续扩展科研方向。

2006年，邵路在新加坡国立大学获得博士学位后，加入高分子科学与工程系，2011年获教育部新世纪优秀人才支持计划资助。他10多年来面向环保、能源在高效功能(膜)材料和膜分离方向进行较为深入系统的研究，在天然产物在“绿色”分离膜构筑方面进行了前瞻性研究。在*Mater. Today*、*Energ. Environ. Sci.*、*Mater*、*Cell Rep. Phy. Sci.*、*Nat. Commun.*等顶级/重要SCI期刊发表文章120余篇。2017年，邵路作为通讯作者在*Energ. Environ. Sci.*(IF=30.2)发表的封面论文入选了ESI高被引论文。邵路的加入为高分子科学与工程系开创了高性能分离膜材料的新研究方向。2020年入选英国皇家化学会会士，受聘为《膜科学》国际期刊的编委。

2007年，徐慧芳从中科院化学所博士毕业后加入高分子科学与工程系，从事功能性纳米复合材料研究工作。

2008年，胡桢从华中科技大学博士毕业后加入高分子科学与工程系。2011年，黎俊从中科院宁波材料所博士毕业后加入高分子科学与工程系。两位博士首先共同参与了高性能有机纤维的合成与制备方面的研究工作，然后各自拓展出自己的研究方向。

2011年，于淼加入化工学院，入选首批国家级青年人才计划，随后转入高分子系。于淼博士毕业于英国Warwick大学，曾先后在丹麦奥胡斯大学，美国哈佛大学、麻省理工学院从事博士后研究工作。她在分子水平上的界面基础理论研究方面具有很深的造诣，她的加入对高分子表界面研究工作具有很大的推动作用，其主要研究方向为：(1)原子、分子在二维表面的吸附、组装与原位反应；(2)多功能性纳米粒子的设计、性能研究以及其在生物医药方面的应用；(3)杂化纳米材料的光致发光和光催化性能及其构效关系。已经在*Nat. Mater.*、*Nat. Commun.*、*Phys. Rev. Lett.*、*JACS*、*Angew. Chem. Int. Ed.*、*ACS*

Nano、*Nano Energy*、*Cancer Cell* 等顶级期刊发表多篇论文。

2014 年，黄鑫加入高分子科学与工程系，入选哈尔滨工业大学青年拔尖人才支持计划，2015 年入选国家级青年人才计划。黄鑫 2009 年于吉林大学获得博士学位后，先后在澳大利亚新南威尔士大学、德国莱布尼茨高分子研究所（洪堡学者）和英国布里斯托大学（欧盟玛丽居里学者）从事科研工作，主要研究方向是生命功能高分子仿生材料，包括基于生物大分子的生命行为组装构筑和生命功能高分子材料，同时还在 RAFT、ATRP 可控自由基聚合，超分子自组装，人工酶模拟等方面也有较深入的研究。黄鑫的加入进一步丰富和扩展了高分子系的生物医用高分子研究方向，并开拓了新的生命高分子研究方向。已经在 *Angew. Chem. Int. Ed.*、*Small* 等顶级期刊发表多篇论文。

2018 年，刘明入选国家级青年人才计划，2019 年加入高分子科学与工程系。刘明于 2012 年在新加坡南洋理工大学取得博士学位后曾任职新加坡淡马锡实验室。刘明研究方向为特种性能高分子开发及其在航天、航空、微电子等特殊服役环境和极端环境中的应用，在相关领域建立了扎实的科研基础。刘明的加入会进一步增强高分子系的科研实力。

就这样，自我培养与人才引进并举，高分子科学与工程系一步一步迈上了新的台阶。

在科研稳步发展的同时，高分子科学与工程系并没有忽视教学方面的建设，教师们苦练教学基本功，在教学改革方面不断探索。

高分子科学与工程系的两门基础理论课程——“高分子物理”和“高分子化学”分别于 2007 年和 2010 年获评哈尔滨工业大学校级优秀课程。

“高分子化学”的主讲教师龙军于 2009 年和 2011 年两次获得哈尔滨工业大学青年教师教学基本功竞赛二等奖，2010 年获校教学优秀二等奖。

“高分子物理”的主讲教师刘宇艳于 2012 年获校教学优秀一等奖。

2010 年，黄玉东获“黑龙江省研究生优秀导师”称号，以黄玉东为带头人的化学工程导师团队获“黑龙江省研究生优秀导师团队”称号。

2012 年，刘宇艳牵头的专业实践教学改革项目获黑龙江省高等教育学会优秀高等教育科学研究成果奖，黑龙江省高等教育学会优秀高等教育科学研究成果二等奖。

2013 年，“高分子化学”的两位主讲教师龙军和徐慧芳将 G. Odian 的著名高分子化学教材 *Principles of Polymerization*（4th Edition）翻译成中文，并由机械工业出版社出版。

2018 年，由黄玉东牵头，学院各系共同参与的研究生项目“面向重大需求，聚焦技术创新，应用化学研究生‘全链条’培养的研究与实践”，获第三届中国学位与研究生教育学会研究生教育成果奖二等奖。

在创新创业型学生的培养方面，高分子科学与工程系也有佳绩。

勤力同心 笃行致远

2018年，以白永平为指导教师，王宇、郑小强、王立鹏、赵彦彪等硕博学生的项目“环境友好型氟硅离型防护材料”，获第四届中国“互联网+”大学生创新创业大赛全国总决赛金奖，这是哈尔滨工业大学首次在此项竞赛中获得金奖。

2019年，以白永平为指导教师，岳利培、崔玉涛和王一晶等硕博学生的“环境友好型特种光固化材料”，以及王利鹏、曲德智、高洪伟和孙帅等硕博学生的“新型特种功能聚酯材料”，同时获得第四届中国“互联网+”大学生创新创业大赛全国总决赛铜奖。

在国际化办学方面，高分子科学与工程系不甘人后。

2012年，高分子科学与工程系参与制订了化学工程专业本科留学生培养方案，并承担其中高分子方向的8门全英文课程。2013年，化学工程专业开始招收留学生，首批13名留学生均为高分子方向学生。

2016年，高分子科学与工程系参与制订了大化学学科硕士留学生培养方案（由化学、化工、环境、食品和生命五个学科制订的联合培养方案），承担其中2门高分子方向的全英文课程。

在高分子科学与工程系良好的教学和科研环境中，一批又一批优秀的毕业生从哈工大起飞，奔赴海内外，并崭露头角，代表性的学生有：

郭旭，2006届博士毕业生，曾任PPG工业纤维中国技术中心经理，现自主创业。

张学忠，2006届博士毕业生，中科院化学所极端环境高分子材料重点实验室，副研究员。2017年，为保障“长征五号”首次飞行任务的成功实施做出了突出贡献，荣获“中国青年五四奖章”。

胡君，2008届硕士毕业生，曾任美国陶氏益农公司印尼国家大区经理，现任荷兰帝斯曼动物营养与保健中国区市场总监。

王峰，2010届博士毕业生；林宏，2011届博士毕业生。两位博士毕业后先后奔赴内蒙古航天六院，献身航天事业，被《中国航天报》亲切地称为“航天伉俪”。

二、校企合作，实现共赢

高分子科学与工程系在教学、科研上取得的阶段性成果的同时，非常注重科研成果向企业转化。

20世纪80年代初期，针对粮食储存中的虫害问题，刘延勋和邢玉清采用在普通塑料编织袋的外表面涂覆一层含杀虫剂的高分子漆膜方法开发了新型防虫编织袋，高分子漆膜内的杀虫剂缓慢释放，能长久地起到防虫和杀虫的作用。该技术在黑龙江省五常市得到了应用，受到好评。

90年代初，魏月贞先生与安达聚甲基丙烯酸甲酯(PMMA)生产基地合作，针对PMMA耐热性较差的问题，采用共聚合的方法，在不改变PMMA透光性的同时，将PMMA的热变形温度提高了10 ℃以上，在实际生产中获得了应用。

2000年，白永平博士赴山东潍坊，就聚对苯二甲酸乙二醇酯(PET)薄膜与当地企业展开了为期6年的合作。在此期间白永平博士逐步成为国内BOPET薄膜方向首屈一指的专家。

2012年10月，在学院江浙地区良好校企合作成果的基础上，学校成立了哈尔滨工业大学无锡新材料研究院，研究院院长为黄玉东、常务副院长为白永平。研究院主要是为产业提供技术支持，建立了完善的高层次的材料表界面工程、功能膜材料、功能晶体材料及器件特种胶接与密封材料4个技术研发平台，针对四大产业领域核心、关键、共性技术难题开展技术攻关，掌握一批核心技术；建立了面向江苏新材料领域企业的公共技术服务检测平台；引进了国内外新材料产业领域先进技术，面向地方企业进行成果转化；引进国内外高层次创新人才，组建了具有国内外先进水平的研究队伍；建立了金融、企业、研究院等相结合的多渠道投资模式，建设若干企业孵化平台，培育核心研究院企业，打造创新型企业孵化基地；建立健全研究院的管理运行机制。

研究院现有研发实验室面积超过3 000平方米。拥有面对当地企业的公共检测平台：哈尔滨工业大学无锡新材料研究院分析测试中心。拥有研发和中试平台4个：哈尔滨工业大学无锡新材料研究院材料表界面工程研究中心、功能膜材料研究中心、功能晶体材料及器件研究中心、特种胶接与密封材料研究中心。拥有并订购了适用于研发与检测的设备价值超过1 000余万元。引进丹麦皇家院士弗莱明·贝森巴赫教授，成立了外籍院士工作室，对研究院的技术路线进行方向性的把控，聘请梁骏吾院士为技术顾问。研究院现拥有研发人员26人，其中本科以上学历21人。研究院将以自强、育人、创新、奉献为己任，放眼全球经济、引领科技进步、培养尖端人才、创新回馈社会。

2015年，产学研合作成果“双向拉伸聚酯(BOPET)薄膜表面改性技术及应用”(第一完成人刘丽)，荣获黑龙江省技术发明一等奖。该项目针对BOPET薄膜功能化及应用的关键科学问题，从BOPET薄膜基材、过渡层、功能层入手，构建了系列BOPET高端功能薄膜。(1)首创了含羟基对苯二甲酸三元共缩聚制备高表面能BOPET的全新技术路线，解决传统方法活性退化的难题。(2)在上述活化BOPET表面的基础上，构筑了丙烯酸酯树脂过渡层，实现了BOPET薄膜过渡层绿色环保、低能耗的工业化生产。(3)构建了BOPET表面系列功能层，实现了墨滴在信息载体层中润湿、扩渗的有效控制，保证了定位吸附，提高了喷绘打印介质的信息图像清晰度。相关技术已经在光学膜、镭射膜、电子膜、信息载体膜等领域取得了应用，提高了我国BOPET薄膜的自主创新能力和技术水

勤力同心 笃行致远

平，推动了我国薄膜及相关行业的技术进步。

2017 年，产学研合作成果“新型柔性高分子材料功能结构构筑技术及应用”（第一完成人刘宇艳），获黑龙江省技术发明一等奖。该研究从柔性高分子材料表面化学组成和微结构设计入手，构筑具有特定功能的表界面。通过疏水亲油分子结构定向设计，发明了基于柔性高分子的多维分等级微结构构制备方法；研发了新型活性硅纳米填料；发明了密炼机油料处理及投料设备；发明了纳米材料一步功能化，构筑微相结构的方法，解决了纳米材料在橡胶中的分散难题，实现了用传统共混法制备分散优异的橡胶纳米复合材料。研发的活性硅填料及相关技术成功应用于轮胎等企业中，产生了显著的社会经济效益。

随着高分子科学与工程系的科研实力进一步增强，这种校企合作会越来越多。

三、党建工作，保驾护航

在高分子科学与工程系发展过程中，教工党支部始终发挥战斗堡垒的作用，为高分子科学与工程系教学、科研工作提供了坚强的政治和组织保证。

长期以来，党支部严格执行党中央、校党委、院党委的相关文件、制度和精神，不断加强对全体党员的思想政治教育，提升基层党支部的组织力，一手抓党建、一手抓业务，促进高分子系的中心工作取得了长足的进步。

2012 年，刘丽任党支部书记期间，专业被评为校“先进集体”和校“先进党支部”。同年，黄玉东获校“十佳优秀党员”和省“劳动模范”。

2015 年 12 月至今，在党支部书记姜再兴的带领下，党支部不断加强自身建设，扎实推进各项工作。2018 年 9 月，党支部入选全国首批高校“双带头人”教师党支部书记工作室，重点围绕加强政治建设、有效服务师生、推动“双一流”建设等三个方面发力，基本实现了党建和业务双融合、双促进。党支部还入选了哈工大“双带头人”工作室，被评为“哈工大标杆党支部”、校“先进思想政治工作集体”，得到了学校党委的高度认可。2019 年获校“立德树人先进集体”。

支部书记姜再兴荣获“黑龙江省五四青年奖章”“2017 年度校优秀党支部书记”“校立德树人先进个人标兵”“校优秀思想政治工作者”等荣誉称号。2018 年，刘丽荣获校“十佳优秀党员”。

四、教师队伍

高分子科学与工程系的发展，与前后 60 余名老师的奉献是分不开的。

高分子科学与工程专业历、现任主任：

第一任主任贝有为（专业创始人）。

第二任主任魏月贞；副主任邢玉清；书记季德俊。

第三任主任邢玉清；副主任张志谦、范太炳、黄玉东。

第四任主任黄玉东（2000—2006）；副主任孟令辉、白永平。

第五任主任孟令辉（2006—2008）；副主任张春华、龙军、黎俊。

第六任主任刘丽（2008—2020）；党支部书记兼副主任姜再兴；副主任张春华、龙军、胡桢。

高分子材料与工程专业暨高分子科学与工程系历任教师名单（以进专业时间排序）：

贝有为、魏月贞、邢玉清、范太炳、季德俊、张志谦、杨为奉、王淑英、孙强、金辉（后调往其他部门）、严粉顺、刘延勋、王全德、孙海勇、张茹芹、苏汲（后出国）、穆尉林（后出国）、王炎（后调往鞍山）、李淑梅（后出国）、韩兴华（后调走）、王绮明（后调往齐齐哈尔）、赵建群（后出国）、李寅（后离职）、赵金宝（后出国）、杨勇（后调往江苏盐城）、陶晓秋（后出国）、金庆镐（后离职）、陈二龙（后调往哈尔滨玻璃钢研究所）、杨光（后调往北京）、王铁（后出国）、曹海琳（后调往深圳）。

现任教师名单（以进专业时间排序）：刘立洵、孟令辉、黄玉东、白永平、龙军、刘宇艳、刘丽、张春华、邵路、宋元军、贺金梅、徐慧芳、姜波、姜再兴、胡桢、黎俊、赵峰、吴亚东、黄鑫、刘小曼、杨蕾、于淼、赵蕾、王磊、孟祥丽、姚同杰、刘明、成中军、钟正祥。

师资博士后：邢丽欣、樊志敏、王明强、程凤、张东杰。

孟令辉
教授/博导

黄玉东
教授/博导

白永平
教授/博导

刘宇艳
教授/博导

刘丽
教授/博导

张春华
教授/博导

邵路
教授/博导

高分子科学与工程系现任教师（按职称和进入专业时间排序）

贺金梅
研究员/博导

姜波
系主任
教授/博导

姜再兴
系党支部书记
教授/博导

胡桢
系副主任
教授/博导

黄鑫
教授/博导

杨蕾
教授/硕导

于淼
教授/博导

刘明
教授/博导

刘立洵
高工

龙军
系副主任
副教授/硕导

宋元军
高工/硕导

徐慧芳
副教授/硕导

黎俊
副教授/博导

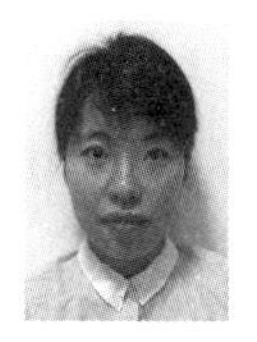
刘小曼
副教授/博导

王磊
副教授/硕导

孟祥丽
系副主任
副教授/硕导

姚同杰
副教授/博导

成中军
副研究员/
博导

赵峰
讲师/硕导

吴亚东
工程师/硕导

赵蕾
助理研究员

钟正祥
助理研究员

邢丽欣
讲师/
师资博士后

樊志敏
讲师/
师资博士后

王明强
讲师/
师资博士后

程凤
讲师/
师资博士后

张东杰
讲师/
师资博士后

高分子科学与工程系现任教师(按职称和进入专业时间排序)(续)

第二节 电化学工程系发展史

电化学专业自 1956 年开始筹建,1960 年正式成立招生,是我国较早从事电化学工程研究与开发的单位之一。发展到现在有教师 29 人,包括教授 13 人、副教授 6 人、讲师 10 人。其中 Elsevier 中国高被引学者 2 人,国家“万人计划”领军人才 1 人,科技部中青年科技创新领军人才 2 人,国家级青年人才计划 1 人,“龙江学者”特聘教授 1 人,“龙江学者”青年学者 1 人,“龙江科技英才”1 人。

电化学专业发展历史时间轴

改革开放以来，先后完成了280多项科研项目，获奖项目60多项，其中国家级奖励3项、部级一等奖8项、部级二等奖25项；获得国家授权发明专利300余项；科研经费超亿元；发表研究论文2 000余篇，其中高被引论文、*Nature*子刊、全国百篇最具影响国际学术论文等40余篇，专著20余部。承担的研究项目包括：“863”、“973”、国防“863”、国家自然科学基金重点项目、国家重点研发计划课题、国家科技支撑计划等。在化学电源和表面处理等领域的科研成果工程化、产业化方面处于国内领先水平。

已培养本科毕业生2 200余人，硕士生600余人，博士生300余人。毕业的校友中涌现出一大批杰出人才，包括国家杰出青年科学基金获得者、长江学者、国家级人才计划、国家“万人计划”等国家级人才10余人；高校党委书记、校长3人；国家级科研院所所长、党委书记20余人；大学教授150余人；上市公司董事长、总经理30余人，以及众多的行业技术总师、企业家，被誉为中国化学电源行业的“企业家摇篮”。

一、专业创建及发展

(一)专业创建　夯实基础(1958—1980年)

1952年，全国院系大调整后保留下来的基础化学教师积极寻求新的研究方向。在国防发展中，人民海军建设是当时的重中之重。水下潜艇作为人民海军中的主力舰艇，蓄电池组的工作性能对潜艇作战力起到至关重要的作用，对于电化学人才和技术提出了迫切的需求。哈工大时任校长李昌敏锐地发现该专业在国防工业发展中的重要性，1956年

开始筹建电化学专业，1958 年，卢国琦老师被选派前往长春应用化学研究所，跟随朱荣昭先生学习电化学专业知识，课题为电解用阳极材料——电沉积二氧化铅的研究。

1960 年，正式成立电化学工学专业。首届招收两班学生 87 人（其中包括三年制的电化学与化学电源训练班 27 人）。另外还有多位同学自愿转入电化学工学专业学习。

1962 年 7 月，专业更名为电化学及化学电源，并入工程化学系。卢国琦先生被任命为第一任主任。其间，华琴玉被派到武汉大学，董保光被派往天津大学对电化学知识进行理论系统的学习；原北京工学院（现北京理工大学）的宋文顺、王鸿建等一大批优秀教师调入；以胡信国、王金玉、史鹏飞为代表的本科毕业生服从国家统一分配，齐聚哈尔滨为专业的发展注入年轻力量。到 1963 年专业教研室教师达 20 余人。

电化学作为化学领域的一大分支，其学习内容包含理论基础知识与电化学专业实验。理论知识教学由卢国琦、宋文顺及王鸿建等负责，开设电极过程动力学、化学电源、电镀工艺学、电化学测量等一系列专业课程。同时克服困难，从无到有，进行教材编写。卢国琦、王金玉和华琴玉编写了《电极过程动力学》、宋文顺老师和周鹤尧老师编写了《电源工艺学》、王鸿建和胡信国编写了《电镀工艺学》、韩永奎编写了《电化学测量》。此外，全体教研室教师共同协作完成了电化学专业实验课程教材与专业实习大纲的编撰工作。

1963 年专业从学校获批 600 平方米房屋资源（现哈工大附中院内），使得专业在实验室场地方面得到了保障。建系之初物资短缺，主管实验室建设的王纪三与张景双在校内各个仓库搜寻一切可用的实验设备，组装搭建各类实验设备，精心筹划为师生提供理想的实验环境。

1963 年上半年，教研室为电化学与化学电源训练班（七训班）开展了理论电化学、电池工艺学和电镀工艺学等课程的培训。电化学与化学电源训练班开始为师资班，后来武汉 712 所建所，于是该班定向为该所培养人才。该班毕业后大部分参军在武汉 712 所工作，成为该所化学电源方向的中坚力量。

1964 年，在卢国琦带领下，从创专业的一无所有，经过攻克难关、夯实基础、编撰教材、攻克教学和实验室建设一系列难关，最终为满足 60 级学生的专业学习奠定了基础，取得了优异成绩，被评为全校先进集体。

1964 年，60 级 67 名学生开始进入教研室（包括了 7 名七训班升上来的同学），在老师们已经搭建完成的实验室，圆满完成了专业课学习、专业实验及毕业论文，于 1965 年 7 月圆满毕业。学校非常关心新专业首届学生的学习及毕业情况。在首届电化学工学专业学生毕业合影中，校长高铁，副校长吕学波、李东坡，政治部主任李廉泉，六系书记战汝书，七系书记郭守孔、系副主任常绍淑均参与了合影。

电化学工学专业首届本科生毕业班合影(1965.7)

胡信国、王金玉、华琴玉带领第一届本科生在哈尔滨电池厂进行实习(1965年)

勤力同心 笃行致远

1978年之前,共招收1960—1966级7届本科生,1973—1976级4届工农兵学员。

卢国琦、史鹏飞、王金玉与李桂芝于1969年前往山东淄博蓄电池厂进行调研学习并为新的教材编写积累资料。

哈工大6272班毕业50年在天安门再聚会,于庚臣和李志忠等校友在广场接受央视记者采访,回忆了当年本科学习及毕业后在工作岗位中的成就,采访在2017年9月30日CCTV13的央视新闻中播出。

1973年,电化学专业开办全国铅蓄电池短期培训班,培训来自全国各地铅酸技术骨干,深入浅出讲解理论专业知识,提升学员的相关理论知识水平。1974年在苏州丝绸学院,举办轻工部全国干电池短期培训班;同年为六机部举办电镀短期培训班。这些短训班学员均在百人左右。1977年,招收第一批恢复高考后的本科生,涌现出一批杰出的校友,如宋殿权、谢维民、王福平、姜兆华、尹鸽平等。

6272 班本科生在王金玉及史鹏飞带领下

去武汉 752 厂实习归途中在天安门前留影

恢复高考后招收的第一届本科生 7772 班毕业合照(1982.1)

(二)凝心聚力　结出硕果(1980—2007 年)

1. 教学方面

1980 年 10 月,教研室组织修订了《电镀工艺学》教材,由哈尔滨市工业先进技术交流馆出版。

1981 年,教研室利用寒假开办电镀工艺讲习班,为来自全国各地的 24 名电镀工作人员进行技术培训,在 3 周的培训时间里,学习电镀工艺的理论基础课程,并进行了赫尔槽、极化曲线、分散能力、镀层厚度的测定 4 个电镀实验。此外,任课教师利用自身扎实的电化学专业知识,帮助解答工厂技术人员在生产实际中遇到的技术问题。

1981 年 3 月，王金玉在教学工作中成绩优异，被评为黑龙江省高等学校优秀教师。

1983 年，在哈尔滨市总工会召开的表彰会上，胡信国、屠振密被授予“哈市技术协作积极分子”光荣称号。胡信国被评为黑龙江省劳动模范。

1984 年，电化学专业第一位硕士生舒建文毕业，导师卢国琦。

舒建文进行毕业答辩

1984 年，教研室荣获哈尔滨工业大学教育工作先进单位。史鹏飞被评为校先进工作者。

1984 年，经学校批准，胡信国创立了“哈尔滨工业大学电镀研究设计中心”（简称电镀中心），电镀中心位于老校部楼。

1987 年，王鸿建、屠振密、王素琴在校内教材基础上，修订了《电镀工艺学》教材，由哈尔滨工业大学出版社出版。

1987 年，屠振密被评为校“优秀教师”。

1988 年，王纪三被国际传记协会列入《世界知识名人录》与《世界名人词典》。王纪三在电化学与电化学测量方面，取得多项研究成果，为我国电池生产的发展与产品质量的提高做出了贡献，受到电池行业的好评，被轻工业部聘为技术顾问。

1991 年 5 月，受航空航天部委托举办电镀专业工艺师进修班，来自全国 20 多个部属单位的 21 名从事电镀工作的科技人员利用 3 周的时间集中学习电化学基础、金属电沉积基本理论、电镀合金、化学镀、特种镀膜技术等知识。

1991 年，王纪三被评为航空航天部“劳动模范”、校“优秀教师”。王金玉被评为校“三育人”先进个人。

1992 年，王金玉荣获黑龙江省“教书育人优秀工作者”称号。李宁被评为校“三育人”先进个人。刘秀荣被评为校三八红旗手。褚德威被评为校“优秀教师”。

1994 年，成立理学院，专业随应用化学系并入理学院。

1994 年，李宁被评为校“三育人”先进个人。

勤力同心 笃行致远

1999 年，根据教育部大学专业目录调整，专业名称调整为“化学工程与工艺”。

2000 年，电镀中心并入专业，王殿龙、戴长松转入电化学专业。

2. 电池方向科研成绩

1981 年，王纪三“银锌电池脉冲化成新技术”成功应用于有关的卫星和扣式电池上，不仅在高能银锌电源中发现和解决了产生高阶电压的机理，还在不增加体积和材料的前提下，提高电池容量 10%，缩短化成时间 60% ~70%。脉冲化成技术的研究成功为国防急需的小体积、高容量电源和民用电池工业解决了一个“老大难”问题，效果突出，得到了同行业的赞扬。经八机部、国防工办评定，该技术被评为科研成果一等奖。这项技术满足了尖端产品对电池的需要，荣获国务院国防工办重大科技成果一等奖。

1983 年，王纪三、李长锁、张翠芬、高云智、刘喜信合作研制的 DTC-1 型电池炭棒参数测试仪，通过轻工业部相关专家鉴定。轻工业部邀请全国有关工厂、研究所专家于 11 月 13 日至 15 日在河南安阳碳素厂对这项成果进行了技术鉴定。出席会议的全国主要电池厂、碳素厂的技术人员，怀有极大的兴趣在现场测试新型电池炭棒，称赞王纪三领导的课题组，急生产工厂之所急，在不到一年的时间内研制出先进的仪器，为我国生产高性能电池提供了最新测试手段。主持技术鉴定的轻工部代表赞扬这项成果为我国电池更新换代做出了贡献。鉴定委员会经过现场测试和资料审查，一致认为新研制成功的仪器，设计思想先进，创造性地运用了最新成果，性能稳定，灵敏度高，重现性好，属于国内首创，国外未见同类仪器。这项成果为生产不透气碳棒，制定电池碳棒标准，发展高性能、超性能纸板电池做出了重要贡献。新研制成功的七台仪器，已确定交付广州、嘉兴、杭州、哈尔滨、安阳等主要生产厂和研究所使用。这项成果获轻工部科技进步三等奖。

1983 年，第十六届全国化学物理电源年会于 11 月 8 日至 14 日在长沙召开。卢国琦及史鹏飞参加了会议并做了“铝的阳极行为与铝空气电池的研究”报告，引起普遍的兴趣与重视。年会期间，卢国琦先生被选为中国电工技术学会电池专业委员会首届委员。

1988 年，张翠芳、褚德威、王纪三、韩毓华、刘昭和、刘喜信等人，在广州电池厂协作下，攻克了干电池电解液快速处理难题，并通过轻工业部鉴定。课题组人员采用微机控制等先进工艺，可以在 6 至 8 小时内完成传统工艺需 15 天至 30 天才能完成的电解液处理全过程，使处理周期缩短至原工艺的四十分之一，具有重大的经济效益。鉴定委员会认为，这项工艺设备研究属国内首创，在电解液理论方面有所突破，研究成果可以在生产中推广应用。

1988 年，王纪三、高学锋、缪森龙、刘新保等人在航空航天部支持下，运用电化学原理和计算机数据模型化方法，研究电化学模式识别，取得了重要成果，被同行专家认为具有国际先进水平。这种方法具有定量、快速、准确等特点，可以大幅度提高工艺效率，节省

人力、物力与时间，为推广合金电镀和电化学研究开辟了广阔的前景。

1989 年，王纪三、刘喜信、李长锁、徐明在江门电池厂协作下研制的新型高容量镉镍电池，在江门市通过航空航天科技委的鉴定。新研制成功的镉镍电池，与通常的烧结式镉镍电池相比，重量比能量提高 46%，比容量提高 40% 以上，镍耗量降低 50%，并且可用 1.5 小时快速充电。同行专家认为，新型镍铬电池的创新电极结构，打破了烧结式镍电极的工艺限制，在国内属于独创。这种新电池受到了电池厂家的青睐，多家要求技术转让，香港有关公司已与哈工大签订联合生产协议。

1990 年，史鹏飞、尹鸽平、夏保佳、孙富根、卢国琦合作研制的 3 瓦铝空气电池，并在北安市主星电源厂得到应用，于同年 11 月 3 日通过鉴定，为国内首创。有关部门领导与专家认为，这种新电池为无电的边远山区、牧区、林区收听广播、收看电视与照明提供了新能源。它无烟、无毒、无腐蚀性、照度比蜡烛大，具有重要的实用价值。对课题组攻克五元合金铝阳极、氧电极新工艺、电池结构设计等关键技术给予高度评价，认为研究成果为国内首创，有广阔的应用前景，将这项科技新成果很快转化为产品有重要的经济效益与社会效益。

1991 年，王纪三研制成功一种价格低、功率高、没有污染的可充式碱锰电池，成为国际化学电源领域一项具有重大历史意义的突破。《人民日报》于 2 月 20 日刊登了题为《哈工大王纪三教授新发明，碱锰电池反复充电可用 300 次》的报道。《科技日报》2 月 18 日在第一版发表了题为《国际电化学领域中的重要突破，王纪三发明可充碱锰电池》的报道。

1991 年 7 月 4 日，《羊城晚报》在第一版头条位置刊登题为《王纪三登上电池世界高峰》的通讯，生动地介绍了王纪三研制成功高容量快充镍镉电池的事迹。该报还配合通讯发表了小评论文章，盛赞王纪三不畏困难、勇于攀登、为国争光的奉献精神。

1991 年，史鹏飞、尹鸽平、夏保佳等人合作研制的军用机器人独立电源系统，新型氧电极催化剂，中性电解液用新型铝合金阳极，通过航空航天部和学校组织的专家评议，受到同行专家的好评。新型氧电极催化剂可以节省贵重金属，降低产品成本，提高产品质量，中性电解液用新型铝合金阳极是一种新型的铝合金阳极，采用本成果可节省铝材 10%，经济效益明显，两项研究成果均达到国内领先水平。

1992 年，褚德威、张翠芬、袁国辉、周泽权、张秋道、张宝山、赵力、刘光洲等人与锦州铁合金厂、威达化学电源厂合作研究的电池用贮氢合金，11 月 26 日在锦州市通过辽宁省主持的鉴定。专家们认为，这种贮氢合金性能达到国内领先水平。在锦州市进行镍金属氢化物电池生产，产品在全国新科技产品展览会上获金奖。

1995 年，褚德威、袁国辉、张翠芬等人合作研制的微汞、无汞碱性锌锰干电池及这种

电池用锌粉,通过哈尔滨市科委主持的成果鉴定。专家们认为这两项成果结束了我国生产无汞碱锰电池依赖国外进口的现状,在降低电池中汞含量方面达到了国际90年代初的先进水平,填补了国内空白,对防止环境污染、改善工人操作条件、提高我国此类电池在国际市场上的竞争能力有重要意义。

2000年8月11日,由专业协办的"第24届全国化学与物理电源学术会"在哈尔滨召开,化学与物理电源技术专家、工程技术人员、企业家、市场营销人员及管理人员共计310多位代表出席了会议,他们来自国内21个省、自治区、直辖市的110多个企事业单位,还有4位日本专家应邀出席。代表们就国内外化学与物理电源的理论研究、生产技术、电池材料、制造与测试设备、市场状况等进行了广泛深入的交流和探讨。

3. 电镀方向科研成绩

1981年,胡信国在完成"一步法无氰镀铜"课题期间(1974—1979年),坚持了科学研究为生产建设服务的方向,比较好地把电化学基础理论密切结合无氰镀铜的工艺实践,完满地改善和解决了无氰镀铜工艺中,国内外尚未解决的镀膜脱落、工艺复杂、镀液不稳定等问题。经四五十个厂、所应用,证明这种方法是成功的,达到了预期的技术效果,得到了电镀行业的好评。该项目获国家发明三等奖,该奖亦为我校获得的首个国家发明奖。

1984年,王金玉、胡信国等研究"铁基复合镀"获航天部科技进步二等奖并与农牧渔业部农机维修研究所历经一年联合攻关,在工艺试验和镀层物理机械性能测试的基础上,把铁基复合镀用于修复农机零件中,使其耐磨性能达到纯铁镀层的一倍至几十倍。该项目成功通过航天工业部和农牧渔业部的成果联合鉴定同行专家经审查资料和现场试验,认为铁基复合镀在我国是首先试验成功,填补了国内空白,在国内处于领先地位。

1984年,屠振密、杨哲龙与王素琴合作,经五年试验攻关、研究成功的三价铬镀铬工艺,于11月16日通过航天工业部委托哈工大组织的技术鉴定。这项研究是针对国内外长期采用的六价铬镀铬、严重污染环境、有害工人健康、处理镀液设备复杂、能源消耗大、电流效率低等问题进行的。课题组人员攻克了配方、稳定镀液、镀层厚度等多项难关,分别在哈尔滨新生开关厂、风华机械厂进行了推广应用,获得成功。生产试验证明,三价铬镀铬工艺镀液稳定,分散能力和深镀能力好,能在常温下电镀,电流效率高,废水处理容易,有利于保护环境并能节省能源。国内电化学知名专家和出席鉴定会的同行专家一致认为,这项研究在国内处于领先地位,填补了电镀技术的一项空白,达到了国外同类工艺水平,并有独创,应予推广。

1988年,王鸿建、王金玉等人与国营四六六厂等人合作研究的铅青铜轴承电镀铅、锡、铜三元合金新工艺。这项新工艺已在国营四六六厂得到应用,获得重大经济效益,该

项目获得船舶总公司的科技进步一等奖。该项目获1988年国家发明三等奖。

1989年,屠振密、杨哲龙、张景双、安茂忠合作研究的钛及其合金直接电镀工艺,于3月21日通过部级鉴定。这项课题是为强化钛材料的表面性能,为航空航天及其他领域提供高质量多用途的钛材料而设立的。研究人员经过3年的攻关,调研了国内外研究状况,进行了大量的实验,得到了在钛上直接电镀的简易方法,突破了钛及其合金直接电镀的难关,鉴定委员会认为,新工艺比一般钛上电镀减少了喷砂、预浸(预镀)和镀后加热扩散处理工序,简化了工艺,节约了能源,镀层与钛基有良好的结合力,通过高低温交变实验,可以满足实际应用的要求。新工艺在国内居领先地位,达到国际80年代同类工艺的先进水平。研究成果对发展我国钛材料的应用、提高航空航天及其他领域钛材料产品的质量具有重要意义。

1989年,张景双、安茂忠、杨哲龙、屠振密等人合作研究的锌镍合金钝化工艺,经在鸡西电缆桥架厂应用后获得成功,于3月21日经同行专家鉴定。新工艺为国内首创,达到了80年代国际同类工艺的先进水平,在耐蚀性能方面处于世界领先水平。新工艺的特点是将钝化液含六价铬离子量低、污染小、废水可不经处理,达到排放要求;钝化膜光亮,结合力好,耐蚀性高,有广阔应用前景。鸡西电缆桥架厂应用此工艺,两年内获利20多万元,为工厂带来了显著效益。

1990年11月,杨哲龙、张景双,屠振密、安茂忠、夏保佳,缪森龙与一三九厂合作完成的“代镉镀层-锡锌合金电镀及钝化工艺”的研究,解决了氰化物镀镉污染环境的问题,10月13日经航空航天部鉴定,认为锡锌合金镀层及钝化膜性能达到国内外80年代末同类工艺先进水平。镀层的耐蚀性与镉镀层相当,氢脆性低于镀镉工艺,其他性能均优于镀镉工艺,试生产表明,工艺简便,性能稳定,有良好的社会效益与经济效益。

1992年,褚德威、李宁、权成军等人经4年努力研究的碱性锌酸盐体系电镀锌铁合金及黑色纯化技术,在校化工厂韩毓华、樊万成、刘振琦等人协作下,在汽车电器上应用成功,解决了哈尔滨汽车电器厂跑遍全国许多单位都没有解决的汽车喇叭电镀质量难题,产品应用在广州标致汽车及奥迪、桑塔纳等名牌汽车上,受到了法国、德国、日本等国外合资厂家称赞和认可。该工艺为国内首创,达到国际同类技术先进水平。

1993年,王鸿建、郑载满等研制的柠檬酸盐镀金工艺最优化控制系统,能准确分析和控制镀金溶液的主要成分金和钴,能分析游离氯和三价金,能准确控制镀金的工艺参数、温度、pH值、电流密度及电镀时间,对温度、电流密度及电镀时间进行实时控制,电镀时间已到系统自动报警,对其他参数进行周期分析和控制。该系统具有显示和打印功能。该系统在线运行,为提高镀金层的质量提供了可靠的保证,具有很好的社会效益和经济效益。该系统的综合技术性能达到了发达国家的80年代的水平,填补了国内空白。

1993年，褚德威、李宁、全成军、韩玉华、樊万成承担的部“八五”规划项目“高耐蚀性Zn-Fe合金电镀及黑色钝化工艺研究”已于11月22日在北京通过部级鉴定，国内表面处理著名专家郭鹤桐教授等出席了鉴定会。与会专家一致认为该项成果在技术上有所创新并已经过工业化试生产，镀层钝化温度范围宽，处理面积大，钝化层耐蚀性高，后加工性好，在同类工艺技术中居国际领先镀水水平，有很高的推广价值。该项成果在二院599厂和哈工大化工厂生产中应用两年，解决了严酷环境中使用产品的防腐蚀问题，取得明显的经济效益。该成果得到广泛的应用，获得用户好评。

1994年，戴长松的“化学镀镍旧油管修复技术”获哈尔滨市青年科技成果奖。

1994年，李宁率课题组到上海宝钢，针对宝钢大批量出口镀锌钢板出现的黑变现象及其他亟待解决的工艺问题进行了深入研究。他们深入车间，从现场提出的疑难生产问题着手，先后开展了“防锈纸防锈油性能研究”“电镀锌层变黑机理研究”“电镀锡钢板表面黑灰的原因分析及防止对策研究”“镀锡板镀层结构及耐蚀性研究”“结晶器铜板表面电镀技术研究”“二次冷轧锡板耐蚀性研究”“新型电镀槽结构、极板、流场、电镀液离子传质能力及相应电镀工艺研究”等30个课题研究。解决了宝钢镀层钢板生产中的各种疑难问题，大幅度提高了宝钢镀层钢板的产品质量，得到了从宝钢领导层到车间工人的高度赞赏，成为宝钢镀层钢板表面处理质量保证的依靠力量。他们亦是哈工大唯一坚持20多年在宝钢公司进行科技协作的团队，为学校在宝钢取得了崇高的信誉。

1996年，李宁、李铭华和王春光的科研项目“新型化学镀镍工艺的研究”获省科技进步二等奖。

2004年，戴长松、王殿龙和胡信国等人发表的论文《铝合金轮毂化学预镀镍技术》，被美国电镀与表面精饰学会（AESF）评为银奖。

4. 科技成果转化方面成就

（1）泡沫镍电极技术成果转化。

电化学专业最为突出的技术转化成果就是王纪三教授的泡沫镍电极技术。王纪三首次将泡沫镍作为电极材料，研发出中国第一块新型高能量镉镍电池，大幅度提高了当时镍镉电池的电化学性能，并在全世界首次实现产业化，引领了电池行业技术变革。泡沫镍电极的出现和应用是镍电极发展史上一个新的里程碑。此举也奠定了电化学专业在行业中的地位。泡沫镍电极具有质量轻、孔隙率高的特点，该电极涂膏的镍电极比容量高，非常适宜做MH-Ni电池的正极。王纪三研制成功嵌渗电极技术，它有效地解决了长期困扰MH-Ni电池产品均匀率低的问题，同时排除了电池对粘接剂的依赖，使各项性指标均达到了国际先进水平，并使制造成本大幅度下降。

1988年12月，新型镍铬电池研制成功后，时任国家科委副主任李绪鄂会见了哈工大

强文义副校长和王纪三。为进一步发展我国的电化学工业，使科技成果直接化为产品，1989 年 3 月 24 日由中国技术创新公司、哈工大、江门电池厂、香港日普国际有限公司共同签订了关于合作经营“江门三捷电池实业有限公司”的协议书，由四方投资 1 050 万元开办新型高能量镉镍电池生产企业。这个企业是以生产新型化学电源为主，实行生产、研发开发协调并举的，中外合作的高技术外向型企业。哈工大以技术入股形式参加该企业。强文义副校长任该公司董事会董事，王纪三被任命为总经理。同年新型高能量镉镍电池被列为国家级火炬项目。

1991 年，以王纪三为主成立的珠海益士文化学电源开发中心获得校“先进集体”称号。

1992 年，珠海益士文化学电源开发中心开发的氢镍电池通过技术成果鉴定。这项成果是继王纪三等 1988 年底研制成国际领先的新型镉镍电池，1991 年研制出价格低、功率高、没有污染的碱锰电池后的又一项重要成果。这种以钒钛合金为贮氢材料的新型电池，容量为镉镍电池的 1.5 ~ 2 倍，不含有害物质，不污染环境，不会短路，可进行快速充电放电，低温性能良好。氢镍电池在之后成为全世界最为重要的可充二次电池产品。

1992 年 6 月 20 日，时任国务院副总理朱镕基莅临秦皇岛开发区并视察了昌宁电池厂，朱副总理在视察中得知该厂的科技人员基本上是哈尔滨工业大学毕业的研究生和本科生，而且他们又都是兼职管理人员时，表示非常赞赏。在电池厂车间，石山麟总裁和刘喜信厂长向朱副总理介绍钢镍高容量充电电池的性能、特点等情况，朱副总理对昌宁生产的这种国际领先的高科技电池很感兴趣。

1994 年，时任全国政协主席李瑞环同志到哈工大视察，褚德威向李瑞环同志汇报了专业的科研成果转向生产成绩，重点汇报了泡沫镍的镉镍电池工艺生产推广应用情况。

1997 年 10 月 18 日，时任党委书记吴林、党委副书记李生、副校长杜善义带领学校有关部门领导，到珠海市参加了王纪三等人与八达集团合作成立的珠海太一电池有限公司开业典礼及科研成果产业化汇报会，祝贺王纪三等人在移动能源研究中取得了重大突破。邹家华副总理题词祝贺，称赞王纪三等人“独创新路、追求卓越、跻身世界、为国争光”。中国轻工总会、电池工业学会领导和珠海市有关领导也到会表示祝贺。王纪三带领研究人员经三年攻关，研究出具有国际先进水平的镍氢电池嵌渗电极新技术，太一电池有限公司应用这项新技术制成大哥大手机电源，经有关权威部门检测，电源性能指标达到国际先进水平。

(2)电镀中心成果转化。

为了加快科研成果的转化，经学校批准，胡信国于 1984 年创立“哈尔滨工业大学电镀研究设计中心”(简称电镀中心)。电镀中心位于老校部楼，共有成员 13 名(胡信国、王

基仁、曹文珍、吴宁、石绍君、苏贵品、仲崇龄、李晓飞、孙克宁、王殿龙、戴长松、蒋太祥、吴宜勇），主要从事电镀及化学镀新技术的研究与开发、电镀及化学镀生产线的设计与制造以及镀层检测等任务，形成了电镀及化学镀、复合镀、电沉积制备泡沫金属材料等科研方向，在国内和国外（新加坡、印尼、日本）设计、建设专业电镀和化学镀厂数十家，建成电镀和化学镀厂生产线30余条。

1988年4月，电镀中心帮助新加坡玛蜡丰公司建立表面处理加工生产线，他们用了不到4个月时间，提前完成生产线的建设任务，生产线投入使用后，受到了当地同行的普遍赞誉。当时新加坡有100多家表面处理工程，他们大都引进欧美等发达国家的技术。胡信国面对如林强手，进行新技术攻关，每天工作10多个小时，星期天也不休息，凭自己的学识与拼搏精神，战胜困难，发明了光亮剂，对处理的零件进行化学抛光，使零部件表面亮度大大提高，超过新加坡表面处理厂家普遍使用的美国阿洛丁工艺；接着他又改进了化学氧化溶液成分，使得氧化层结合力好，色泽金黄美观，这是新加坡其他厂家达不到的。

1992年，电镀中心完成的“高效、高速、低温工程镀铬工艺”，所达到的主要技术指标都高于国内外同类工艺研究成果，居国内外领先水平，新工艺比普通工艺生产率提高4倍多，节能80%以上，可以批量生产和推广应用。该项目于1993年获航天工业部科技进步二等奖、1996年获国家发明四等奖。

1993年，胡信国带领戴长松、李桂芝、王金玉、王殿龙研究的HERC EN-92高稳定化学镀镍工艺、HERC EN 92化学镀镍光亮剂，在大连中兴化学镀厂应用取得成功。工厂应用这三项成果为皮革厂镀了一批3.8米长、重3吨的轧辊，为日本斯达精密株式会社镀了一批微型马达轴承件，镀件质量受到厂家和用户的欢迎，赢得信誉。项目获航天部科技进步二等奖、国家教委科技进步二等奖和国家教委科技进步（推广）二等奖等6项奖励。

1984年至2004年，电镀中心共获国家发明奖1项，省部级科技进步奖10余项，美国电镀与表面精饰学会银奖1项，哈尔滨青年科技成果奖1项，授权发明专利10余项，发表有影响的研究论文50余篇，培养博士和硕士生20余名。

5. 专业对外交流

电化学专业一直致力于与国际各大学进行交流与互访。

1984年，日本千叶大学教授桥本甲四郎到哈工大讲学。

20世纪90年代初，卢国琦和史鹏飞与回访的乌克兰基辅大学教授一起参观哈尔滨兰西电池厂。

日本千叶大学教授桥本甲四郎到哈工大讲学

卢国琦和史鹏飞在企业开展合作研究

(三)做强做大　加快发展(2008—2020 年)

2008 年,成立化工学院,电化学工程教研室更名为应用化学系。

2008 年,专业被教育部认定为高等学校特色专业建设点。

2008 年,尹鸽平、王振波、杜春雨、史鹏飞、左朋建等人完成的“先进电池关键材料的设计制备与电极反应机理”项目获得黑龙江省科学技术一等奖(自然科学类)。该项目针对燃料电池铂基催化剂活性与稳定性的关键科学问题,系统研究了多种碳材料作为催化剂载体的稳定性,揭示了碳载体的退化机制,采取原位碳源锚定、氧化物复合等方法显著提升了载体及催化剂的稳定性。发展了原位离子交换法制备高活性电催化剂的方法。代表性论文进入 ESI 两年热点论文(世界前 1‰)、十年高被引论文(世界前 1%)及中国百篇最具影响国际学术论文。

2008 年,熊岳平作为引进人才被聘为教授。熊岳平教授长期以来一直致力于固体电化学、固体氧化物燃料电池的研究,重点研究 SOFC 性能衰减问题,揭示了材料晶体结构变化、电极/电解质界面、三相界面可能引起电化学性能衰减的潜在因素;率先开展了 SOFC 纳米纤维复合电极的研究课题。在长期研究固体氧化物电解质材料的基础上,2009 年开始研制锂离子固体电解质材料,开启了全固态锂电池的研究之路。完成或承担了国家“863”计划、“973”计划、国家重点研发计划和国家自然科学基金等课题。

2010 年，入选教育部卓越工程师计划建设项目。

2010 年，化学电源与金属电沉积省重点实验室获批。

2010 年，杨培霞被评为 2010—2011 年度校“三育人”先进工作者。

2010 年，潘钦敏承担了总装备部预研基金重点项目“特种＊＊＊＊＊研究”。同年，其“能源与环保用高性能化工新材料的基础研究”项目获黑龙江省自然科学一等奖。

2010 年，戴长松开辟了废旧锂离子电池资源回收的研究方向，承担了国家环保公益项目“废旧锂离子电池资源化利用过程污染特征与风险评价及优化管理研究”。后续又在 2017 年承担了“废旧锂离子电池资源化回收再利用技术”项目，以及在 2019 年承担了宁波市科技创新 2025 重大专项“锂电池梯次利用与回收技术”项目，科研经费累计近 2 000万元。

2011 年 7 月，潘钦敏在水黾的启发下以多孔状铜网为基材，并将其制作成数艘邮票大小的微型船，然后通过硝酸银等溶液的浸泡处理，使船表面具备超疏水性。这种材料同样具有微纳米结构的表面，可在船外表面形成空气垫，改变船与水的接触状态，使船体表面在水中所受阻力更小。这种微型船在水面自由漂浮的同时可以承载比自身最大排水量高 50% 的重量。该研究发表于 *ACS Appl. Mater. Inter.* 上，美国化学会新闻周刊以“微型水机器人模拟水黾在水上行走”为题报道了潘钦敏关于仿生微型水上机器人的研究。同时，*Nature* 在其网站以“机器水黾掠过水面”为题进行了专门介绍和报道。美国科学日报、美国物理学家组织、新华社、香港大公报、英国 Wired UK 等众多国际著名媒体也予以关注和报道。

2011 年，程新群被评为校优秀专兼职学生工作者。

2011—2012 年，熊岳平连续两年被评为校优秀班主任。

2013 年，为进一步加强化学电源和电化学专业在国内外的学科优势和特色，更好地适应我国国防航天电源的迫切需要，成立特种化学电源研究所，所长尹鸽平。

2013 年，袁国辉承担了国家科技支撑计划课题“新型负极材料制备技术及产业化研究”。

2014 年，袁国辉被评为校优秀专兼职学生工作者。熊岳平被评为黑龙江省高校师德先进个人。

2014 年，尹鸽平、张生、杜春雨、王殿龙、邵玉艳等人完成的“高稳定性纳米电催化剂及储能材料的构筑与机理研究”项目获得黑龙江省科学技术一等奖（自然科学类）。该项目首次采用静电自组装方法构筑具有新颖环绕结构的铂-金催化剂，显著提高了电催化活性和稳定性，揭示了 Pt-Au 协同电催化机理，进而发展了以聚电解质为纳米反应器构筑高合金化 Pt 基纳米催化剂新策略和碳载体非共价功能化处理新方法，催化剂的稳定性

显著提高。

2015 年 8 月 7—10 日，承办“第十八次全国电化学大会”，来自全国高等院校、科研院所、企事业单位共计 240 余家机构的近 2 000 名代表参加了此次盛会。大会以“支撑未来能源发展的电化学”为主题，围绕电化学科学和技术发展中的基础、应用和前沿问题开展了广泛的学术交流和研讨，全面展示了中国电化学领域所取得的最新研究进展和成果，深入探讨了电化学领域所面临的机遇、挑战和未来发展方向，加强科研合作和技术转化，对推动中国电化学学科的发展、促进电化学在新材料、新能源、环境、生命等领域的应用具有非常重要的意义。大会组委会主任尹鸽平主持开幕式，中国电化学委员会主任万立骏院士致开幕词，韩杰才副校长致欢迎辞。

第十八次全国电化学大会开幕式主会场

2015 年，戴长松负责企业的委托课题“磷酸钒锂研制及其制备生产线的设计”，通过专家鉴定，目前正与中电科第十八研究所合作，将该技术用于装备发展部预研项目研究。

2016 年，化工与化学学院成立，电化学专业更名为电化学工程系。

2016 年 5 月 25 日，习近平总书记在哈尔滨科技创新创业大厦考察时，袁国辉作为哈尔滨万鑫石墨谷科技有限公司首席专家向总书记介绍了黑龙江省石墨产业技术发展情况和哈尔滨万鑫石墨谷的石墨烯产品研发、生产、销售和未来的发展规划等。2016 年 5 月 28 日，《人民日报》刊登《我们的故事　中国的故事——记者回访黑龙江干部群众》，报道了习近平总书记听取袁国辉讲解石墨烯的场景。

2016 年，袁国辉承担了黑龙江省科技攻关重点项目“高导电石墨烯粉体制备技术及产业化应用研究”。

2017 年，王殿龙完成的“一种钛/亚氧化钛/铅复合基板的制备方法”项目获中国发明专利优秀奖。

2017 年，袁国辉主持国家重点研发项目课题“面向新材料领域的科技服务 Saas 应用

构建以及示范”。

2017 年 7 月 24—26 日，电化学工程系在哈工大一校区成功举办“第一届先进电池技术国际论坛”。大会内容将以电池技术为主线，邀请国内外知名专家，探讨化学电源的现状和未来发展趋势，设置锂离子电池、铅酸电池和其他电池三大方向。参加会议代表 500 余人。

2017 年 7 月电化学工程系主办的第一届先进电池技术论坛在一校区召开

2018 年 12 月，王振波、王炎、隋旭磊、赵磊、顾大明等人完成的“低温燃料电池纳米催化剂制备关键技术及催化机理研究”，获黑龙江省科学技术一等奖(自然科学类)，该研究提高了催化剂的稳定性，延长了低温燃料电池的使用寿命，降低了催化剂的用量，加速了其商业化进程；原位覆碳固 Pt 技术可以用到其他担载型催化剂的研究上；采用氧化物表面覆碳技术解决了载体导电性差、屏蔽电子而影响催化剂活性和稳定性的科学难题。开发的微波多元醇法制备的催化剂可以显著提高其活性，加快低温燃料电池商业化进程。提出了多元合金催化剂中第二助催化剂作用的机理。揭示了纳米材料模拟酶的催化本质，为有效设计和制备性能可控纳米模拟酶材料奠定了基础。

2018 年 6 月，袁国辉入选黑龙江省首批“龙江科技英才”。

2018 年 12 月，尹鸽平获学校首届 “立德树人先进导师”荣誉称号。

2018 年 12 月，主办的“电化学能源技术前沿论坛(2018)”在厦门召开。

2019 年 7 月，主办的“电化学能源技术前沿论坛(2019)”在江苏溧阳召开。

2019 年 9 月 19 日，在举国上下庆祝中华人民共和国成立 70 周年、广泛开展先进模范学习宣传活动之际，中国表面工程协会副理事长兼秘书长马捷、科技委副主任欧忠文、电镀分会秘书长王新国来到学校为屠振密教授颁发中国表面工程行业“功勋人物”称号奖。会议由院长黄玉东主持。

2019 年 12 月，入选国家一流本科专业建设项目。

屠振密教授获"中国表面工程行业功勋人物"称号

2019 年高云智作为广东省科技厅重点项目总负责人承担"准固态动力锂电池的研发与产业化应用"项目。

2019 年,王振波等人"将技术创新能力与企业家素养贯穿于化学工程与工艺(电化学)专业本科生培养全过程的研究与实践"获校教学成果一等奖。

2019 年,王殿龙参与中科院战略先导科技专项"增强型 X 射线时变与偏振空间天文台(eXTP)重大背景型号研究"。

2019 年,袁国辉承担了黑龙江省"百千万"工程重大项目"基于提高动力性的多种类石墨复合方法研究"。

2019 年,杜春雨、尹鸽平、高云智、徐延铭、张春涛、马玉林、李素丽、左朋建、宋柏、徐星、程新群等人完成的"锂离子电池寿命提升与高效制造关键技术及产业化"项目获得黑龙江省科学技术一等奖(技术发明类)。该项目创立了放射状大单晶、诱导畸变相等正极材料体系与生产工艺;发明了硼酸酯基双效添加剂、隔膜复合导电涂层等界面稳定技术;发明了极片电化学预处理技术及高温高压梯级快速化成方法,实现了电池寿命提升与制造技术创新,成功解决了长寿命锂离子电池设计与制造的系列难题,提高了我国在锂离子电池领域的自主创新能力和技术水平。

2020 年,潘钦敏"仿生功能材料及储能器件的基础研究"项目获黑龙江省高校自然科学二等奖。

自 1999 年,专业积极为大型化学电源企业培养高级研发和生产管理人才。举办了一系列的企业的工程硕士班:南都电源动力股份有限公司(1999 年 15 人)、天津 218 所(2000 年 15 人)、双登集团有限公司(2002 年 13 人)、曲阜圣阳(2003 年 7 人)、哈尔滨光宇集团 (2004 年 17 人)、深圳(2005 年 20 人)、长兴班(2011 年 21 人)、江南都电源动力

股份有限公司(2011 年 16)、珠海光宇(2015 年 21 人)。这些学生经过培养学习后,陆续成为企业骨干、公司总工、研究院院长、教授级高工等。

电化学专业南都电源化学工程硕士班部分毕业生合影

(四)党建工作　成绩卓越

电化学专业下设两个党支部,分别为电化学工程系教工党支部和特种化学电源研究所师生联合党支部。这两个支部始终为专业的建设和发展发挥党建引领作用。

电化学专业的特种化学电源研究所师生联合党支部以习近平新时代中国特色社会主义思想为指导,全面贯彻落实党的十九大及全国教育大会精神,扎实推进“两学一做”学习教育常态化制度化,发挥哈工大的精神引领、典型引路、品牌带动的党建传统特色,严格对标看齐,勇于改革创新,努力争创先进,以“规格严格,功夫到家”的校训精神推进党支部模范做到“七个有力”。支部成立以来连续 4 年在学院党支部考核评价中获得“优秀”,2018 年入选教育部首批“全国党建工作样板支部”、校“先进基层党组织(十佳)”。支部成立以来,先后获得校“优秀党务工作者”“优秀共产党员”“优秀思想政治工作者”“优秀学生党支部书记”等荣誉称号。

电化学工程系教工党支部现有党员 10 人,老中青结合,工作上互相支持,取长补短。支部的工作与系里中心工作始终有机结合,坚定和明确哈工大电化学学科的发展目标和发展措施。经常请专业老教师回来,学习“八百壮士”精神,为专业发展护航。积极组织电化学专业校友会,并成功打造了“先进电池技术论坛”会议,对一流专业申报、专业工程认证、新工科项目申报建设等工作给予支持。支部非常注重专业学生成长,促成多个企业为专业学生设立奖学金;还促成专业大一同学与本系教师结成“一帮一”对子,在学习和生活方面指导和帮助大一同学,树立远大理想,适应大学学习方式的转变。安茂忠、戴

长松、袁国辉、王振波等先后获得学院“优秀共产党员”和“最美党员”荣誉称号。

二、专业课及师资

(一)专业课

电化学课程体系由电化学基础理论和方法、电化学技术应用、电化学实验及实践三个层次课程组成。其中电化学基础理论和方法方面由“理论电化学”“金属腐蚀原理”“固体电化学基础”“电化学反应工程”“电化学测量(双语)”“电极材料结构表征”等课程组成;电化学技术应用方面由“化学电源工艺学”“绿色能源”“电催化与能源转化”“电动车能源系统”“新型化学电源”“电镀工艺学”“汽车涂装技术”“纳米电化学技术”“电化学加工技术”等课程组成;电化学基本技能及训练部分由“电化学初级实验”“电化学中级实验”“电化学工程实验”“电源设计”“电镀车间设计”等课程组成。在面向学术前沿方面开设“新型化学电源”“纳米电化学技术”“电化学加工技术”“电动车能源系统”等课程。

电化学专业最为重要的4门核心课程从专业建立就开始了授课,每门课程都有60多年的历史。

理论电化学任课教师:卢国琦、蒋仁智、华琴玉、王金玉、褚德威、尹鸽平、赵力、左朋建。

1963年前后,卢国琦先生编写了校内教材《理论电化学》。

电化学测量任课教师:韩永奎、王纪三、张翠芬、贾铮、戴长松、王振波。

1963年,六系电子学硕士毕业留校的韩永奎编写了校内教材《电化学测量》。

1986年9月,张翠芬编写了教材《电化学测量》,由哈尔滨工业大学出版社出版。

2006年8月,贾铮、戴长松、陈玲编写《电化学测量方法》,由化学工业出版社出版。

2007年,胡会利、李宁编写了《电化学测量》,由国防工业出版社出版,入选“十一五”国家级规划教材。

电镀工艺学任课教师:王鸿建、胡信国、王素琴、屠振密、杨哲龙、李宁、安茂忠、黎德育、杨培霞。

1963年前后,教研室组织老师编写了校内教材《电镀工艺学》,在本专业教学中长期使用。

1980年10月,教研室再次组织老师编写了教材《电镀工艺学》,由哈尔滨市工业先进技术交流馆出版。

勤力同心 笃行致远

1987 年 3 月，王鸿建、屠振密、王素琴编写了教材《电镀工艺学》，由哈尔滨工业大学出版社出版。

1995 年 10 月，王鸿建、屠振密、王素琴对教材《电镀工艺学》(1987 年版)进行了修订。

2004 年 8 月，安茂忠、李宁编写了《电镀理论与技术》，由哈尔滨工业大学出版社出版。

2007 年 7 月，安茂忠、李丽波、杨培霞编写了《电镀技术与应用》，由机械工业出版社出版。

电源工艺学任课教师：宋文顺、周鹤尧、史鹏飞、李深涛、董保光、夏保佳、程新群、杜春雨。

1963 年前后，教研室组织老师编写了校内教材《化学电源工艺学》，在本专业教学中长期使用。

1988 年 3 月，卢国琦、董保光等编写了《铅蓄电池的原理与制造》。

2006 年，史鹏飞组织哈工大电化学专业部分老师与哈尔滨工程大学、燕山大学、郑州轻工业学院等高校相关老师联合编写了教材《化学电源工艺学》，由哈尔滨工业大学出版社出版。

2008 年，哈工大电化学专业程新群、戴长松、王殿龙、赵力、贾铮、左朋建、杜春雨、袁国辉等联合编写了《化学电源》，由化学工业出版社出版。2018 年，经过增补和修改部分章节后，该书第 2 版出版，系统介绍了化学电源基础原理与概念以及常见化学电源品种的工作原理、结构、性能与生产工艺。

(二)教师队伍

电化学历任老师名单(以进专业时间排序)：卢国琦、王纪三、王鸿建、宋文顺(后调到郑州轻工学院任副院长)、周鹤尧(后调到四川)、蒋仁智、华琴玉、韩永奎(后调到辽阳)、李深涛(后调到二汽)、董保光、胡信国、李桂芝、王金玉、卢世济(后调到东南大学)、史鹏飞、王素琴(天大)、王纯友、蔡传禔、张景双、张红、刘秀荣、屠振密、李长锁、褚德威、张翠芬、杨哲龙、李振镖、李宁、夏保佳(后调到上海微系统与信息技术研究所)、魏杰(后调到苏州科技大学)、贾铮。

现任教师：尹鸽平、高云智、安茂忠、王殿龙、戴长松、袁国辉、赵力、程新群、黎德育、杜春雨、潘钦敏、杨培霞、王振波、左朋建、熊岳平、张锦秋、马玉林、王博、霍华、楚盈、王家钧。

师资博士后：隋旭磊、杜磊、赵磊、娄帅锋、阙兰芳、玉富达、孔凡鹏、付传凯。

第一任主任(专业创始人) 卢国琦 (1962—1984)

第二任主任 王纪三
(1984—1987)

副主任 王金玉

副主任 王素琴

第三任主任 史鹏飞
(1987—1992)

副主任 褚德威

副主任 张翠芬

第四任主任 褚德威
(1992—1998)

副主任 王金玉

副主任 张翠芬

第五任主任
杨哲龙
(1998—2003)

副主任
尹鸽平
(1998—1999)

副主任
张景双
(1998—1999)

副主任
魏杰
(1999—2003)

副主任
安茂忠
(1999—2003)

第六任主任 安茂忠
(2003—2019.5)

副主任 赵力

副主任 王殿龙

电化学专业历、现任教研室主任及系主任

勤力同心 笃行致远

第七任主任　王振波
（2019.5 至今）

支部书记兼副主任
戴长松

副主任　张锦秋

副主任　左朋建

电化学专业历、现任教研室主任及系主任（续）

历、现任主任简介：

卢国琦，教授，1927 年生。1950 年 6 月毕业于南京大学化工系，同年来哈尔滨工业大学研究班学俄语一年，后任普通化学助教、讲师直到 1956 年 6 月。从 1956 年 9 月到 1958 年 5 月，在长春中国人民大学（现吉林大学）化学系和长春应用化学研究所进修电化学。1958 年 5 月到 1962 年 5 月从事哈工大化工系无机物工学和化工研究室化学电源的教学、研究工作。1962 年到 1966 年，任哈工大电化学生产工艺教研室主任；1977 年到 1986 年，又继续担任该教研室主任。1962 年评为副教授，1986 年评为教授，1989 年 3 月退休。主编《电源工艺学》《铅蓄电池的原理与制造》等教材与专著。曾任中国电子学会化学与物理电源专业分会副理事长 2 年。作为专业创始人，卢国琦教授为哈工大电化学专业的创立与发展立下了汗马功劳。

王纪三，教授，吉林长春人。1927 年生，1946 年毕业于天津工业大学化工系，1962 年来哈尔滨工业大学电化学教研室任教。1982 年评为高级工程师，1986 年评为教授。曾任澳大利亚 Wollongong 大学兼职教授，广东省化学电源工程技术研究所开发中心主任，中国电池工业协会副理事长，《电池》杂志第四届编委会顾问，中国电池工业协会第五届理事会顾问。历任电化学实验室主任、教研室主任。王纪三教授在科研成果转化方面做出了突出贡献，在中国电池行业享有盛誉，为哈工大电化学专业争得了荣誉，其成绩被国内外许多重要媒体所报道。

史鹏飞，教授，博士生导师，辽宁沈阳人。1938 年生，1963 年毕业于天津大学化工系电化学工学专业，同年分配到哈工大电化学工程教研室任教至今。1978 年评为讲师，1985 年评为副教授，1992 年评为教授，1997 年被遴选为博士生导师。曾任电化学工程教研室主任。主要承担化学电源的教学与科研工作，两次主编《化学电源工艺学》。先后承担国家、省部级科研项目多项，发表学术论文 140 余篇，获省部级科技进步奖 3 项。授权发明专利 2 项。主要社会兼职有：中国电工技术学会电池专业委员会副主任委员、中国电子学会化学与物理电源技术分会委员、中国通信学会通信电源委员会委员、中国化学与物理电源行业协会理事、《电池》杂志编委、《蓄电池》杂志编委。史鹏飞教授在人才培养、学科与师资队伍建设、教学改革等方面做出了突出贡献。

褚德威,教授,辽宁朝阳人。1943年生,1968年毕业于哈尔滨工业大学工程化学系电化学专业。毕业后根据国家分配到青海省工作,1978年底调回哈尔滨工业大学电化学教研室任教,1983年评为讲师,1989年评为副教授,2003年评为教授,同年退休。主要从事本科生理论电化学、现代电化学教学,硕士生现代电化学、电化学工程进展、金属欠电位沉积理论等课程教学工作。从事电化学相关的科学研究。获得省部级科技进步奖5项。授权发明专利16项。历任电化学教研室常务副主任、主管科研副主任和主任、哈尔滨工业大学化学电源工程技术研究中心主任。褚德威教授在专业发展、学科建设、科技成果转化等方面做出了突出贡献。

杨哲龙,教授,黑龙江鸡西人。1945年生,1976年毕业于哈尔滨工业大学电化学工程专业,同年在哈工大电化学教研室任教,一直从事电化学的教学和科研工作。1985年评为讲师,1991年评为副教授,1998年评为教授,任电化学工程教研室主任,2006年退休。在任教期间,获得航天工业部、解放军总后、国防科工委、国家教委科技进步奖10余项,出版专著2部,发表论文80余篇。曾兼任中国表面工程协会电镀分会常务理事、中国化学会电化学分会理事、哈尔滨表面工程协会副理事长等职。杨哲龙教授在专业的发展、人才培养、学科建设、教学建设等方面做出了突出贡献。

安茂忠,博士,教授,博导。2009年哈尔滨工业大学材料物理与化学学科获博士学位。2000年评为教授,2004年日本东京工业大学访问学者,电化学工程系(原电化学教研室)主任。主要兼职:历任中国电子学会电镀专家委员会主任委员,中国表面工程协会电镀分会常务理事;现任《材料科学与工艺》《中国表面工程》《电镀与精饰》《电镀与涂饰》《表面技术》等杂志编委。从事电镀、金属表面处理、金属腐蚀与防护、化学电源方面的教学与科研工作,致力于电镀合金、化学镀、离子液体电沉积、绿色电镀技术、化学电源新型电极材料等方面的研究。获得省科学技术一等奖2项,省部级科技进步二等奖3项、三等奖7项;出版专著、教材5部;发表学术论文300余篇,其中SCI、EI收录论文180余篇;获得国家发明专利20余项。

王振波,教授,博导。现任电化学工程系主任。国家"万人计划"领军人才、科技部中青年科技创新领军人才;黑龙江省"龙江学者"特聘教授;连续6年(2014—2019)入选Elsevier中国高被引科学家。1998年毕业留校任教至今,历任讲师、副教授和教授。2006—2007年赴美国波多黎各大学从事博士后科学研究工作。研究方向为化学电源、电催化、纳米电极材料;主持国家自然科学基金项目3项,装备发展部项目1项;作为技术负责人完成863项目1项,黑龙江省"百千万"工程科技重大专项1项,其他省部级项目及企业课题20多项。在*Nat. Catal*等杂志上发表论文200多篇。其中近5年发表高水平SCI收录论文143篇。入选ESI十年高被引论文(世界前1%)15篇。获国家授权发明专利35项,起草新产品企业标准2项。

勤力同心 笃行致远

尹鸽平 教授/博导　高云智 教授/博导　安茂忠 教授/博导　袁国辉 教授/博导　王殿龙 教授/博导　戴长松 教授/博导

杜春雨 教授/博导　潘钦敏 教授/博导　杨培霞 教授/博导　王振波 教授/博导　左朋建 教授/博导　熊岳平 教授/博导

王家钧 教授/博导　王　博 副教授/博导　霍　华 副教授/博导　赵　力 副教授/硕导　程新群 副教授/硕导　张锦秋 副教授/硕导

马玉林 高工/硕导　黎德育 讲师/硕导　楚　盈 讲师/硕导　隋旭磊 讲师/硕导/师资博士后　杜　磊 讲师/硕导/师资博士后　赵　磊 讲师/硕导/师资博士后

娄帅锋 讲师/师资博士后　阚兰芳 讲师/师资博士后　玉富达 讲师/师资博士后　孔凡鹏 讲师/师资博士后　付传凯 讲师/师资博士后

电化学工程系现任教师(按职称和进入专业时间排序)

三、科研、教学及学生培养

(一)国家级重大科研项目

近几年电化学专业老师承担了多项国家和省部级重大科研项目及国际合作项目(包

括国家自然科学基金、“863”项目、“973”项目、国防预研项目和省重点攻关项目等)，部分国家和省部级重大科研项目如下：

2010—2013年，国家环保公益项目，废旧锂离子电池资源化利用过程污染特征与风险评价及优化管理研究，负责人：戴长松。

2011—2013年，民用航天项目重大项目，＊＊＊电池可靠性与寿命评价研究，负责人：尹鸽平。

2011—2014年，国家“863”课题，SOFC材料的稳定性研究，负责人：熊岳平。

2012—2014年，国家“863”课题，高能量铝壳锂离子电池和模块技术开发，负责人：尹鸽平。

2012—2016年，国家“973”课题，碳基燃料固体燃料电池体系基础研究/高性能阴极构建及其电化学行为，负责人：熊岳平。

2013—2015年，国家科技支撑计划课题，新型负极材料制备技术及产业化，负责人：袁国辉。

2014—2016年，国防“863”项目，锂硫电池＊＊＊，负责人：尹鸽平。

2015—2019年，国家自然科学基金重点项目，突破直接液体燃料电池(DLFCs)应用瓶颈的电催化关键基础问题研究，负责人：尹鸽平。

2017—2020，国家重点研发计划项目，面向新材料领域的科技服务Saas应用构建以及示范，负责人：袁国辉。

2017—2021年，国家自然科学基金重点项目，突破锂离子电池硅基阳极关键技术瓶颈的基础研究，负责人：杜春雨。

2019—2023年，国家重点研发计划课题，高效固体氧化物燃料电池退化机理及延寿策略研究/单电池性能衰减机理研究及延寿策略构筑，负责人：熊岳平。

(二)国家及省重点自然科学基金项目

2005年，国家自然科学基金面上项目，二甲醚的电化学氧化机理及其高活性催化剂研究，负责人：尹鸽平。

2007年，国家自然科学基金面上项目，$Pt-NbO_2-C$“三相边界”构筑、原理及其氧化还原反应的影响机制，负责人：尹鸽平。

2007年，国家自然科学基金面上项目，Pt/C催化剂性能衰减的机制研究及抑制原理和方法，负责人：王振波。

2008年，国家自然科学基金青年项目，铂催化剂的新载体——核壳型纳米复合物的设计、制备及作用机理，负责人：杜春雨。

2008年，国家自然科学基金面上项目，离子液体电沉积TbFeCo合金的形成机理、结

勤力同心 笃行致远

构与磁光性能研究,负责人:安茂忠。

2009 年,国家自然科学基金青年项目,聚硅氧烷多层膜对合金负极体积效应的缓冲作用及机理,负责人:潘钦敏。

2009 年,国家自然科学基金面上项目,燃料电池催化剂的杂质毒化机制及纳米微囊型催化剂的设计、制备与作用机理,负责人:杜春雨。

2010 年,国家自然科学基金面上项目,泡沫锂与三维集流体磷酸亚铁锂电极的研究及机理分析,负责人:王殿龙。

2011 年,国家自然科学基金面上项目,离子液体脉冲电沉积 Li-Cu 合金纳米颗粒薄膜的形成机理、结构与电化学性能的研究,负责人:安茂忠。

2011 年,国家自然科学基金面上项目,超级电池用超级电容器电极研究,负责人:袁国辉。

2012 年,黑龙江省自然科学基金重点项目,高光电转换效率的 CIGS 薄膜太阳能电池的基础研究,负责人:安茂忠。

2012 年,国家自然科学基金面上项目,原位静电自组装合成 Pt 基环绕结构催化剂及其与高效膜电极的耦合研究,负责人:尹鸽平。

2013 年,国家自然科学基金面上项目,Pt/CNT 的修饰原理、方法及其对阴极催化剂稳定性的影响机理,负责人:尹鸽平。

2013 年,国家自然科学基金面上项目,无机物增强、碳源原位碳化固铂提高担载型 Pt 催化剂稳定性方法及机理研究,负责人:王振波。

2013 年,国家自然科学基金面上项目,磷酸钒锂在多电子反应过程中的结构变化和动力学行为,负责人:戴长松。

2013 年,国家自然科学基金面上项目,离子液体复合聚合物电解质的设计合成、导电机理及性能研究,负责人:杨培霞。

2013 年,国家自然科学基金青年项目,富锂固溶体正极表面膜的构筑及其对电极性能的影响机制研究,负责人:马玉林。

2014 年,国家自然科学基金青年项目,AuPt@ C 空气电极的磁电沉积可控构筑及催化性能,负责人:张锦秋。

2014 年,国家自然科学基金面上项目,锂离子电池 $TiNb_2O_7$ 负极材料的嵌脱理机理、结构设计与可控制备,负责人:程新群。

2014 年,国家自然科学基金面上项目,PEMFC 新型氧化物与铂基金属的梯级核壳结构催化剂之构筑及作用机理研究,负责人:杜春雨。

2015 年,国家自然科学基金重点项目,突破直接液体燃料电池(DLFCs)应用瓶颈的

电催化关键基础问题研究,负责人:尹鸽平。

2015 年,国家自然科学基金面上项目,离子液体电沉积构筑纳米有序直孔/柱状结构 CIGS 吸收层及其光电转换性能研究,负责人:安茂忠。

2015 年,国家自然科学基金面上项目,仿贻贝自修复超疏水表面的设计及油水分离应用,负责人:潘钦敏。

2015 年,国家自然科学基金项目,质子导体氧化物中质子缺陷的固体核磁共振研究,负责人:霍华。

2015 年,国家自然科学基金面上项目,高电压型锂离子电池气体产生机制的原位红外/质谱研究,负责人:高云智。

2016 年,国家自然科学基金面上项目,La 掺杂 $SrTiO_3$ 阳极结构的磁共振波谱学研究,负责人:霍华。

2017 年,国家自然科学基金面上项目,梯度掺杂界面功能化核壳结构氧化物制备及其担载 Pt 基催化剂的活性与稳定性研究,负责人:王振波。

2017 年,国家自然科学基金项目,离子掺杂磷酸钒锂脱嵌锂机理的固体核磁共振研究,负责人:霍华。

2017 年,国家自然科学基金青年项目,高比容量 Li_2S@ $LiFePO_4$/石墨烯复合材料的构建及其混合储能机理研究,负责人:王博。

2017 年,国家自然科学基金重点项目,突破锂离子电池硅基阳极材料关键性能瓶颈的基础理论研究,负责人:杜春雨。

2018 年,国家自然科学基金面上项目,有机体系锂空气电池氧化还原反应四电子途径催化剂的设计与构筑,负责人:尹鸽平。

2018 年,装备发展部项目,能量/功率＊＊＊＊组合电源系统,负责人:王振波。

2018 年,国家自然科学基金面上项目,分级核壳结构[M@ MOx]@ C 材料可控合成及其组分在锂硫电池中的协同作用机制,负责人:左朋建。

2018 年,国家自然科学基金面上项目,电沉积法制备氮硫双掺杂三维石墨烯担载纳米 Co1-xSe 催化剂及其氧还原机理研究,负责人:杨培霞。

2019 年,国家自然科学基金面上项目,具有固-液相转换机制的新型合金负极的研究,负责人:高云智。

2019 年,国家自然科学基金面上项目,非晶态泡沫锂电极体系稳定固/固界面的构建及电荷跃迁动力学研究,负责人:王殿龙。

2019 年,黑龙江省自然科学基金重点项目,液态合金构筑高稳定性储能材料及其自愈合机理研究,负责人:王家钧。

勤力同心 笃行致远

2019 年,国家自然科学基金青年项目,基于多级孔三维结构石墨烯的 Fe-N-C 非贵金属催化剂的可控构筑及其氧还原性能研究,负责人:赵磊。

2020 年,国家自然科学基金面上项目,颠覆大马士革铜互连工艺的铜电沉积理论与工艺技术,负责人:安茂忠。

2020 年,国家自然科学基金青年项目,自修复水下黏附材料的设计构筑与性能调控,负责人:楚盈。

2020 年,国家自然科学基金青年项目,Mn-N-C 氧还原催化剂活性位密度和电子结构的双重调控及作用机理研究,负责人:隋旭磊。

(三)省部级一等奖及以上奖项

1980 年以来,完成各类科研课题 100 余项,获国家发明奖 3 项,省部级以上奖励 50 多项;省部级一等奖及以上的获奖情况如下:

1981 年,获国家发明三等奖,一步法无氰镀铜,获奖人:胡信国等。

1988 年,获国家发明三等奖,铅青铜轴瓦电镀铅锡铜三元合金,获奖人:王鸿建、王金玉。

1996 年,获国家发明奖四等奖,高效高速低温工程镀铬工艺研究,获奖人:苏贵品、李晓飞、胡信国。

1983 年,获国防科工委一等奖,脉冲化成技术,获奖人:王纪三等。

1988 年,获船舶总公司一等奖,轴瓦电镀 Pb-Sn-Cu 三元合金,获奖人:王鸿建、王金玉。

1991 年,获航天部一等奖,新型高能量镉镍电池研究,获奖人:王纪三等。

2008 年,获省科学技术一等奖(自然科学类),先进电池关键材料的设计制备与电极反应机理,获奖人:尹鸽平、王振波、杜春雨、史鹏飞、左朋建。

2010 年,获黑龙江省自然科学一等奖,能源和环保用高性能化工新材料的基础研究,获奖人:潘钦敏、邵路、袁国辉、胡桢、徐慧芳。

2010 年,获省技术发明一等奖,电化学方法制备泡沫金属材料及功能覆盖层清洁生产技术,获奖人:安茂忠、王殿龙、戴长松、赵力、张锦秋、杨培霞等。

2014 年,获黑龙江省自然科学一等奖,高稳定性纳米电催化剂及储能材料的构筑与机理研究,获奖人:尹鸽平、张生、杜春雨、王殿龙、邵玉艳等。

2018 年,获黑龙江省自然科学一等奖,低温燃料电池纳米电池催化剂制备关键技术及催化机理研究,获奖人:王振波、王炎、隋旭磊、赵磊、顾大明。

2019 年,获黑龙江科学技术奖一等奖,锂离子电池寿命提升与高效制造关键技术及产业化,获奖人:杜春雨、尹鸽平、高云智、徐延铭、张春涛、马玉林等。

(四)杰出校友

陈景贵,1966 年本科毕业,原天津第十八研究所所长,曾获国家科技进步一等奖,荣立电子工业部二等功。

王福平,1982 年本科毕业,哈尔滨工业大学,教授,原副校长。

宋殿权,1982 年本科毕业,哈尔滨光宇国际集团公司,董事长。

李延平,1982 年本科毕业,哈尔滨光宇电源股份有限公司,总经理。

高学锋,1982 年本科毕业,上海德朗能动力电池有限公司,首席技术官。

谢维民,1982 年本科毕业,百事德机械(江苏)有限公司,总经理。

高自明,1982 年本科毕业,天津第十八研究所,原所长。

魏俊华,1982 年本科毕业,航天科工十院科技委,副主任(全国五一劳动奖章获得者)。

裴潮,1982 年本科毕业,成都市科创微电子厂,厂长,高级工程师。

徐未凝,1982 年本科毕业,深圳市天宁达胶黏技术有限公司,总经理。

董捷,1983 年本科毕业,理士国际技术有限公司,副总裁。

程学鹏,1983 年本科毕业,深圳金元技术有限公司,董事长。

曹浩,1983 年本科毕业,航天长征火箭技术有限公司,总经理。

刘喜信,1983 年本科毕业,江门朗达电池有限公司,总经理。

孙东洪,1983 年本科毕业,航天科工集团九院,党委书记。

王会江,1983 年本科毕业,北京 239 厂,副总师。

张英杰,1984 年本科毕业,昆明理工大学,教授/党委书记。

赵金保,1984 年本科毕业,厦门大学,国家级人才计划。

衣守忠,1984 年本科毕业,雄韬股份有限公司,总工程师。

张华农,1984 年本科毕业,深圳市雄韬电源科技股份有限公司,董事长。

张士忠,1984 年本科毕业,深圳市宏达盛五金塑胶有限公司,总经理。

孙克宁,1985 年本科毕业,北京理工大学,“长江学者”特聘教授。

陈瑶,1985 年本科毕业,上海德朗能动力电池有限公司,总经理。

吴江峰,1985 年本科毕业,上海德朗能电池有限公司,董事长。

施永,1987 年本科毕业,世纪方舟投资有限公司,董事长。

刘海忠,1987 年本科毕业,深圳市达俊宏科技股份有限公司,总经理。

朱凯,1988 年本科毕业,上海空间电源研究所,所长。

罗新耀,1988 年本科毕业,佛山市实达科技有限公司,总经理。

徐延铭,1989 年本科毕业,珠海冠宇电池有限公司,董事长。

门玉文,1989 年本科毕业,惠州友恒锂电科技有限公司,总经理。

王正伟,1990 年本科毕业,星恒电源股份有限公司,副总经理/总工。

王守军,1990 年本科毕业,深圳市量能科技有限公司,总经理。

王东,1991 年本科毕业,上海空间电源研究所,副所长。

解晶莹,1992 年本科毕业,上海空间电源研究所,研究员、总预研师。

潘武,1992 年本科毕业,北京光宇博毅能源技术有限公司,总经理。

姜利祥,1993 年本科毕业,航天五院北京卫星环境工程研究所,副总研发师。

涂晓松,1993 年本科毕业,深圳市佰特瑞科技投资有限公司,董事长。

李和清,1993 年本科毕业,广州迪澳生物科技有限公司,董事长。

暴杰,1993 年本科毕业,航天 200 厂,副总工程师。

李林宏,1993 年本科毕业,深圳航空标准件有限公司,董事长。

王渤,1993 年本科毕业,比亚迪电子营销本部,总经理。

程舸,1993 年本科毕业,贵阳东方电镀厂,总经理。

高德俊,1993 年本科毕业,厦门市昊昱工贸有限公司,总经理。

李建玲,1993 年本科毕业,北京科技大学,教授,新世纪优秀人才计划。

娄豫皖,1993 年本科毕业,苏州安靠电源有限公司,研究院院长,教授级高工。

夏保佳,1993 年本科毕业,中科院上海微系统所,教授。

肖成伟,1994 年本科毕业,天津 18 所工业和信息化部物理化学电源技术重点实验室,主任。

李齐云,1994 年本科毕业,中山市世豹新能源有限公司,董事长。

王军荣,1994 年本科毕业,深圳市嘉博瑞科技有限公司,总经理。

毛永志,1994 年本科毕业,荣盛盟固利新能源科技有限公司 ACK 总工,教授级高工。

柯克,1995 年本科毕业,克能新能源科技有限公司,国家级人才计划,董事长。

孙延先,1995 年本科毕业,超威集团,国家“万人计划”领军人才,教授。

白瑞峰,1995 年本科毕业,杭州百木表面技术有限公司,经理。

张立,1995 年本科毕业,无锡汇众伟业电气有限公司,总经理。

吴贤章,1995 年本科毕业,浙江南都电源动力股份有限公司,副总经理。

崔宪文,1995 年本科毕业,泉州市凯鹰电源电器有限公司,总经理。

陆广,1996 年本科毕业,苏州大学,国家级青年人才计划,教授。

刘国宾,1996 年本科毕业,广州东锐科技有限公司,董事长。

屈仁刚,1996 年本科毕业,四川长虹格润再生资源有限公司,副总经理。

武刚,1997 年本科毕业,美国纽约州立大学布法罗分校,高级科学家。

王晓飞,1997 年本科毕业,福建南平南孚电池有限公司,副总经理。

常海涛,1997 年本科毕业,福建南平南孚电池有限公司,研发总监(全国五一劳动奖章获得者)。

王振波,1998 年本科毕业,哈尔滨工业大学,国家“万人计划”领军人才,教授。

何显峰,1998 年本科毕业,西安瑟福能源科技有限公司,总经理。

潘延林,1998 年本科毕业,上海空间电源研究所,总工。

杨宝峰,1999 年本科毕业,双登集团,执行总裁。

王鸣魁,1999 年本科毕业,华中科技大学,国家级青年人才计划,教授。

张春涛,1999 年本科毕业,光宇电源股份有限公司,总经理。

杨辉顺,1999 年本科毕业,四川实创微纳科技有限公司,董事长。

杨华通,2000 年本科毕业,天津赋能科技有限公司,董事长。

侯敏,2000 年本科毕业,瑞浦能源有限公司,副总裁。

严乙铭,2001 年本科毕业,北京理工大学,国家“万人计划” 青年拔尖人才,教授。

李喜飞,2001 年本科毕业,西安理工大学,天津市青年人才计划,教授。

邵玉艳,2001 年本科毕业,美国西北太平洋国家实验室,高级科学家。

吴志红,2001 年本科毕业,上海杉杉科技有限公司,常务副院长。

刘向,2002 年本科毕业,上海荣鑫新能源科技有限公司,总经理。

刘东兴,2002 年本科毕业,杭州先锋电子技术股份有限公司,总监。

左朋建,2002 年本科毕业,哈尔滨工业大学,“龙江学者”青年学者,教授。

丁飞,2003 年硕士毕业,中电第十八研究所,国家“万人计划”科技创新领军人才,重点实验室常务副主任。

杨轶,2003 年本科毕业,安美特中国化学有限公司,大客户经理。

杨滔,2004 年本科毕业,广东光华科技股份有限公司,大客户总监。

张亮,2004 年本科毕业,北汽鹏龙(沧州)新能源汽车服务股份有限公司,总经理。

张生,2005 年本科毕业,天津大学,国家级青年人才计划,教授。

孙迎超,2005 年本科毕业,易佰特新能源科技有限公司,总经理。

代云飞,2005 年本科毕业,北京运享再生能源科技有限公司,总经理。

吴丽军,2005 年本科毕业,江苏智泰新能源科技有限公司,总经理。

柳志民,2006 本科毕业,理想汽车,电池事业部总监。

曾林,2008 年本科毕业,南方科技大学,国家级青年人才计划,教授。

朱彤,2011 年本科毕业,北京理工大学,国家级青年人才计划,教授。

第三节 应用化学专业(含普通化学)发展史

应用化学专业几经变迁,历经化学教研室、精细化工专业近70年的发展,1999年根据教育部专业目录调整,由精细化工专业更名为应用化学专业。专业在教学、科研、学科建设、师资队伍和人才培养等方面取得了一系列的成果,拥有教育部"大学化学与应用化学系列课程国家优秀教学团队",入选黑龙江省重点专业和黑龙江省首批一流专业。

应用化学专业秉承校训,坚持立德树人,着力培养品德优良、求真创新、具有高度社会责任感、团队协作和广阔的国际视野,拥有扎实的化学化工知识和绿色化学理念,具备科技创新或创业能力,能够引领应用化学及相关领域发展的杰出创新人才。

应用化学专业主要研究方向包含光电化学材料、航天固体推进剂、电磁功能材料等。近几年,承担国家自然科学基金、基础加强重点项目、973子课题、国家重点研发计划子课题、总装备部重点项目、军科委重点项目等项目30余项,在研经费5 000余万,在*Science*,*JACS*,*Angew. Chem. Int. Ed.*等刊物发表SCI文章300余篇。多项研究成果应用于民用和国防领域,获得国家和省部级奖励20余项。应用化学专业贯彻学院"引培并举"的师资人才政策,重点倾斜具备发展潜力的年轻教师,培养和引进高端人才,着力打造高水平的教师队伍。推进应用化学专业实验室和教师研究室软、硬件设施的升级改造,达成专业拔尖人才培养目标。发挥大学化学国家精品课程的辐射和带动作用,规范专业课程,实现本-硕-博培养方案一体化,强化精品课程,鼓励教学研究立项,获得了一批优秀教学成果奖。完善学科建设组织体系,编制一流学科发展规划,提升硕、博培养质量。整合相关课题组,凝练特色专业方向,聚焦各类重点和重大课题,产出省部级及以上科研奖励。在光电化学材料与器件、航天固体推进剂、电磁功能材料3个科研方向上形成强势。

应用化学专业作为黑龙江省首批一流专业和省重点专业,围绕高水平一流"新工科"专业建设目标,秉承立德树人,回归大学之本,确立人才培养中心地位。专业建有国家精品课程1门,4门专业主干课全部入选黑龙江省级精品课程,为推进"以本为本"和"四个回归"创建了良好的软硬件条件,把人才培养质量和效果作为检验工作成效的根本标准。专业按照新工科的要求,积极推进办学理念创新、组织创新、管理创新和制度创新,专业国内排名位于前列,为实现建设世界一流的本科教育筑牢基础。

勤力同心 笃行致远

一、专业创建及发展

(一)普通化学与应用化学历史沿革

1. 普通化学历史沿革

哈工大的大学化学(初名普通化学)课程早在20世纪30年代就已开设,1925年建立的化学教学研究组就是以普通化学教学为主,1928年建立的化学实验室也是以开设普通化学实验为主。

1948年,苏联专家进驻后,普通化学课程的教学不断规范和加强,教师队伍以苏联专家为主体,采用俄语授课,使用的教材起初是自编俄文讲义,后来是苏联格林卡编著的《普通化学》。与此同时,培养了周定等几名在职研究生作为后备主讲教师。

由于普道化学教学效果好、影响大,1956年在哈工大召开了全国第一次普通化学教学经验交流会,兄弟院校的与会代表对哈工大灵活多样的教学方法给予了充分肯定和高度评价。

1950年,新中国第一次有组织地招收研究生,化学教研室招收了新中国的第一批研究生,这批研究生跟随苏联专家学习,成为哈工大化学教研室和化学学科独立发展的先行者。

1952—1956年,苏联专家陆续回国,化学教研室的教师增加到30名,教辅人员增加到15名。教研室承担全校各专业的普通化学理论课程教学和实验教学任务,设有玻璃加工室与分析实验室。

1956年,化学教研室承办了全国第一届普通化学教学经验交流会,周定代表哈工大化学教研室在会上介绍了化学教研室学习苏联教学经验的体会,并把由哈工大化学教研室编写的全套教学资料赠送给全国的兄弟院校。时任国家高等教育部副部长的化学专家曾昭抡参加了会议,对会议给予了高度评价,并认为:哈工大化学教研室为兄弟院校学习苏联经验、提高教学质量做出了贡献。教学工作受到国内兄弟院校与会代表的一致好评。这次会议标志着以周定为首的哈工大化学教研室已走在全国同类教研室的前列,并奠定了哈工大化学教研室乃至此后的应用化学系在全国高校的学术地位。同年,化学教研室有10名教师被评为讲师,分别是周定、肖涤凡、佘健、利建强、卢国琦、常绍淑、贝有为、陆建培、张仓禄、余元甫,形成了一支教学水平较高的骨干教师队伍。

1957—1959年,为建立化工系、筹办新专业、分建哈尔滨建工学院和富拉尔基重型机

械学院以及支援哈市一些新建的研究所而先后输送 21 名教师。

20 世纪 60 年代初，部分普通化学教师在教学的同时开展科研工作，相继创办了电化学、高分子、环化新专业。

1960—1966 年，为了贯彻高教部“加强基础，恢复正常教学秩序”的指示，教研室抓紧各方面的恢复工作，基本走上正轨；同时开展了石蜡氧化和大庆地下石油管道牺牲阳极材料的课题研究。

1966—1976 年，教研室被取消拆散，教研室老师被分散到各专业，并结合专业需求为招收的工农兵学员开设不同类型的普通化学课。

1977 年，教研室恢复，普通化学教学进行改革，编写了相应的普通化学校内教材、实验讲义和习题集；招收了化学教研室自成立以来的第一届本科生（化学师资班，1978 年）。

1978 年，分流在各系的普通化学教师回归化学教研室，为恢复高考后的 77 级学生开设普通化学课。

1980 年，周定招收了环境化学与工程专业的硕士研究生；派出了徐崇泉、冯宝义等 4 名教师到北京大学等兄弟院校进修“量子化学”“结构化学”等难度较大的课程。教研室教师发展到 40 人，教辅人员发展到 14 人。

1980 年，着手自编普通化学教材。

1981 年，在长沙召开的教学研讨会上，率先提出了在普化教学中以热力学中的吉布斯函数变和物质结构中的波函数为主线，并贯穿始终的观点，徐崇泉教授做了大会发言，受到业内人士的高度重视和广泛认同，并在之后出版的多数普通化学教材中得以体现。同年哈工大周定教授成为教育部化学教指委普化协作组成员。

1982 年 7 月，化学师资班本科生（1978 级）毕业。

1983 年，在哈工大出版社出版了《普通化学》（周定主编）教材，紧接着又出版了《普通化学实验》（张志蔚主编）教材。

1985 年，周定教授组织编写正式出版了《普通化学》和《普通化学实验》教材，同时在化学教研室广泛开展了科研工作。

1987—1989 年，教研室科研工作结出硕果：陈庆琰、温溯平、黄荣泰等在氟硼酸体系含镍废水处理的研究成果获得“国家发明四等奖”；教研室教师获得国家科学技术委员会三等奖 1 项，航天科技进步二等奖 1 项，航天科技成果三等奖 3 项。

1990 年实现了大学化学实验的开放，率先实行全校范围的“普通化学”开放实验教学，成为国内实验教学典范。

1995 年徐崇泉教授选为教育部教指委（普化协作组）委员。

化学教研室首届本科生(化学师资班,1978 级)毕业合影(1982.7)

1996 年,为适应国内形势,普通化学更名为工科大学化学,同时为近化类专业开设多学时(总学时 72,理论课 42 学时,实验课 30 学时)工科大学化学,为普通理工科专业开设少学时(总学时 50,理论课 32 学时,实验保 18 学时)工科大学化学,为文管法艺术专业开设了化学专题(20 学时)。

1997 年,针对本科专业教学总学时数减少的实际情况,提出 3 种类型的普化教学方案,并将普通化学改为工科大学化学,在国内首次实行工科大学化学与大学物理的联合改革。

1998 年,徐崇泉、强亮生主编了高等教育出版社出版的《工科大学化学》(2003 年入选国家"十五"规划教材),胡立江、尤宏和郝素娥主编出版了改革后的《工科大学化学实验》教材和强亮生主编的《大学化学专题》教材等一系列在国内颇具影响力的大学公共基础课程教材。

2000 年,合并了哈尔滨建筑大学化学教研室部分教师,专业师资力量得以强化;为全校理工类学生开设的"工科大学化学"课程评为校级优秀课程。同年,强亮生当选为非化学化工类基础化学教指委委员。

2003 年,徐崇泉主编的《工科大学化学》教材在高等教育出版社出版,并入选普通高等教育"十五"国家级规划教材,同时徐崇泉负责的"工科大学化学"评为黑龙江省首批精品课程。

2004 年,强亮生负责的工科大学化学被评为国家级精品课程,并获黑龙江省优秀教学成果二等奖。

2005 年,强亮生、郝素娥、杨玉林等协助韩喜江负责的化学实验中心获批"国家级化学示范实验中心",工科大学化学国家精品课程的实验部分依托国家级实验教学平台。

2006 年,工科大学化学更名为大学化学(学时不变,分 3 种类型,大学化学Ⅰ、Ⅱ、Ⅲ)。

2008 年,建成黑龙江省优秀教学团队。

2009 年,强亮生带领专业入选教育部“大学化学与应用化学系列课程”国家优秀教学团队,成为教学研究、专业建设和人才培养的国家队。

2013 年,强亮生负责的“工科大学化学”课程转型升级为国家精品资源共享课程,获黑龙江省高校教学成果一等奖,同年韩喜江当选为非化类基础化学教指委委员。

2016 年大学化学课程作为校管核心课程获学校政策支持进行持续性建设。结合课程特点及开课院系需求,设有 64、56、48、32 和 24 学时多种类型。以创新人才培养为目标,实施科教融合,进行课程内容建设;结合教学信息化,启动大学化学 MOOC(慕课)建设和混合式教学模式改革。

2018 年唐冬雁当选为非化类基础化学教指委委员。同年由唐冬雁负责的大学化学教学团队作为化工与化学学院首个以团队化管理并给予政策支持的教学团队,课程质量得到改善,学生评教提升明显,师资队伍发展迅速。

2019 年,大学化学课程在中国大学 MOOC 平台上线开放。大学化学课程团队始终在致力于打造一支教学水平高、科研能力强、师德师风优的高水平教师队伍,始终在向着一流课程的建设目标迈进。

2. 应用化学历史沿革

1993 年,在“基础课筹办专业、专业强化基础课”思路的指导下,建立了精细化工专业,开始招收本科生和专科生,稳定了教师队伍,为人才引进、教师发展打下了坚实基础。

1999 年,精细化工专业改名为应用化学(理科)专业,以适应哈工大发展理学基础学科的要求,2000 年开始招生。

2001 年,应用化学专业加快了承担国家级基础和应用科研项目的研究步伐,先后获得国家自然科学基金、863 和黑龙江省重点科技攻关等项目资助。

2003 年,强亮生主持建立了“无机化学”硕士点,并与兄弟教研室共同建立了“化学工艺”博士点;为应用化学专业的学科建设开创了新局面,培养研究生的同时,助力科研水平登上新的台阶;推进了国家自然科学基金、各类重大、重点项目的科研步伐。徐崇泉入选黑龙江省第一届教学名师。

2005 年,化学与应用化学教研室在编教师博士化率达到 100%,师资队伍相对稳定,包括:徐崇泉(教授、省教学名师、基础教学带头人)、王福平(教授/博导、哈工大副校长)、姜兆华(教授/博导、理学院副院长)、杨春晖(教授/博导、应用化学系副主任)、强亮生(教授/博导、省教学名师、教学带头人、教研室主任)、郝素娥(教授/博导、教研室教学

首届应用化学(理科)专业毕业生(2004.6)

副主任)、顾大明(教授/博导、教研室科研副主任)、胡立江(教授/博导)、张巨生(研究员,精细化工研究室主任)、唐冬雁(教授/博导)、赵九蓬(教授/博导)、杨玉林(教授/博导)、范瑞清(教授/博导)、李文旭(教学拔尖教授)、刘志刚(副教授/硕导)、张立珠(副教授/硕导)、姚忠平(副教授/硕导)和王连娣(行政秘书)等。教研室在教学、科研、人才培养等各方面的工作有了飞跃性发展。

2006 年,强亮生获“黑龙江省级教学名师奖(第二届)”、杨春晖入选“教育部新世纪优秀人才”、徐崇泉获“国防科工委属高校优秀教师”称号、赵九蓬和范瑞清入选“哈工大优秀青年教师培养计划”。师资队伍建设方面有了明显起色,为专业发展奠定了人才基础。专业负责的国家级、省部级科研项目上了新台阶,总经费超过 400 万元。

2007 年,明确应用化学专业建设思路:以就业为导向,适应社会需求,并充分利用原精细化工专业的基础(专业方向与设备),培养以理为主,理工结合的复合型人才。唐冬雁、强亮生负责的“应用化学综合实验”课程入选“黑龙江省精品课程”。

2008 年,应用化学专业全国排名第四(全国 388 个院校参评);唐冬雁和赵九蓬入选“教育部新世纪优秀人才”,师资力量稳步提升。强亮生、李文旭负责的“结构化学”课程入选“黑龙江省精品课程”。

2008 年,院系调整,姜兆华、杨春晖、赵九蓬和姚忠平等转入新建的化工学院,专业师资受到很大的冲击。为了增强专业师资力量,后续几年相继引进方习奎、那永、叶腾凌;调入韩喜江、徐平、杜耘辰、林凯峰、陈大发;同时招收 3 名讲师和 2 名师资博士后,专业逐步恢复力量,形成年龄梯队较为合理、教学科研实力较强的师资队伍。

2009 年,中科院长春应用化学研究所孔德艳加入教研室。

2010 年，姜兆华、刘志刚、姚忠平负责的“应用表面化学”课程入选“黑龙江省精品课程”，至此，应用化学专业的 4 门专业核心课程全部成为省级精品课程，完成专业课程精品化的目标。中科院长春应用化学研究所肖鑫礼加入教研室。

2011—2012 年，强亮生主持申报应用化学专业评为“黑龙江省重点专业”，确立专业在黑龙江省的优势地位。

2012 年，哈工大“百人计划”第四层次引进瑞典查尔姆斯理工大学那永。

2013 年，王平留校接替张巨生管理专业实验室。

2014 年，毕业于意大利技术研究所的叶腾凌被聘为哈工大青年拔尖副教授。

2016 年，响应学校关于整合化学化工学科的号召，并入化工与化学学院，化学与应用化学教研室调整为应用化学系，杨玉林任系主任、刘志刚任教学副主任、叶腾凌任科研副主任。

2016 年，美国能源部 Ames 国家实验室方习奎加入应用化学专业，入选国家级“青年人才”计划；原核化工专业的韩喜江、徐平、杜耘辰以及化学专业的林凯峰调入应用化学系；招收德国马普学会高分子研究所夏德斌。至此，应用化学系的师资力量得到了补充和加强。依据专业发展面临的新形势，重新定位专业人才培养目标、科研方向和专业发展规划。

2017 年，专业依据学院整体规划，搬迁至明德楼，实验室总面积达到 1 300 平方米，明显改善了教学、科研实验室和办公条件。

2018 年，依据学院专业设置发展整体布局，应用化学专业（理科）调整为应用化学（工科），授予本科生“工学学士学位”，同年招收“功能新材料与化工工科试验班”，修订新工科专业培养方案，适应创新型拔尖人才的培养目标。师资队伍建设有了起色：徐平当选“龙江学者特聘教授”、韩喜江当选“国家教指委化学类专业教学指导委委员”、杨玉林受聘“装发部某领域专家”。

2019 年，杨玉林负责申报专业评为首批“黑龙江省一流专业”；张健（新加坡国立大学）、李思伟（北京大学）加盟应用化学系入选师资博士后（讲师），成为应用化学系的重要新生力量。

2020 年，贯彻落实教育部“停课不停教、停课不停学”的要求，专业教师开展多种形式的网络授课，取得良好教学效果。徐平发挥科研攻关优势，与黑龙江省科学院技术物理研究所、黑龙江省药品检验研究中心、齐齐哈尔恒鑫医疗用品有限公司、哈尔滨工程大学等单位，共同开展针对“医用一次性防护服等医疗物资辐射快速灭菌”的项目攻关。

“不经历风雨，怎么见彩虹”，71 年的风雨历程，几经沉浮变迁。在普通化学全校公共课的基础上，筹办应用化学专业，有利于稳定教师队伍，吸引高端人才，提高教学、科研水平；专业承载大学化学基础课，将科研融入教学，丰富了基础课内容、提高了基础课的

教学效果。2016年并入化工与化学学院以来，应用化学专业在教学、科研、专业建设、学科建设以及师资队伍建设等方面开创了新的局面。

(二)课程建设

应用化学专业拥有一套完整的专业课程教学体系，包含基础课、专业核心课和专业选修课。2000年，强亮生主编《精细化工系列教材》(4册，2000—2006年)，为应用化学专业建设和教材建设指明了建设方向并积淀出2门黑龙江省精品课程，包括“应用化学综合实验”(黑龙江省精品课程，2007年)和“精细有机合成及原理”(黑龙江省精品课程，2009年)。另外专业基础课“结构化学”于2008年评为黑龙江省精品课程，姜兆华、刘志刚、姚忠平负责的“应用表面化学”课程于2010年入选“黑龙江省精品课程”，至此，应用化学专业的4门专业课程全部成为省级精品课程。

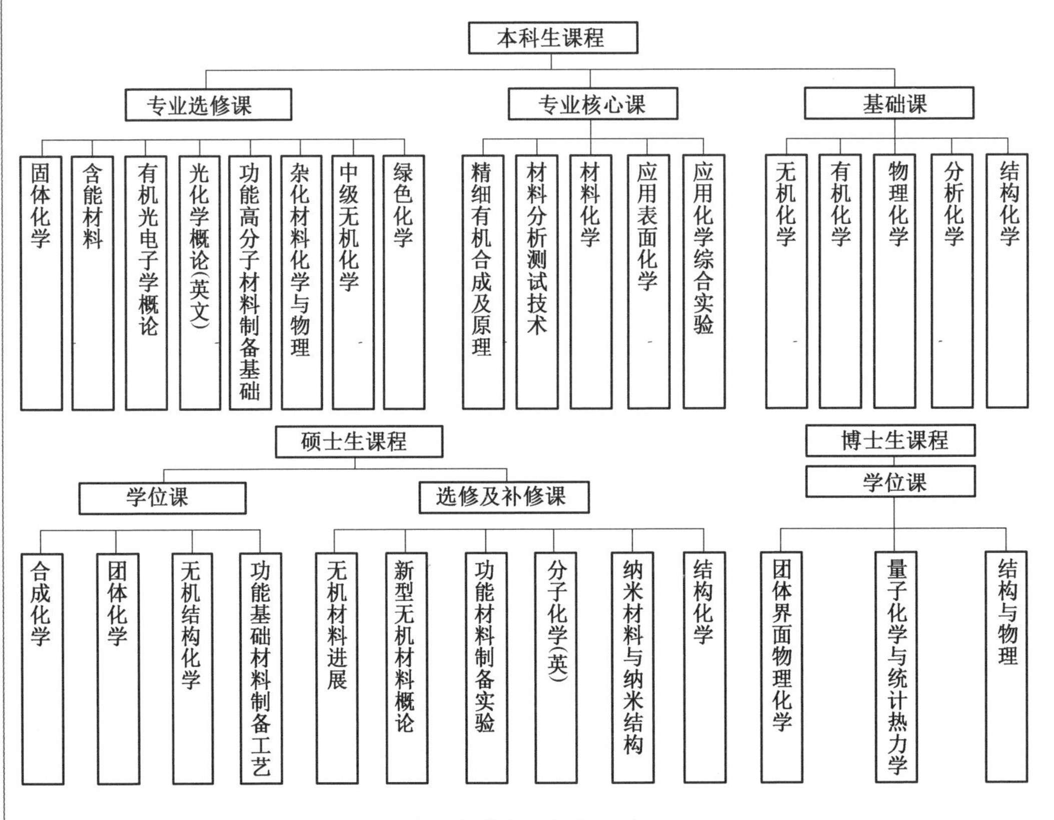

应用化学专业课程体系

拓展国际视野，推进多元办学：大二夏季课程邀请美国佛罗里达大学的Krik教授(*ACS Appl. Mater. Inter*主编)讲授16学时“分子光化学”，北卡罗来纳州立大学的Mayer教授(*ACS Appl. Energ Mater.*执行主编)讲授16学时“光电化学与物理”，吉林大学的谢腾峰教授开设夏季课程。学生选课人数由最初的15人扩展为目前的120人(升格为全

院选修)，开拓学生学术视野和国际化意识，深受学生喜爱。与新加坡国立大学签订3+1+1(本-硕)联合培养；与美国北得克萨斯州立大学签订3+2(本-硕)联合培养，为培养国际化创新拔尖人才提供新的选项。

(三)教材出版

1999年，唐冬雁主编《应用化学专业英语》(哈尔滨工业大学出版社)。

2000年，胡立江、尤宏主编《网络与化学》(科学出版社)；王慎敏、唐冬雁主编《日用化学品化学》(哈尔滨工业大学出版社)。

2001—2002年，胡立江编著《精通 Chem Draw》(清华大学出版社)。

2003年，徐崇泉、强亮生主编《工科大学化学》(国家"十五"规划教材，高等教育出版社)；姜兆华主编《应用表面化学与技术》(哈尔滨工业大学出版社)；郝素娥主编《食品添加剂制备与应用技术》(化学工业出版社)；强亮生主编《工科基础化学系列教材》(5册，哈尔滨工业大学出版社2003—2006年)；强亮生主编《精细化学品配方设计与制备工艺丛书》(4册，化学工业出版社，2003—2004年)。

2004年，韩喜江主编《物理化学实验》(哈尔滨工业大学出版社)；强亮生、许越主编《工科化学类试题精选与答题技巧》(第二版，哈尔滨工业大学出版社)；郝素娥、强亮生主编《精细有机合成单元反应与合成设计》(哈尔滨工业大学出版社)；赵九蓬主编《新型功能材料设计与制备工艺》(第二版，化学工业出版社)；唐冬雁主编《化妆品配方设计与制备工艺》(第二版，化学工业出版社)；杨春晖主编《涂料配方设计与制备工艺》(第二版，化学工业出版社)。

2005年，唐冬雁主编《应用化学专业英语》(哈尔滨工业大学出版社)；强亮生主编《大学化学专题》(哈尔滨工业大学出版社)；胡立江、郝素娥、强亮生主编《工科大学化学实验》(第四版，哈尔滨工业大学出版社)；杨春晖主编《精细化工过程与设备》(哈尔滨工业大学出版社)。

2006年，徐崇泉、强亮生主编《工科大学化学》(国家"十一五"规划教材，高教出版社)；强亮生、王慎敏主编《精细化工综合实验》(第五版，哈尔滨工业大学出版社)；强亮生、杨春晖等主编的《化学专题》入选"哈尔滨工业大学'十一五'规划教材"；强亮生、徐索泉等主编的《结构化学教程》入选"哈尔滨工业大学'十一五'规划教材"；唐冬雁、赵九蓬等主编的《功能材料设计与制备工艺基础》入选"哈尔滨工业大学'十一五'规划教材"。

2009年，郝素娥、张巨生等出版教材《稀土改性导电陶瓷材料》(国防工业出版社)。

2010年，张立珠、赵雷、文爱花主编《水处理剂——配方·制备·应用》(化学工业出版社)。

2011—2012年，强亮生主编"国家优秀教学团队"建设成果《实用精细化学品丛书》

系列参考书(化学工业出版社):顾大明等主编《工业清洗剂——示例·配方·制备方法》,李文旭等主编《陶瓷添加剂——配方·性能·应用》,王慎敏等主编《日用洗涤剂——配方·示例·工艺》,王慎敏等主编《胶黏剂——配方·制备·应用》,王桂香等主编《电镀添加剂与电镀工艺》,唐冬雁等主编《化妆品——原料类型·配方组成·制备工艺》,郝素娥等主编《食品添加剂与功能性食品——配方·制备·应用》,刘志刚等主编《涂料制备——原理·配方·工艺》,顾大明、刘志刚、孔德艳等主编《功能材料制备实验》。

2014 年,杨玉林、范瑞清、张立珠、王平等主编《材料测试技术与分析方法》(哈尔滨工业大学出版社)。

2017 年,强亮生、赵九蓬、杨玉林等主编《新型功能材料制备技术与分析表征方法》(哈尔滨工业大学出版社);顾大明、肖鑫礼、李加展编著《工业清洗剂——示例·配方·制备方法(第二版)》(化学工业出版社)。

2018 年,强亮生主编《精细化工综合实验》;徐平参编 Wiley 出版的 *Multifunctional Nanocomposites for Energy and Environmental Applications*,撰写一章。

二、教学及科研成果

(一)科研成果

精细化工专业的建设,有力地推动了科研的发展。

1996 年,陈庆琰、孙治荣、薛玉等人的研究成果“综合利用头孢氨苄废液制备六甲基硅脲”获得国家发明四等奖。

1997 年,强亮生、张洪喜、贾晓林、徐崇泉等人负责的“声表面波器件新材料掺杂铌酸锂晶体的生长及其应用研究”获得航天工业总公司科技进步二等奖。

2001—2002 年,强亮生负责国家自然科学基金面上项目“钛酸铅及其掺杂材料体系的电子结构计算及铁电性能预测”、姜兆华负责国家自然科学基金面上项目“微等离子体法阀金属表面陶瓷膜层的构造设计与机理研究”、杨春晖承担国家 863 子课题“掺杂化学计量比 $LiNbO_3$ 晶体研制”、胡立江负责黑龙江省重点科技攻关“有机-无机杂化材料 POSS 的制备与应用”。张巨生、唐冬雁、强亮生、郝素娥等人的研究成果“新型双组分高档家具漆的研制”获黑龙江省科技进步三等奖。

2003—2005 年,杨春晖负责国家自然科学基金面上项目“新型中远红外波段非线性光学晶体磷化锗锌的研制”。韩喜江负责的国家自然科学基金面上项目“纳米氢氧化镍

勤力同心 笃行致远

在球形氢氧化镍中掺杂电化学作用机理”。2005 年，杨春晖、王锐、强亮生、徐玉恒等人的研究成果的“光电功能晶体钨酸铅和铌酸锂晶体生长、缺陷结构与应用性能研究”获黑龙江省自然科学二等奖。张巨生、李欣、强亮生等人的研究成果的“给水设施新型无毒防腐涂料的研制”获黑龙江省科技进步三等奖。

2006 年，杨春晖负责国家自然科学基金面上项目“黄铜矿类非线性光学晶体砷化储镉生长、缺陷结构与性能”；郝素娥负责国家自然科学基金面上项目“稀土改性导电钛酸钡陶瓷粉的制备及其导电机理研究”；杨春晖负责总装预研基金项目“新型激光晶体材料＊＊＊”；顾大明负责总装预研基金项目“纯固态复合聚合物＊＊＊”，韩喜江负责总装预研项目“薄膜型＊＊＊＊吸波材料的研究”；杨春晖负责黑龙江省重大科技攻关“有机硅烷偶联剂生产工艺开发与产业化研究”；胡立江负责黑龙江省自然科学基金项目“杂化材料结构与其非线性性能相关性的计算模拟”；杨玉林、范瑞清等人的研究成果“有机组分介入的新型无机功能材料的分子设计、合成及性能研究”项目获黑龙江省自然科学三等奖。

2007 年，韩喜江、王殿龙、戴长松、赵力、徐平等人的研究成果的“电动车用镍氢和铅酸电池材料研究”获黑龙江省自然科学二等奖；杨玉林负责国家自然科学基金面上项目“新型微孔晶体的分子构筑，性能及模板脱除机理的研究”；唐冬雁负责国家自然科学基金项目“PU-MER 梯次 IPNs/金属的界面行为及连接机理”；韩喜江负责国家自然科学基金项目“抗 EMI 用纳米铁磁性材料/聚合物复合多层膜及其吸波机理”；赵九蓬负责国家自然科学基金青年项目“铌、碳酸盐系铁电薄膜的聚合物前驱体方法制备、结构及性能”。

2008 年，范瑞清负责国家自然科学基金面上项目“新型亚胺类金属配合物的设计、合成与性能的研究”。

2009 年，韩喜江参与负责国家自然科学基金重点项目“集承载和热控于一体的多功能结构研究”。

2010 年，杨玉林负责国家自然科学基金面上项目“中压氨气可控氮掺杂宽禁带氧化物染料敏化太阳能电池”；韩喜江负责国家自然科学基金面上项目“复合纳米 M 型铁氧体宽频吸波材料的可控制备及吸波规律”。

2011 年，韩喜江负责国家自然科学基金面上项目“聚苯胺薄膜上贵金属纳米结构的可控制备及 SERS 性能研究”，范瑞清负责国家自然科学基金面上项目“新型有机芳香多齿配体构筑超分子配位聚合物的合成和性能研究”，杜耘辰负责国家自然科学基金青年项目“介孔碳基吸波材料的制备及其吸波规律研究”，林凯峰负责国家自然基金青年项目“高氧化活性介孔纳米粒子的合成及催化”。

2012 年，韩喜江负责国家自然科学基金重大研究计划培育项目“基于共轭聚合物可

控制备功能导向贵金属晶态材料及机理”；杨玉林负责黑龙江省自然科学基金重点项目“高效低成本染料敏化太阳能电池若干关键问题的研究”，总装备部“十二五”28专项“新型＊＊＊＊”，国家自然科学基金面上项目“能级匹配为导向的DSSC复合光阳极的设计合成与光电性能关系研究”。

2013年，杨玉林负责973子课题“高性能声光功能材料研究及其在高端超声换能器中的集成”，航天科技集团-哈尔滨工业大学联合创新基金面上项目“＊＊＊低成本新工艺”。

2014年范瑞清负责国家自然科学基金面上项目“含氮杂环希夫碱从柔性到刚性可调控发光金属配合物的分子设计及结构与性能的规律关系研究”；韩喜江负责国家自然科学基金面上项目“纳米磁性金属及其复合材料的设计合成和吸波规律”。

2015年，林凯峰负责国家自然科学基金面上项目“多壳层中空介孔核-壳结构的设计及功能化纳米反应器的构筑”；杜耘辰负责国家自然科学基金项目“‘卵壳型’结构碳基复合材料的可控制备及吸波性能研究”；孔德艳负责国家自然科学基金青年项目“光磁双功能核壳型介孔氧化硅复合纳米材料的制备及药物输送性能研究”，杨玉林负责鞍钢实业微细铝粉有限公司“单质铝粉表/界面修饰技术服务”。

2017年，杨玉林负责总装备部延续加强项目“新型＊＊＊＊中试工艺”，航天科技-哈尔滨工业大学联合创新基金项目“微纳＊＊＊”，国家自然科学基金面上项目“稀土/$TiO_{2-x}F_x$上转换TiO_2纳米阵列界面复合钙钛矿太阳电池的构筑与光生载流子动力学研究”；韩喜江负责国家自然科学基金面上项目“以中间态过渡金属化合物为牺牲模板可控制备贵金属纳米催化材料”；林凯峰负责的陆军装备部“十三五”重点项目“新型＊＊＊”；叶腾凌负责国家自然科学基金青年项目“类钙钛矿型Cs_2SnI_6空穴传输材料的制备及其在钙钛矿太阳电池中的应用”；刘志刚参加国家重点研发项目“绿色水性聚氨酯面漆及中涂漆规模化制备与应用”(子课题排名2)；徐平获得获“黑龙江省高校自然科学一等奖”(2016年)。

2017年，王平(第5)、杨玉林(第8)与仪器学院刘俭合作的“共焦显微测量及其标准化计量理论”获中国计量测试学会科学技术进步一等奖并获推荐申报国家奖资格。

2017年，杨玉林负责装发部＊＊＊专项“＊＊＊技术”，装备预研航天科技联合基金项目“＊＊合成”；范瑞清负责装备预研航天科技联合基金项目“＊＊机理”；杜耘辰负责国家自然科学基金面上项目“功能导向轻质碳吸波材料的结构设计及可控制备”；方习奎入选国家级青年人才计划，负责国家自然科学基金面上项目“水铁矿纳米颗粒的仿生分子合成和磁学性质研究”；夏德斌负责国家自然科学基金青年项目“马来酰亚胺修饰的新型三维受体材料的设计、合成及其光伏性能研究”，国家重点研发计划子课题“仿蛙软体

跳跃机器人关键技术研究”。

2018 年,韩喜江负责国家自然科学基金面上项目“多级结构石墨烯基复合吸波材料的构筑及性能增强机制”。

2019 年,韩喜江、徐平、杜耘辰等人的研究成果“高性能电磁波吸收材料的可控合成及吸波机制”获黑龙江省自然科学奖一等奖并获推荐申报国家奖资格。

2019 年,杨玉林(首席专家)负责军委基础加强重点项目“基于＊＊＊”;那永负责黑龙江省自然科学基金优秀青年项目“共价超分子配合物构建实用型 X-Scheme 光分解水制氢体系”;杨玉林负责军委＊＊＊重点专项课题“适于＊＊＊”;范瑞清负责国家自然科学基金面上项目“能级匹配的钙钛矿太阳能电池界面材料设计与载流子传输机理”。

2020 年,林凯峰负责火箭军＊＊＊专项课题;杨玉林负责火箭军＊＊＊系统任务(二期)。

(二)教学成果

1993 年,强亮生、贾晓琳、郭慎满、徐崇泉等人的“普化物质结构部分教学改革的实践与效果”和付凤玲、赵希文、金婵等人的“普通化学开放实验”两项成果均获黑龙江省优秀教学成果二等奖。

1996 年,徐崇泉、强亮生、胡立江等人的“普通化学面向 21 世纪改革的研究与实践”获黑龙江省优秀高等教育科学成果二等奖。蒋宏第、徐崇泉、陈庆琰、金婵等编写的《普通化学》获航天工业总公司优秀教材三等奖。

1998 年,胡立江、强亮生、徐崇泉的“与美国化学教育的比较与研究”获黑龙江省优秀高等教育科学成果一等奖;唐冬雁、胡立江等人的“高等工科院校专业英语教法改革的尝试”获“黑龙江省优秀高等教育科学成果三等奖”。

1999 年,强亮生、徐崇泉、郝素娥等人的“普通化学国内外教材对比研究”获黑龙江省优秀高等教育科学成果一等奖;尤宏、胡立江、郝素娥、唐冬雁、徐崇泉等人的“面向 21 世纪工科大学化学实验教学改革与实践”获黑龙江省优秀教学成果一等奖;胡立江、徐崇泉等人的“网络技术在化学中的应用”获黑龙江省优秀高等教育科学成果一等奖;郝素娥、胡立江等人的“浅谈我国高等工科院校普通化学教学改革的方向”获黑龙江省优秀教育科研成果三等奖;唐冬雁“结合专业实际,改进普通化学教学的探索与实践”获黑龙江省优秀教育科研成果三等奖。

2000 年,唐冬雁、韩喜江、强亮生、徐崇泉等人的“普通化学在工科院校的地位和作用”获“黑龙江省优秀教育科学成果二等奖”;郝素娥“大学化学教学”获哈尔滨工业大学第四届优秀教学一等奖;强亮生、唐冬雁等负责世行贷款 21 世纪初高等教育改革项目“理科应用化学专业课程体系和教学内容改革与实践”(2000—2003 年);姜兆华、郝素娥

等负责世行贷款21世纪初高等教育改革项目“理科应用化学专业人才培养模式”（2000—2003年）；郝素娥、韩喜江等负责哈尔滨工业大学重点教研项目“少学时工科大学化学改革的研究与实践”（2000—2002年）。

2001—2002年，徐崇泉、强亮生、郝素娥“普通化学国内外对比研究”获黑龙江省优秀高等教育科学成果一等奖；郝素娥、徐崇泉、强亮生等人的“国外普通化学教材及其课程的特点”获黑龙江省优秀高等教育科学研究成果一等奖；顾大明、李欣、齐晶瑶、王郁萍等人的“工科建筑类化学系列课程建设”获黑龙江省优秀教学成果二等奖；顾大明“大学化学”获黑龙江省优秀高等教育科研成果二等奖；徐崇泉、郝素娥、强亮生等人的“高等学校面向21世纪化学课程内容和课程体系改革”获浙江省高等学校教学成果二等奖；唐冬雁“大学化学教学”获哈尔滨工业大学第五届优秀教学一等奖；胡立江编著《精通 Chem Draw》（清华大学出版社）。

2004年，唐冬雁、强亮生、徐崇泉等人的“保证应用化学专业英语教学效果的若干思考和实践”获黑龙江省优秀高等教育科学研究成果奖三等奖；顾大明“大学化学教学”获哈尔滨工业大学第六届优秀教学一等奖；强亮生、郝素娥等人负责“哈尔滨工业大学教学建设项目”应用化学专业本科教学建设（2004—2006年）。

2005年，强亮生、徐崇泉、郝素娥、胡立江、刘志刚等人的“大学化学课程建设”获黑龙江省高等教育教学成果二等奖；唐冬雁、强亮生、郝素娥、徐崇泉等人的“应用化学专业实验课程改革与探索”获黑龙江省优秀高等教育科学研究成果奖三等奖；韩喜江等人获黑龙江省科技进步三等奖1项。强亮生、刘志刚等人负责“黑龙江省新世纪高等教育教学改革项目”大学化学精品实验开发（2005—2006年）、顾大明、唐冬雁等人负责“黑龙江省新世纪高等教育教学改革项目”应用化学专业系列特色实验研究与开发（2005—2006年）。

2006年，强亮生、唐冬雁等人负责“黑龙江省高教学会‘十一五’规划课题”工科院校应用化学专业建设的研究与实践（2006—2010年）、唐冬雁负责“中国高教学会‘十一五’规划课题”工科院校应用化学专业建设及创新人才培养（2006—2010年）、唐冬雁、顾大明等人负责“哈尔滨工业大学教学建设项目”高等工科院校应用化学专业实践性教学环节的探索与实践（2006—2007年）。

2007年，唐冬雁、强亮生、赵九蓬、顾大明、郝素娥等人负责的研究生学位课“功能材料制备工艺基础及实验”建设的研究与实践获省教学成果二等奖；唐冬雁负责黑龙江省教育厅教改课题结合应用化学专业方向，加强实践性教学环节的措施（2007—2009年）。

2010年，张立珠等人的“化学实验教学中学生创新能力培养的探索与实践”获得第四届全国教育科研优秀成果一等奖。李文旭负责“校教研项目”大学化学与应用化学系

勤力同心 笃行致远

列课程(2010—2011年)。

2011—2012年,唐冬雁、强亮生、李文旭、刘志刚、顾大明等人的“工科院校应用化学(理科)专业建设及创新人才培养”获黑龙江省高等教育教学成果一等奖;韩喜江、李欣、周育红、孟祥丽、强亮生等人的“国家级化学实验教学示范中心建设与创新人才培养”获黑龙江省高等教育教学成果一等奖;唐冬雁等人的“雷达设施低损耗低张力三维网络复合疏水涂料的研制”获省部级科研成果三等奖。唐冬雁负责“黑龙江省高教学会‘十二五’规划课题”集中优势教学资源,培养理工结合化学拔尖创新人才的研究与实践(2011—2015年);李文旭负责“省教育厅教改项目”应用化学专业系列选修课程教材建设(2011—2013年)和“校教研项目”第二批教学方法与考试方法改革(2012—2013年)。

2013—2016年,强亮生、李文旭、郝素娥、顾大明、唐冬雁等人的“大学化学与应用化学国家级教学团队建设的研究与实践”获黑龙江省高等教育教学成果一等奖(2013年)。张立珠等人的“大班工科大学化学课双语教学模式的探索”获得黑龙江省高等教育研究成果三等奖(2015年)。李文旭负责“省教育厅教改项目”高校应用化学专业青年教师水平提高的研究与实践(2013—2015年)。唐冬雁负责“黑龙江省高教学会‘十三五’规划课题”以实践教学环节建设引领化学学科创新人才培养体系的构建(2016—2019年)。

2017年,李文旭负责“省教育厅教改项目”运用专业认证理念推动化学化工类课程建设与改革(2017—2019年);张立珠负责“哈尔滨工业大学教育改革课题”1项(2017—2019年)。

2018年,唐冬雁(第2)、强亮生(第5)获得国家级教学奖励学位与研究生教育学会教学成果二等奖;徐平(第2)获得黑龙江省高等教育教学成果二等奖。范瑞清获得哈尔滨工业大学首届“教学突出贡献奖”。在学院范围内成立以唐冬雁为带头人的“大学化学教学团队”。发表SCI教学文章3篇(张立珠2篇、夏德斌1篇)。

2018年,教学研究立项取得可喜的成绩,获批省级教学研究立项3项:郝素娥负责的黑龙江省教育科学“十三五”规划重点课题;张立珠负责的黑龙江省教育科学“十三五”规划重点课题;刘志刚负责的黑龙江省高等教育教学改革研究项目。

2019年,张立珠获得“第六届黑龙江省高校微课教学比赛二等奖”;唐冬雁在《中国大学教学》发表文章1篇;郝素娥,范瑞清主编出版《精细有机合成单元反应与合成设计》(第二版,哈尔滨工业大学出版社),入选“‘十三五’国家重点图书,双一流教材”。张立珠负责的“大学化学”MOOC公开上线。张立珠负责“哈尔滨工业大学思政课教学发展基金”1项(2019—2020年)。

(三)人才培养

专业提倡教学研究工作与科学研究工作相互融合,努力探索和实践“专业课程思政”

“研究型教学”“启发讨论式教学”“反转课堂”等教学方法，构建切实有效的“创新型”人才培养模式；全面提升应用化学专业课程的教学水平和综合实力。6 项科研成果转化为专业实验内容，为培养“直通式”人才打下基础。从大一开始实行大学四年全程的“一对一”导师制，将学生带到实验室、带到导师的科研课题中、带到中试企业现场，提高学生创新意识和能力，本科生发表 SCI 文章 40 余篇。在原有的大庆龙新化工实习基地基础上，增加宝泰隆化工科技公司作为实训基地，多方位培养学生的实践能力。

2020 年，专业在读本科生 72 人、硕士研究生 51 人、博士研究生 65 人。优秀学生可本-博连读或本-硕-博连读。已经为英特尔、台积电、航天科技、航天科工集团、京东方科技（北京、成都）、武汉华星光电、华为、汉能集团等国有/外资大型企业和北京大学、华中科技大学、哈尔滨工业大学等高等院校培养了一大批高级专业人才。应用化学专业毕业生广泛分布在高校、科研院所和企事业单位，因品德优良、踏实肯干、求真创新，具有高度社会责任感、团队协作精神、广阔的国际视野和扎实的化学化工知识而受到用人单位好评。部分毕业生如下：

徐平，2003 年本科毕业，2010 年哈尔滨工业大学获博士学位，2012—2013 年美国能源部 Los Alamos 国家实验室主任博士后，现为哈尔滨工业大学化工与化学学院副院长，教授/博导，龙江学者特聘教授，校青年拔尖教授。

王瑞涛，2003 级毕业生。就职于优美特（北京）环境材料科技股份公司（新三板上市企业），技术总监。负责国家重点研发计划和新产品研发的技术总协调。

肖振，2007 级毕业生。汉能晖煜新能源科技有限公司；技术总监/董事会监事；主持全球首座薄膜太阳能微电网电站设计及建设；参与全球首台薄膜太阳能全动力汽车研发及交付。

王威，2008 年应用化学专业毕业，2008—2013 年期间于美国宾州州立大学攻读化学博士学位。2014 年至今就职于哈尔滨工业大学（深圳）材料科学与工程学院，教授/博导，获得深圳市孔雀 B 类人才称号。

陈红，2009 年应用化学本科和硕士毕业，航天科工集团北京航天动力研究所，研发部主任，主持国家某重点型号任务。

邢朝霞，1999 年精细化工专业本科毕业，现任哈尔滨工业大学本科生招生办公室主任。

徐阳，2016 年化学工程与技术专业博士毕业，2018 年至今任深圳市福田区华富街道党工委副书记、办公室主任。

赵九蓬，1997 年应用化学系硕士毕业，2000 年至今就职于哈尔滨工业大学化工与化学学院，教授/博导。

孙亮,2008 年材料物理与化学专业博士毕业,共青团黑龙江省委党组成员,副书记,现任黑龙江省青联十二届委员会主席。

孙胜延,2006 年应用化学专业本科毕业,现就职于乾宇电子材料(深圳)有限公司,任董事长职务。

何伟东,2007 年应用化学专业毕业,2009—2012 年期间于美国范德堡大学攻读材料学博士,2018 年至今就职于哈尔滨工业大学航天学院复合材料与结构研究所,教授/博导,“龙江学者”特聘教授。

朱力勇,2001 年本科毕业,自主创业,成立广州自生新材料科技有限公司和惠州水为新材料有限公司,致力于新型水性乳液和树脂研发、生产和销售。

三、师资队伍建设

(一)历、现任主任及带头人

“半亩方塘一鉴开,天光云影共徘徊,问渠那得清如许,为有源头活水来。”从哈尔滨工业大学“八百壮士”之一的周定教授到德高望重的徐崇泉教授,再到应用化学专业卓越的开创者、省教学名师强亮生教授等历任教研室主任,他们为专业的发展无私奉献、呕心沥血,奠定了应用化学专业坚实的基础。

周定　教授/博导
(1956—1966
1978—1986)

冯宝义　副教授
(1986—1988)

陈庆琰　教授/硕导
(1988—1990)

金婵　教授/硕导
(1990—1992)

蒋宏第　教授
(1992—1998)

强亮生　教授/博导
(1998—2013)

唐冬雁　教授/博导
(2013—2016)

杨玉林　教授/博导
2016 年至今

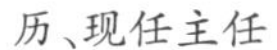

历、现任主任

周定，教授/博士生导师，1926 年生，江苏常熟人。1950 年毕业于复旦大学化学系，同年到哈尔滨工业大学化学教研室任教，1952 年毕业于哈尔滨工业大学研究生班，长期从事普通化学、环境化学的教学工作和环境科学与工程的科研工作。1978 年评为教授，2001 年退休。历任化学教研室主任（1956—1985 年）、应用化学系副主任。1986 年主持建立了环境工程专业和环境工程博士点，并创建了环境质量评价室。曾兼任中国化学会理事，全国工科普通化学教指委委员（1990—1995 年），是黑龙江省化学界最著名的学者之一。对哈尔滨工业大学化学学科建设做出了巨大的贡献。

徐崇泉，教授，1940 年 8 月生于辽宁省凤城县。1957 年考入吉林大学化学系学习，1962 年 9 月毕业分配到哈尔滨工业大学化学教研室工作。1978—1981 年曾在北京大学量子化学研究生班进修量子化学。主要从事“普通化学”的教学工作。本科生开设“结构化学”“群论在化学中的应用”等课程，主讲研究生“量子化学基础”“表面化学”“固体化学”“固体表面与界面”等课程。1978 年评为讲师，1986 年评为副教授，1991 年评为教授。1987—1999 年任应用化学系副主任，主任。1995 年被国家教委聘为全国高校工科化学教学指导委员会委员，1996 年被化工部聘为高等学校化工类及相关专业教学指导委员会委员，1997 年被获得哈尔滨工业大学基础学科教学带头人。曾先后获得黑龙江省教育系统劳动模范、省名师、国防科工委委属高等学校优秀教师等称号。承担过多项部级教学研究课题，主编“十五”国家级规划教材《工科大学化学》。发表教学论文 10 多篇，获多项省级、校级教学成果奖。一直关注青年教师的成长，培养了多名青年教师，有些已经成为教学、科研的骨干。主持完成多项科研课题，获部级科技进步二等奖 2 项，三等奖 2 项。曾任中国硅酸盐学会晶体生长与材料专业委员会委员，黑龙江省化学学会理事，黑龙江省化工学会理事。

陈庆琰，教授/硕士生导师，1934 年生，广东兴宁人。1956 年毕业于东北药学院制药专业，1959 年调入哈尔滨工业大学化学教研室。先后在北京工业学院和北京大学进修，一直从事普通化学的教学工作和环境化学的科研工作，曾两次荣获国家发明四等奖。1989 年评为教授，1997 年退休。在职期间长期担任化学教研室支部书记，并三度任教研室主任（1981—1990 年）。在任期间，在稳定教研室的局面，以及教研室的教学、科研队伍建设方面做了大量的工作，并以坚持原则、顾全大局、关心同志的品格获得了绝大多数同志的信赖和尊重。

冯宝义，副教授，1943 年生，辽宁沈阳人。1967 年毕业于哈尔滨工业大学电化学工程专业，1973 年到哈尔滨工业大学任教。1981 年在兰州大学理论化学研究生班进修定性与定量分析和量子化学，此后一直从事普通化学和结构化学的教学工作。1986 年评为副教授，1999 年退休。历任教研室常务主任，教研室主任（1986—1988 年），黑龙江省安

达市副市长，哈尔滨市太平区副区长，哈尔滨工业大学理学院副院长。在任教研室主任期间，狠抓师资培养、教学质量、科技开发和实验室建设，自筹资金新建了化学小楼，为教研室开展科研工作和成立新专业创造了良好条件。

蒋宏第，教授，1938 年生，河南孟州人。1960 年毕业于北京师范大学化学系，同年分配到哈尔滨工业大学化学教研室任教，长期从事“普通化学”和“普通化学实验”的教学工作。1995 年评为教授，1998 年退休。历任化学教研室普化实验组长，教学组长，教研室教学副主任和教研室主任(1992—1998 年)。1987 年组建了黑龙江省“普通化学”协作组，任组长。曾兼任黑龙江省化学会无机、普化专业委员会主任(1991—1998 年)。1993 年主持成立了精细化工专业。在“普通化学”教学管理、教学研究、教材建设、教研室优秀传统继承、青年教师培养等方面做出了突出贡献。

金婵，教授/硕士生导师，1943 年生，黑龙江哈尔滨人。1965 年毕业于哈尔滨师范大学化学系，1971 年调入哈尔滨工业大学化学教研室任教。1982 年在北京大学进修高等无机化学，长期从事“普通化学”和“普通化学实验”的教学工作。1997 年评为教授，2004 年退休。历任普化实验组长，教研室主任(1990—1992 年)。在任期间主抓了实验教学改革，在全国首次提出“普通化学实验”开放式教学，并提出了“固定实验与开放实验相结合”，计算机辅助评分等一系列行之有效的做法，对教研室的开放实验教学和管理做出了重要的贡献。

强亮生，博士/教授/博士生导师/教学带头人/省级教学名师，1955 年生，山西娄烦人。1978 年毕业于山西大学化学系，分配到哈尔滨工业大学化学教研室任教，在职获得硕士和博士学位，长期从事大学化学、结构化学的教学工作和功能新材料的科研工作。1998 年评为教授。兼任教育部非化学化工类教指委委员(2000—2005 年)、黑龙江省化学会副理事长兼无机普化专业委员会主任、第二届黑龙江省教学名师奖(2006 年)、哈尔滨工业大学基础教学带头人、总装备部“八五”某领域专家(1991—1995 年)。历任化学教研室实验室主任、教研室副主任，教研室主任(1998—2013 年)。主持成立了应用化学专业，并创建了无机化学硕士点。是国家精品课程(2004 年)和国家网络资源共享课(2013 年)大学化学的课程负责人，其所率领的团队入选教育部“大学化学与应用化学国家优秀教学团队”。主持“国家自然科学基金”、总装备部“八五”“九五”重点预研项目等 10 余项，发表 SCI 文章 100 余篇；完成省部级重点规划教学项目 10 余项，发表教研文章 50 余篇，主编出版“十二五”国家规划教材《工科大学化学》(高等教育出版社)、主编专业系列教材 3 套(25 册)；获国家级教学成果二等奖 1 项、省部级自然科学奖和教学优秀成果奖一等奖、二等奖共 9 项。培养青年教师 10 余人、博士和硕士生 20 余人。为应用化学系的教学、科研、专业和学科建设、师资培养等全面工作做出了卓越的贡献。

唐冬雁，博士/教授/博士生导师，教育部新世纪优秀人才。2001 年毕业于哈尔滨工业大学环境工程专业获工学博士学位。2006 年评为教授，2007 年获宝钢优秀教师奖，2008 年入选教育部“新世纪优秀人才支持计划”。2009 年作为高级访问学者赴美艾奥瓦州立大学进修。2008—2016 年化学系副主任，2016 年至今，基础教学部主任。教育部高等学校大学化学课程教学指导委委员（2018—2022 年）、黑龙江省化学会理事。研究方向为功能高分子材料。主持完成国家自然科学基金项目等 20 余项科研课题，在 *J Mater. Chem.* 等期刊发表 SCI 论文 100 余篇，获省部级科技进步奖三等奖 1 项。主讲“大学化学”“化学原理”“应用化学综合实验”“新型精细化学品设计与制备”和“温度敏感型杂化微纳米纤维的制备与表征”等本科生课程，以及“功能材料制备工艺基础”和“功能材料制备实验”等研究生课程。主持完成中国高教学会“十一五”规划课题、黑龙江省教育厅教改课题和规划课题 5 项。在中国大学教学、高校教育研究等杂志发表教学论文 20 余篇。获国家级教学成果奖 1 项，黑龙江省教学成果一等奖、二等奖各 1 项。主编出版教材/专著 4 部。

杨玉林，博士/教授/博士生导师，系主任。2004 年吉林大学无机合成与制备化学国家重点实验室获博士学位。2009 年评为教授，2012—2013 年美国霍普金斯大学化学系高级访问学者，2013—2016 年理学院副院长，2016 年至今应用化学系系主任。军委装发部某领域专家，国防科技 * * 中心学术委员会委员。近年来，负责国家自然科学基金、军科委基础加强重点项目（原国防 973，首席科学家）、973 子课题、装发部重点项目等十余项，在研经费 4 000 余万。在 *Angew. Chem. Int. Ed.* 、*Adv. Energy*、*Mater.* 等杂志发表 SCI 文章 80 余篇，授权发明专利 30 余项。获省部级科技奖励一等奖和三等奖各 1 项。主讲“大学化学” 和“材料分析测试技术”等本科及“无机材料研究进展”等研究生课程。主编《材料测试技术与分析方法》。

勤力同心 笃行致远

（二）教师队伍

在这里，有这样一批人，他们用激昂的青春和满腔的热情投入到“中国人自己办校办专业”的历史洪流中，为了化学的发展，专业的发展，燃烧着自己，以坚定的信念和不屈的精神将自己的一生奉献给了哈尔滨工业大学和党的教育事业，他们是（应用化学历、现任教师及工作人员名单）：周定、佘健、魏月贞、肖涤凡、利建强、卢国琦、常绍淑、贝有为、陆建培、余元甫、洪道珠、张仓禄、李葆兰、韦永德、陈庆琰、吴秀、刘桂荣、蒋宏第、吴文芳、付凤玲、周德瑞、温溯平、任裕龙、范爱玲、苏贵品、徐玉恒、张志蔚、马素珍、浦淑云、陈财、张泰来、林枫凉、廖时秀、宋玉林、侯华荣、张琦、徐淑华、田占行、李碧娟、徐崇泉、郭慎满、黄荣泰、刘延勋、王春义、栾今伟、王丹、沈立义、冯宝义、康柳青、孙寿家、金婵、王清华、王雨泽、孙阿喆、马亚琴、胡国琴、高峰、武斌、强亮生、黄菊英、陈岩哲、徐华民、任桂英、赵蕴芬、缪森龙、谭桂兰、刘丽、朱明阳、胡立江、赵庆君、王连娣、孙丽欣、计守忠、陈喜禄、薛玉、贾晓林、曲志涛、杨春晖、余大书、张洪喜、王福平、姜兆华、石明岩、张庆友、赵九蓬、姚忠平、孙亮、黄哲钢、陈大发。

专业现有专职教师 21 人。其中教授/博导 11 人、副教授/硕导 7 人，教师博士化率 100%，80% 的教师具有海外留学或工作经历。现有“国家优秀教学团队”1 个、国家级青年人才计划 1 人、教育部“新世纪优秀人才支持计划”1 人、教育部教指委委员 2 人、省教学名师 1 人、龙江学者特聘教授 1 人、省优青 1 人、装发部某领域专家 1 人。

应用化学专业现有教师名单（以入职时间和职称排序）如下：顾大明、韩喜江、郝素娥、唐冬雁、李文旭、杨玉林、范瑞清、杜耘辰、林凯峰、徐平、方习奎、张立珠、刘志刚、那永、王平、叶腾凌、夏德斌、孔德艳、肖鑫礼。师资博士后：张健、李思伟。

顾大明
教授/博导

韩喜江
教授/博导

郝素娥
教授/博导

唐冬雁
教授/博导

杨玉林
系主任
教授/博导

范瑞清
教授/博导

李文旭
教授/硕导

方习奎
教授/博导

林凯峰
系副主任
教授/博导

徐平
教授/博导

杜耘辰
系副主任
教授/博导

刘志刚
副教授/硕导

张立珠
副教授/硕导

那永
副教授/硕导

叶腾凌
副教授/硕导

肖鑫礼
讲师/硕导

孔德艳
讲师/硕导

夏德斌
副教授/硕导

王平
系党支部书记
高级工程师

张健
讲师/师资
博士后

李思伟
讲师/师资
博士后

应用化学专业师资队伍（以入职时间和职称排序）

第四节 材料化学系发展史

材料化学系起源于基础化学教研室。2000 年,时任教研室主任的陈振宁筹划申报新专业,2001 年经学校批准成立了材料化学专业。当时,北京大学、南京大学、南开大学、吉林大学等国内著名理科院校纷纷设立了材料化学专业,这些学校的共同特点是化学学科实力较为雄厚,专业课程设置和学生的培养目标侧重于理科基础教育。与这些理科院校不同的是,哈工大材料化学专业依托国防与工科背景,拓宽理科基础教育,走理工结合的道路,培养具有国防背景和工科特色的应用型理科人才。专业成立之初有专职教师 15 人,其中教授 4 人,副教授 9 人,讲师 2 人,陈振宁任首届专业主任,王锐任首届专业副主任。2002 年材料化学专业完成首届本科生招生工作,第一批招收 22 人。

经历了 18 年的发展,材料化学系相继引进了 14 位教师(吴金珠、张兴文、王群、裴健、王宇、于耀光、卢松涛、孙净雪、李杨、周佳、毕海、刘婧媛、康红军、姚远),同时有5 位老教师相继退休离岗(周德瑞、刘振琦、刘彩霞、陈振宁、宋兆成),5 位教师中途离职或调岗(杨蕾、李昕、李中华、周佳、于耀光)。至 2020 年百年校庆之际,材料化学系现有专职教师 19 人,其中教授(博导)5 人(拔尖教授 1 人),副教授及高级工程师 12 人(拔尖副教授 2 人),讲师 2 人;长江学者 1 人,龙江科技英才 1 人。

在长期基础研究和应用研究工作基础上,材料化学系紧密围绕新能源、环境、航空航天等国家重大战略需求,在能量转换材料和航空航天功能材料等研究方向取得了多项有重要影响的创新性成果,荣获国家级和省部级奖励 10 余项。近 5 年承担国家自然科学基金项目 10 余项,以及军品“863”项目、黑龙江省自然科学基金重点项目、航天科创基金重点项目在内的省部级科研项目 50 余项,发表 SCI 收录文章 400 余篇。

一、专业创建及发展

回首历史,专业的发展大致经历了 3 个阶段:2002—2007 年的起步创业阶段;2008—2013 年的快速发展阶段;2014 年至今的稳步提升阶段。

(一)创业阶段(2002—2007 年)

2002—2007 年是专业的起步创业阶段。专业组建初期既无专业实验室,又无专业教

学经验，可谓“白手起家”。由于专业建设经验不足和物质基础缺乏，当时的软、硬环境甚至无法与部分省属院校相比。在哈尔滨工业大学“名牌”专业众多的情况下，新专业如何起步并与实力较强的传统专业媲美成为专业建设初期的首要任务。

2003年，陈刚教授作为哈尔滨工业大学归国留学引进人才返校，不久接任了材料化学专业主任（王锐和徐衍岭任专业副主任）。专业充分发挥基础课教师的理论优势和归国留学教师的科研优势，提出了在专业建设上教学科研两手抓、促创新的建设思路，确定了以能源材料化学为特色的专业方向和全新的专业教学大纲。

在学校和学院的支持下，材料化学专业的教师与学生一起，动手将原有稀土表面处理的科研用房改造成专业实验室。陈刚还将科研获奖项目内容转化为专业实验和课程设计教学内容，编写了《材料化学综合实验》实验教材；为了解决先进教学仪器设备缺乏问题，开发了“电性能综合测试系统”和“光催化制氢系统”自制教学仪器设备。

面对首届学生入学时思想波动大、对专业发展前景缺乏信心等问题，陈刚组织老教授和留学归国人员通过与学生谈心和做学术讲座等形式调动学生的学习热情，通过专业发展前沿知识介绍、吸收部分学生提前进入科研课题研究等形式，彻底扭转了学生情绪低落的局面，使他们从入学时对专业信心不足，到对专业充满信心，最终积极投入到专业学习和科研之中。首届学生80%参加了2004—2005年度的科技创新活动，其中高杰等4名同学在2005年科技创新评比中获得了校科技创新一等奖（全校仅8项），首届学生90%以上的同学报考本专业的研究生。经过不到3年时间的建设，材料化学专业在当时全校新专业评估中名列前茅。这一阶段的起步创业建设工作为材料化学专业的后续发展奠定了重要基础。

（二）发展阶段（2008—2013年）

2008年，化工学科重新组建了化工学院，化学学科的材料化学专业留在理学院。

2008年，学校批准建立了物理化学硕士点，陈刚教授同时兼任材料化学专业和物理化学学科的负责人，为专业和学科发展做出了重要贡献。在这一阶段，经过前期的积累和努力，专业教师的教学、科研和学术水平得到迅速提高，取得了一系列显著成果。

在教学方面，专业开始加强本科生和研究生主干课程的建设。

2009和2014年，陈刚负责的“物理化学”本科课程和“高等物理化学”研究生课程先后被评为黑龙江省精品课程和哈尔滨工业大学首批研究生精品课程（全校共10项）。

2013年，陈刚主持的“工科物理化学教学改革的探索与实践”项目获黑龙江省高等教育教学成果一等奖。

在此期间陈刚相继获得了“全国百篇优秀博士论文提名奖指导教师”、哈尔滨工业大学“教学名师”、“宝钢基金会优秀教师”、黑龙江省“优秀研究生导师”、哈尔滨工业大学

勠力同心 笃行致远

材料化学系首届毕业生实习合影

“首届科技创新指导活动优秀指导教师”、哈尔滨工业大学“学生活动优秀指导教师”、哈尔滨工业大学“三育人”先进工作者、哈尔滨工业大学“优秀兼职学生工作者(班主任)标兵”等称号。

2010 年,张兴文主讲的“无机化学”课程被评为校优秀课程,2007 和 2012 年他先后获哈尔滨工业大学优秀青年教师培养计划项目资助和黑龙江省教学新秀称号。

2010 年,王锐主编的《物理化学》(第三版)入选“十一五”国家级规划教材。

在科研方面,多名教师获得国家自然科学基金和国防项目资助。

2009 和 2014 年,吴晓宏作为青年拔尖人才先后入选教育部“新世纪优秀人才计划”和国家“万人计划”青年拔尖人才。

2011 年,材料化学、应用化学和核化工与核燃料专业联合成立化学系,吴晓宏任系主任兼材料化学专业主任。

2011 年,陈刚主持的“高效清洁能量转换材料的设计、性能及机理研究”项目获黑龙江省科学技术奖(自然类)一等奖。

2012 年,吴晓宏主持的“功能导向晶态材料结构设计、可控生长及机理研究” 项目获黑龙江省科学技术奖(自然类)一等奖。

在人才培养方面,陈刚提出了材料化学专业本科生与物理化学学科研究生之间实现本研贯通式人才培养模式,并在实践中形成了 “理工结合”的课程体系、“以研促专”的教学内涵、“无缝连接”的学研机制、“量体裁衣”的培养方式,通过本研贯通、分类培养打造不同类型的拔尖创新人才。从 2006 年首届毕业生开始,在短短十几年的时间里,培养出

了以上海电气核电设备有限公司总经理为代表的管理拔尖人才；以航天科技集团某所航天某型号负责人等为代表的科技拔尖人才；以南京某风能科技公司执行 CEO 等为代表的创业拔尖人才。学生在校期间有数人担任过哈尔滨工业大学校研究生会副主席及院学生会主席等职务，1 人代表哈尔滨工业大学参加全国大学生骨干培训班，受到时任中共中央总书记的胡锦涛同志接见。1 人获第七届“中国青少年科技创新奖”（哈尔滨工业大学首位本科生获奖），1 人获全国百篇优博提名奖，3 人获哈尔滨工业大学优秀博士论文，2 人获教育部博士生学术新人奖，2 人获省优秀硕士论文；学生团队获工信部创新创业奖学金（团队）一等奖，并获哈尔滨工业大学“十佳研究生团队”称号；1 人获哈尔滨工业大学研究生“十佳英才”称号，2 人获宝钢基金会优秀学生奖。在中国科学评价研究中心公布的 2013—2014 年中国大学本科教育分专业排名中，哈工大材料化学专业在所有参评的 137 所学校中排名第二。

（三）提升阶段（2014—2020 年）

2014 年，宋兆成主编的《有机化学》（第二版）入选工科基础化学系列教材。

2015—2019 年，吴晓宏先后入选“长江学者”特聘教授、科技部中青年科技创新领军人才、国家“万人计划”领军人才和军委科技委国防科技“卓越青年”人才称号。

2016 年，化学工程与技术学科、食品科学与工程学科、化学学科整体合并，成立了化工与化学学院，材料化学专业更名为材料化学系，陈刚任系主任，吴金珠和裴健任系副主任。

2017—2018 年，孙净雪、卢松涛和刘婧媛入选拔尖副教授，2019 年卢松涛入选拔尖教授。

2018 年，卢松涛获黑龙江首批“龙江科技英才”称号。

2019 年，卢松涛接替陈刚任系主任。

在教学方面：

2015 年，“物理化学”和“无机化学”入选校管核心课程。

2016 年，张兴文主编的《高等无机化学》入选“十二五”工信部研究生规划教材。

2017 年，陈刚获哈尔滨工业大学研究生教育成果一等奖。

2017—2019 年，张兴文负责的“无机化学Ⅰ”“无机化学-物质结构基础”和“无机化学Ⅳ”分别被评为国家精品在线开放课程、黑龙江精品在线开放课程和黑龙江省精品线上线下课程。

2018 年，张兴文负责的“基于 MOOC 和 PhET 的分子形状与电子结构在线虚拟仿真”被评为黑龙江省虚拟仿真实验教学。

2016—2019 年，张兴文先后获得中国大学 MOOC 优秀教师、黑龙江省在线开放课程

优秀教师奖(最佳互动奖)、全国高校混合式教学设计创新大赛“教学设计之星”和教育部在线教育研究中心“智慧教学之星”称号。

2017—2019 年,王宇相继获得黑龙江省高校第四届青年教师教学竞赛哈尔滨工业大学选拔赛二等奖、哈尔滨工业大学第七届青年教师教学基本功竞赛一等奖、哈尔滨工业大学首届课程思政教学竞赛一等奖,哈尔滨工业大学百优本科毕业设计(论文)奖指导教师等,为化工与化学学院青年教师树立了榜样。

在教材建设方面:

2019 年陈刚主编的《高等材料物理化学》入选“十三五”国家重点图书。

在科研方面:

材料化学系在“十三五”期间取得了多项突破。

2015 年,吴晓宏主持的“免支撑 TiO_2/石墨烯分级结构纳米管阵列薄膜构筑及其光催化机理研究”获黑龙江省杰出青年基金资助。

2016 和 2017 年,吴晓宏主持的“＊＊＊轻质合金构件表面功能化研究”成果先后获教育部技术发明类一等奖和国家技术发明奖二等奖,并应用于“风云”系列等卫星关键器件。

2017—2019 年,陈刚的能量转换材料化学团队连续在国际顶级杂志 *Nat. Chem.*、*Adv. Mater.* 和 *Angew. Chem. Int. Ed.* 上发表了多篇原创性科研工作成果,受到国内外同行关注。

国家技术发明奖

证书

为表彰国家技术发明奖获得者,特颁发此证书。

项目名称: 表面功能化关键技术及应用

奖励等级:二等

获 奖 者:吴晓宏(哈尔滨

2017年12月6日

证书号:2017-F-30914-2-01-R01

空间表面物理化学团队获国家技术发明奖二等奖

历经 18 年的风风雨雨,材料化学专业在“时间短、底子薄、基础差”的新专业建设基础上,确立了以能源材料化学为特色的专业方向,从一个单纯的以教学为主的基础课教研室,发展成为一个教学科研融为一体、深受学生欢迎的一流专业。近年来,在中国科学

勤力同心 笃行致远

评价研究中心公布的全国本科专业排名中，哈尔滨工业大学材料化学专业在全国高校150多个同类专业中一直被评为名列前茅的5星级专业。

二、教师队伍

1. 材料化学教师队伍

现有专职教师19人，其中教授5人，副教授及高级工程师12人，讲师2人。

卢松涛
系主任
教授/博导

吴晓宏
教授/博导

陈刚
教授/博导

王锐
教授/博导

徐衍岭
教授/博导

张兴文
系党支部
书记
副教授/硕导

姚远
系副主任
副教授/硕导

裴健
系副主任
副教授/硕导

滕玉洁
副教授

周玉祥
副教授/硕导

王群
副教授/硕导

王宇
副教授/硕导

孙净雪
副教授/硕导

李杨
副教授/博导

毕海
副教授

冯立群
讲师

刘婧媛
副教授/硕导

吴金珠
副教授/硕导

康红军
讲师/师资博
士后

材料化学系现任教师

2. 四大化学课程历、现任授课教师

多年来，材料化学系（基础化学教研室）一直承担着四大化学课程的教学研究和教学改革任务，培养了一批又一批的基础化学课程优秀教师，他们中有些已经退休或离开材

料化学系，有些仍坚守在教学的第一线。

四大化学课程历、现任授课教师

课程名称	任课教师	
	已退休或离职教师	现任教师
无机化学	肖涤凡、何树鳌、刘英霞、刘彩霞	周玉祥、张兴文、王宇、徐平、李德凤、孙建敏、赵立彦、张潇
有机化学	杨景德、高俊才、夏杰、李颖、宋兆成	冯立群、孙净雪、杨蕾、来华、夏德斌
物理化学	厉建强、韦永德、周德瑞、宋成朴、王春义、苏贵品、仲崇龄、刘振琦、于耀光	陈刚、王锐、滕玉洁、吴金珠、王群、刘婧媛、李中华、赵美玉
分析化学	罗红慧、王华南、陈振宁	周玉祥、吴晓宏、卢松涛、李杨、王炎、张莉

第五节　化学工艺系发展史

2008 年 7 月，哈尔滨工业大学原理学院应用化学专业部分教师转入化工学院，自此化学工艺系正式成立。化学工艺系始终面向国家重大需求和国际学术前沿，以解决制约我国可持续发展的材料、能源和环境等领域的瓶颈问题为目标，开展化工新材料、新能源和环境材料、航空航天材料等领域的基础创新和应用研究。近年来，化学工艺系努力提升创新能力与技术水平，加强国际交流合作，引进海外学术大师和学术骨干，形成国际化学术团队，提高国际知名度和竞争力。化学工艺系现有教师 13 人，均具有海外经历和博士学位。其中教授 6 人，副教授 6 人，高级工程师 1 人；博士生导师 6 人，硕士生导师 7 人；国家“万人计划”1 人、青年拔尖人才 1 人。

自成立以来，化学工艺系荣获国家级和省部级奖励 10 余项，承担国家自然科学基金项目 8 项，以及国家重点研发计划、军品“863”项目、国防重点预研项目、黑龙江省自然科学基金攻关项目及重点项目在内的省部级科研项目 40 余项，发表 SCI 收录文章 500 余篇，授权国家发明专利 100 余项。

一、专业创建及发展

2008 年 7 月，化学工艺二级学科的研究生转入化学工艺系。

2009 年 9 月，招收第一届化学工程与工艺（化学工艺方向）本科生。

2010 年,学校投资 42 万余元建立了化学工艺专业实验室,确保了本科生素质教育和实验教学任务的完成。

2013 年 6 月,化学工程与工艺(化学工艺方向)首届本科生毕业。姚忠平指导的本科生夏琦兴获校百优本科毕业设计(论文)奖。

化学工程与工艺(化学工艺方向)首届本科毕业生合影(2013.7)

2015 年 7 月,为适应创新人才培养目标定位,突显"以工程为主,化工、材料和化学交叉,理工结合"的专业特色,本科专业更名为化学工程与工艺(材料化工方向)。

2019 年 7 月,化学工程与工艺(材料化工方向)的第一届本科生毕业。

化学工程与工艺(材料化工方向)首届本科毕业生合影(2019.6)

二、教学及科研成果

1. 专业建设

2008 年,化学工艺系建立,制订了化学工程与工艺(化学工艺方向)本科生培养

方案。

2010 年，化学工艺专业实验室建成。根据本科生培养要求，结合专业教师的科研成果，专业共设 8 个专业综合实验，同时承担了院里“化工综合实验”的部分实验内容。专业综合实验室创建初期，没有专门的实验场所，每个实验都在指导教师的实验室里完成，实验设备和药品也都来自实验指导教师的科研项目。尽管条件艰苦，但全系教师共同努力，圆满完成了实验教学任务。在学院领导的关心和系领导的努力下，学校下拨了专项建设经费支持化学工艺专业实验室的完善和发展，购置了 60 余件常规仪器设备，总价值达到 40 余万元，使实验条件得到极大提升。迁入明德楼后，化学工艺专业实验室面积达 80 余平方米，学生人均实验面积也基本达到要求。经过不断建设，化学工艺实验室建立了严谨、完善、规范的教学和管理体系。

2011—2012 年，为了更好地建设化学工程与技术一级学科，完善本科生培养中化工知识体系的构建，学院组织各专业教师到天津大学、大连理工大学和北京化工大学的化工学院进行调研。在此基础上，专业强化了化工基础知识，修订了专业的培养方案，重新制定了教学大纲，将专业核心课设定为化工传递与单元操作、化工热力学、化学反应工程、化工设计、化工分离工程、化工仪表及自动化；专业特色课设定为无机化工工艺学、无机功能材料工艺学、应用表面化学、绿色化工工艺等。

2015 年，为适应创新人才培养目标定位，突显“以工程为主，化工、材料和化学交叉，理工结合”的专业特色，将本科专业中化学工艺方向更名为材料化工方向。修订的培养方案加强了学生对化学反应、化工单元操作、化工过程、化工设计、材料科学等知识的融会贯通，使学生具有扎实的理论基础、科研能力和较强的工作适应性，同时，具有工程思维和处理实际问题的能力，成为在化工、材料及相关领域引领未来发展的拔尖创新人才。修订的 2016 版培养方案中，专业特色课程调整及增设为功能材料科学基础、无机化工工艺学、有机化工工艺学、应用表面化学与技术等，专业注重以化学工艺的理论和方法指导材料的制备过程，并发展以新材料为基础的化工单元技术与理论，更好地体现了化工与材料学科交叉特色。

2019 年，专业修订了化工学科研究生培养方案，其中化学工艺学科承担了化工与化学学院的化学工程与技术一级学科的部分基础理论课和化工核心主干课程的教学任务，以及本学科全部的专业核心课和选修课等的教学任务。化学工艺系负责的表面物理化学为全校公选课，首批校研究生精品课，课程建设获校研究生教学成果一等奖 1 次，校教学成果二等奖 1 次。

2. 教学成果

化学工艺系面向全院本科生开设了“化工设计”“绿色化学工艺”等课程。自 2008 年

勤力同心 笃行致远

起,姜兆华提出按课程内容的内在联系和授课教师科研方向的关联性成立应用表面化学课程组,分别为化学理科和化工工科的本科生开设了应用表面化学类课程。同时,化学工艺系围绕人才知识体系确定了以表面化学的基本原理、规律及表面现象应用为主线的“应用表面化学”课程,并以培养学生学会从界面观点分析、解决问题为目标,突出理工结合以及理论与实践相结合的特色。

2010 年,“应用表面化学”课程被评定为省级精品课。

2011 年,应用表面化学课程组荣获省教学成果二等奖。化学工艺系针对研究生不但要学习知识还要进一步创造新知识的特点,对基础理论内容进行优化、整合,形成了系统的界面化学原理、规律,并融入与现代科学技术发展紧密结合的研究生学位课内容体系,为硕士研究生开设了“表面物理化学”、博士研究生开设了“固体界面物理与化学”课程。通过教学改革的相关内容作为支撑材料,化学工艺系获得第三届中国学位与研究生教育学会研究生教育成果二等奖。

3. 科研成果

化学工艺系面向国家重大需求和国际学术前沿,始终坚持以航天特色为主,突出通用性为准则,开展化工新材料、新能源和环境材料、航空航天材料等新材料的基础创新和应用研究,取得了一系列成果,极大地带动了学科的进步和发展。

时任哈尔滨工业大学副校长的王福平教授和时任院党委书记的姜兆华教授,在课题组的基础上筹建陶瓷化学科研团队,利用微弧氧化特殊表面处理新工艺使金属表面陶瓷化,提高材料的耐磨、耐腐蚀、抗热冲击等性能,处理的金属材料轻质高强、具有良好的耐热冲击性能,为扩大金属材料应用领域提供了新的技术支撑。同时,团队开发了多种新型功能性膜层材料,如光催化剂膜层、热控涂层、类 Fenton 催化剂膜层、电催化剂膜层等。陶瓷化学科研团队在铝、镁、钛及其合金表面的微弧氧化涂层制备工艺及电源开发已经产业化,授权国家发明专利 20 余项。科研团队中,孙秋主持研发的微弧氧化设备及技术已广泛应用于航空航天、武器装备和电子产品等,在业界获得了“一流的设备,先进的工艺”的好口碑,为推动微弧氧化技术进步和产业化做出巨大贡献。

2007—2010 年,姜兆华主持“863”专项课题“固定化改性纳米 TiO_2 光催化剂的可控制备及其分解 H_2S 制氢研究”。

2007 年,赵九蓬获国家自然科学基金“铌、钽酸盐薄膜的制备及性能研究”的支持,展开了对功能材料和器件方面的研究。

2013 年 9 月,徐用军依托学院与大庆高新创业服务中心合作成立石化新材料技术开发平台。

2016 年,徐用军开发的免拆卸汽车发动机清洗技术成功产业化,成立哈尔滨化兴高

科汽车环保技术有限公司(在学院主导的“化兴”产业集群内)。

2017 年,引进新加坡南洋理工大学齐殿鹏。齐殿鹏提出的材料界面微纳结构设计理念和方法,突破了材料本身的性能限制,实现了功能化柔性可拉伸生物界面器件的制备,在国防军工、生物电子医疗等领域展现出广泛的应用价值,已签订技术孵化协议。

2018 年,徐用军与大庆油田钻井工程技术研究院合作开发的抗高温钻井液处理剂项目,经产业化实施后,获黑龙江省科技进步二等奖,为合作企业创效近 10 亿元。

2019 年,徐用军依托学院与省内企业家合作成立黑龙江佳宜宏大科技有限公司,该公司聚集了一批优秀项目即将进行中试及产业化。

4. 教学获奖一览

2009 年,姚忠平获校第三届青年教师基本功大赛一等奖。

2010 年,姜兆华和姚忠平主讲的“应用表面化学”课程被评为省级精品课。

2011 年,姜兆华和姚忠平的教学项目“化学化工类表面化学课程体系构建及教学改革与实践”,获黑龙江省教学成果二等奖。

2012 年,姚忠平获校教学优秀二等奖;王志江获哈尔滨工业大学第五届青年教师教学基本功竞赛二等奖。

2012 年,姜兆华和姚忠平的教学项目“适应不同专业的界面化学类课程群建设及其教学改革”,获校本科教学成果一等奖;“适应创新人才培养的化工学科研究生学位课教学改革与实践”,获校研究生教学成果一等奖。

2014 年,姜兆华负责的“表面物理化学”课程被评为校研究生精品课程。

2017 年,姚忠平主持的教学项目“专业硕士学位课‘表面物理化学’建设的研究与实践”获校研究生教学成果二等奖。

2018 年,姜兆华作为主要成员参与的研究生项目“面向重大需求,聚焦技术创新,应用化学研究生‘全链条’培养的研究与实践”,获第三届中国学位与研究生教育学会研究生教育成果二等奖。

2018 年,姚忠平获黑龙江省高等教育教学改革研究项目“基于一流学科建设为导向的界面化学类‘本硕博’课程一体化建设与实践”。

2020 年,姜兆华获哈尔滨工业大学“立德树人先进导师”称号。

5. 科研获奖一览

2011 年,赵九蓬主持的项目“新型功能材料的构筑及其微结构控制研究”获黑龙江省自然科学一等奖。

2015 年,赵九蓬和张科主持的项目“新型聚酰亚胺复合材料及其碳化技术”获黑龙江省技术发明一等奖。

勤力同心 笃行致远

2015 年,王志江指导的化学工艺系本科生团队(梁彩云、王欢、张航宇)获国家航天科工杯大赛二等奖。

2016 年,姚忠平和姜兆华主持的项目“钛、镁合金表面功能化膜层的电化学法原位构筑及形成机制研究”获黑龙江省科学技术奖(自然科学类)二等奖。

2016 年 1 月,化学工艺系承办全国电致变色材料第一届会议。

2017 年,姜兆华和姚忠平作为项目成员参与的“＊＊＊＊＊＊＊功能化研究”成果成功应用于“风云”系列等卫星关键器件,先后获教育部技术发明类一等奖和国家技术发明二等奖(排名分别为第二和第五)。

2017 年,赵九蓬、李娜等教师的项目“智能光热调控材料与器件制备技术及应用”获黑龙江省技术发明一等奖。

2018 年,赵九蓬入选国家“万人计划”领军人才。

2018 年,齐殿鹏入选校“青年拔尖人才”。

2018 年,徐用军的项目“石油钻井抗高温化学剂及工作液的研制与规模化应用”获黑龙江省科技进步二等奖。

2019 年,张科入选黑龙江省优秀青年基金支持计划。

2020 年,王志江和姜兆华的项目“基于轨道电子态调控的功能材料构筑研究”获黑龙江省分析测试学会科学技术一等奖。

三、人才培养

化学工艺系首届招收 18 名本科生,其中 70% 以上保送或考取了研究生(含出国深造)。首届毕业生在能源、石油化工、航空航天和军工等系统,从事高性能材料的研发、生产和相关管理等工作,获得了用人单位的一致好评。

化学工艺系一直坚持对本科生实施“学业导师制”,为学生的思想、学习与生活提供更优质、更专业的教育引导。每位导师一届仅指导 1 ~ 2 名本科生,他们有充分的时间和精力与学生一对一沟通。导师根据每个学生的自身情况因材施教,引导学生身心均衡发展;帮助学生了解专业,激发专业学习志趣;指导学生日常学习生活,指导学生参加大创计划、学科竞赛等;推荐学生阅读专业书籍、科技文献,带领学生参加本人课题组、实验室的学术活动等。

自实行本科生导师制以来,系里教师积极鼓励本科生参加校级、省级、国家级科技创新活动和大赛,获奖 20 余项。同时,鼓励本科生申请专利,发表科技文章。11 级本科生梁彩云,在导师王志江的指导下,以第一作者身份发表 SCI 论文 1 篇,影响因子 6.6。13

级本科生于丽男，在导师李娜的指导下，本科期间获授权国家发明专利 3 项，发表 SCI 论文 1 篇，在多项科技创新大赛中屡次获奖。

2017 年以来，化学工艺系每年都针对本科一、二年级学生举办实验室开放日活动。开放日活动设置专业解读、知名企业家访谈、科研方向介绍、演示实验、冷餐会、有奖问答等环节，使同学们不仅了解了化学工艺系的科研方向，也对系内干净整洁的实验室、先进的仪器设备、优良的科研环境有了感性的认识。

为了培养厚基础、宽口径、高素质、强能力，特别是具有国际视野及创新思维和创造性能力的复合型人才，化学工艺系展开多种形式的国际合作，如联合培养学生，支持鼓励学生参加国际会议，为学生在前沿学科关键技术攻关能力、学术水平、创新能力和综合素质等方面的提高提供机会。

勤力同心 笃行致远

四、教师队伍

赵九蓬
系主任
教授/博导

宋英
副主任
教授/博导

姚忠平
系党支部书记
兼副主任
副教授/硕导

姜兆华
教授/博导

徐用军
教授/博导

齐殿鹏
教授/博导

王志江
教授/博导

孙秋
副教授/硕导

张科
副教授/硕导

李娜
副教授/硕导

徐洪波
副教授/硕导

潘磊
副研究员/
硕导

张秋明
高级工程师

化学工艺系现任教师

第六节　生物分子与化学工程系发展史

生物化工是生物学、化学、工程学等多学科组成的交叉学科，研究有生物体或生物活性物质参与的过程中的基本理论和工程技术。自建系以来，共培养本科毕业生 15 人（另

21 名在读)、硕士毕业生 40 人(另 16 人在读)、博士毕业生 14 人(另 20 名在读)。获得国家自然科学基金等各类科研项目 50 多项,共计约 1 600 万元;获国家授权发明专利 45 项;在 *Nat. Commun.*、*Adv. Mater.*、*JACS* 等刊物上发表 SCI 论文 200 余篇;出版国家重点图书 1 部;获得黑龙江省自然科学二等奖 1 项。生物分子与化学工程系国际合作交流活跃,邀请国际著名学者 20 余人次到哈工大访学交流;获得 5 项国际合作基金;派出博士生 20 余人次赴国外高水平大学联合培养;在国际国内重要学术会议上做邀请报告 60 多次。

一、专业创建及发展

2009 年初哈尔滨工业大学化工与化学学院生物分子与化学工程系(简称“生物化工系”)成立。引进韩晓军教授为首任系主任。

2011 年,学校、学院积极协商调度,将复华二道街的军交大厦五楼的一间实验室划拨给专业使用。当年,韩晓军教授带领自己的科研团队进驻实验室。同年,陈大发、胡博文、穆韡先后加入生物化工系。

首届生物分子与化学工程系(2014 级)本科生毕业答辩留影(2018.6)

2012 年,生物化工系开始招收硕士研究生。随着时间的推移,生物化工系逐渐壮大,杨微微与雍达明先后加入生物化工系。2014 年,在学校、学院的积极推进下,生物化工系

与电化学系、材料化工系共同组成了化学工程与工艺本科专业，负责化学工程与工艺（生物化工方向）的本科生培养工作。

2014 年，首届生物化工系硕士研究生毕业。

2017 年，生物化工系继续壮大，果崇申、颜美加入生物化工系。同年，化工与化学学院正式进驻明德楼，生物化工系的实验条件得到了极大的改善，近 300 平方米的实验室为本科生、硕士研究生和博士研究生的实验工作提供了充足的空间。

2018 年，生物化工系首届本科生（2014 级）顺利毕业。

2020 年，李中华、李冰先后加入生物化工系，给生物化工系注入了新鲜的血液。

二、人才培养

自生物化工系建立之初，学生培养便被列为最核心的中心工作。在研究生培养方面，坚持因材施教，努力发现学生自身的优点，并特别注重科学精神、科研能力、创新能力、国际交流能力的培养。研究生获得国家奖学金 9 人次，博士论坛金奖 5 人次，学生 3 人次赴国外参加国际会议并做口头报告。研究生团队获得 2015 年哈尔滨工业大学研究生“十佳团队”荣誉称号、化工与化学学院“十佳学生集体”荣誉称号，1 名同学获研究生“十佳英才”提名奖。学生团队在各种国家级、省级和校级的创新创业大赛中荣获一等奖 4 次、二等奖 4 次，并在哈尔滨工业大学大学生创业园成立 1 家公司。博士毕业生大多在国内高校就职，其中 2 位已经成为哈尔滨工业大学和齐齐哈尔大学的副教授。

2014 年，本科专业方向建成后，生物化工系对本科生培养也极为重视，多次修改完善培养方案。教师在出国访学或国内访学过程中，也都心系专业课建设，调研高水平大学的专业建设情况。2019 年韩晓军教授讲授的“生物化学 A”课程于获批“金课”建设。

2018 年，随着明德楼的落成使用，生物化工系的实验条件获得了极大的改善，专属于研究生的实验空间达到了近 300 平方米，专属于本科生的实验空间也达到了近 100 平方米，并拥有独立的超净细胞培养间。

在师生的共同努力下，生物化工的本科生取得了优异的成果。生物化工系两届共计 15 名本科毕业生中14 位选择继续深造并均被录取。学生获得多项校级奖励，如三好班级、学风班级、先进党员等等。

三、教师队伍

生物化工系本着小而精的原则，保持在 5 ~ 7 人的规模，教师基本都是海外引进人才，且都具有海外留学背景。专业拥有英国皇家化学会会士 1 名，教育部化工类专业教育指导委员会委员 1 名，黑龙江省杰出青年基金获得者 1 名，教育部“新世纪优秀人才”对接计划 1 名。同时拥有来自于澳大利亚莫纳什大学和丹麦奥胡斯大学的海外兼职博导 2 名，以及兼职院士（清华大学李景虹）1 名。

韩晓军
系主任兼
党支部书记
教授/博导

果崇申
教授/博导

李中华
教授/博导

李冰
教授/博导

杨微微
副教授/博导

颜美
副教授/博导

穆韡
系副主任
讲师/硕导

生物化工系现任教师

第七节　能源化学工程系发展史

为了适应国家以及全球范围内对可再生能源和清洁能源等新能源的迫切需求，同时结合学校学科发展的特点，强化学科交叉和融合，经教育部批准，学院于 2011 年新增能源化学工程本科专业，也是全国首批建立的 10 个能源化工专业之一，同年秋季学期开始招收首届本科生。根据专业发展需要，本着优势互补的原则，原催化工程系于 2016 年并入能源化学工程系（简称“能源化工系”），进一步增强了专业的实力。

能源化工系的主要研究方向包括光电功能晶体与器件、有机硅材料、太阳能电池材料化工、生物质能化工、LED 关键材料、新型能源催化剂技术、纳米材料等。近年来承担国家级科研项目 50 余项，发表高水平论文 200 余篇，多项研究成果被媒体广泛报道，石墨烯研究被诺贝尔奖获得者 Geim 教授在获奖演讲中引用。获国家技术发明二等奖 2 项、省部级科学技术奖励近 10 项、国际著名期刊最佳论文奖 1 项。学术合作交流活跃，聘请

了多位著名院士任荣誉教授和客座教授，与牛津大学、加州大学伯克利分校等国际知名高校和科研院所建立了密切的科研和人才培养合作。

一、专业创建及发展

2011 年，能源化学工程系正式成立，系主任杨春晖，教师有梁骏吾（共享院士）、陈冠英、朱崇强、雷作涛、于艳玲、宋梁成、李季、张磊、李春香。李季和于艳玲为主任助理，李季负责本科教学及专业实验室建设，于艳玲负责研究生教学、科研、宣传等。

2011 年，制订了第一版本科专业培养方案，专业主干课包括：晶体物理基础、太阳能电池工艺学、功能晶体生长学、生物质能源与化工、有机硅化工等。

2012 年，建设专业实验室，制定专业实验课内容，编撰实验讲义。与专业课程配套，开设了太阳能电池、生物质能源、LED 器件、有机硅材料、上转换纳米晶五大实验板块，下设 16 个项目。以产业链式、板块化实验为特色，实现从基础原材料到产品/器件的全流程制备，培养学生的知识集成运用能力。

2013 年，专业课程首次开课，于艳玲讲授"生物质能源与化工"，朱崇强讲授"功能晶体生长学"，李季讲授"有机硅化工"，张磊与杨敏讲授"太阳能电池工艺学"。

2014 年，陈冠英开设了"晶体物理基础"（双语）。

2015 年，专业首届本科生毕业。

能源化学工程专业首届本科毕业生（2011 级）合影

2016 年，根据专业发展需要，本着优势互补的原则，原催化工程系并入能源化学工程系，教师规模达到 16 人，师资力量得到加强。甘阳为主任，于永生和于艳玲为副主任。

勤力同心 笃行致远

同年，对标工程教育专业认证要求，修订了本科生培养方案。

2017年，完成了实验室二期建设，实验仪器及设备增至106台套，优化了实验教学环境。

2018年，顺利通过学校本科教学工作审核评估。

二、人才培养与教学成果

在教学方面重基础强实践，在教学方法改革、指导学生参加创新创业竞赛、生产实习和本科毕业设计、专业实验室建设等方面取得了系列成果。

1. 教学成果

2012年起，甘阳和孙印勇、杨敏共同开设了研究生学位课“催化研究方法”和“催化原理”，形成了教风优良、教学方法先进的教学团队，两门课程多次评教A+和A。

2013年，宋梁成获院“优秀教师”称号及院“青年教师本科教学基本功竞赛”第一名。

2014年，于艳玲被评为院“优秀班主任”，学生评价满分。

2015年，于艳玲指导学生孙嘉星获院“创新创业论坛论文”一等奖，指导本科生郭怀获校“百优本科生毕业设计（论文）奖”，获批校级教改项目“科研促进专业课教学的探索与实践”。

2016年，于艳玲被评为院“创新创业优秀指导教师”。甘阳指导的本科生谢浩添获“百优本科生毕业设计（论文）奖”。

2017年，甘阳结合自己的科研成果，多次应邀代表教师为学院开学典礼和毕业典礼致辞，他所做的“读万卷书，行万里路——我与四项诺贝尔奖的爱恨情仇”新生导论讲座，受到学生的热烈欢迎。

2017年，李春香主持黑龙江省教育科学“十三五”规划课题“实验室研究与探索”，并于2018年顺利结题，发表核心教学论文《能源化工新专业实验教学改革与探索》。于艳玲因在学生创新创业指导方面的贡献，参与教改项目“‘一体两翼’实践教学体系构建与创新创业型人才培养模式探索”，获校级教学成果一等奖。

2018年，宋梁成获校教改项目“化工原理课程的教学探索与实践”，经选拔参加美国明尼苏达大学教学培训。

2019年，于艳玲指导本科生周洪志获校“百优本科生毕业设计（论文）奖”，同年，被评为院“最美党员”。

2020年，甘阳主讲“学术写作与规范”（研究生选修课）获校第四届教学节“在线教学

法”竞赛一等奖。

2. **指导学生创新创业成果**

2016年，于艳玲指导本科生崔璨、王煜瑛、刘涛、孙彦孜、王聪、佟磊等同学获“第九届全国大学生节能减排社会实践与科技竞赛”一等奖；同年于艳玲指导本科生崔璨、王煜瑛、刘涛获校“紫丁香创客大赛”第1名；宋梁成指导本科生韦立桦、王庶完成科技创新国家级项目两项，均获学校国家级项目一等奖。

2019年，宋梁成指导本科生李心宇获“欧倍尔杯”黑龙江省大学生化工实验竞赛二等奖。

在生产实习环节，坚持以学生为本，克服各种困难，坚持带领学生到太阳能等新能源优势企业实习。

2015年，李季和郝树伟带领学生前往锦州阳光能源集团实习，参观、学习太阳能电池生产流程，让学生亲身体会到了先进的生产工艺与管理模式。

2016年，宋梁成、杨敏带领学生前往大连连城数控机器股份有限公司实习。

2017年，于艳玲和朱崇强带领学生前往国内500强企业协鑫集团下属的江苏中能硅业集团有限公司(徐州)、协鑫硅业、协鑫新能源公司实习，让学生全面熟悉和掌握太阳能电池组件全链条工艺；之后又带领学生前往武汉华灿光电有限公司，学习LED芯片生产工艺。

2018年，学院依托专业在江苏中能硅业集团有限公司(徐州)建立了实习基地。同年，于艳玲、雷作涛带领学生前往实习。

2019年，于永生和张丹带领学生在哈尔滨奥瑞德光电技术有限公司实习。

三、科研方向与成果

(一)人工晶体及硅基材料方向

学校于1972年成立了人工晶体研究室，旨在为适应我国雷达延迟线研制的需要，进行铌酸锂晶体的生长和性能研究，是国内最早开展人工晶体研究的单位之一。当时的研究人员有徐玉恒、徐崇泉、浦淑云。1974年蒋宏第加入研究室，1987年强亮生加入研究室，1988年李铭华加入研究室，1997年杨春晖、王锐、徐衍岭加入研究室。研究室编制的人员有徐玉恒、关建民、宗瑞兰、马亚琴、吴再跃、吴敏、张跃(出国)、方兵(出国)、王君策(出国)、张洪喜、袁国辉(转电化学专业)、刘松海。徐崇泉、蒋宏第、强亮生、杨春晖的编

制属于原普化教研室。李铭华(出国)、王锐、徐衍岭的编制属于原基础化学教研室。

徐玉恒先生是研究室和人工晶体团队的主要创始人,1992年获国务院颁发的“政府特殊津贴”。完成了“973”课题和“863”课题3项、国家自然科学基金6项、航天工业总公司(1999年改组为中国航天科技集团公司和中国航天机电集团公司)预研课题4项,科学出版社出版研究专著2部,发表论文150余篇,获教育部、航天工业总公司、黑龙江省科技奖励近10项。研究的晶体包括 $LiNbO_3$、KLN、KBr、$PbWO_4$、$ZnWO_4$、$Bi_4Si_3O_{12}$ 等,在掺杂 $LiNbO_3$ 晶体方面的研究尤为深入、系统。徐先生培养的学生有陈刚、李铭华、杨春晖、甄西合、郑威、徐吾生、徐朝鹏、孙亮、徐超、张钦辉等。

研究室薪火相传近半个世纪,研究工作和人才培养从未间断,成果丰硕。

21世纪初,杨春晖接任团队负责人,因晶体生长对环境要求严苛,研究室主体搬迁至学府校区。面对中波红外激光系统缺乏关键核心器件的难题,自2003年起开始 $ZnGeP_2$(ZGP)晶体和器件的攻关。开发了ZGP多晶水平双温区合成和单晶垂直坩埚下降生长的方法与装置,2006年成功长出ZGP晶体,2008年实现晶体首次出光,填补国内空白,解决了应用急需。2013年晶体直径达到50 mm,2018年晶体直径达到60 mm,并实现了平均功率110 W中波红外激光输出,以及15 mm×15 mm×20 mm大孔径器件脉冲能量0.2 J的输出。晶体尺寸与激光输出功率均为国际文献报道最好水平。实现了十余种规格的ZGP晶体器件的批量生产。获授权发明专利18件,覆盖了从多晶合成、单晶生长到器件制作的全流程关键技术。团队还致力于GaSe、CdSe、$LiGaSe_2$、$CdGeAs_2$、$LaBr_3$ 等晶体的研制。2015年在哈尔滨组织承办第17届全国晶体生长与材料学术会议。团队还拓展硅基新材料研究方向,2006年开始高纯甲硅烷路线制备高纯多晶硅方面的研究,在此基础上连续承接国家“十一五”“十二五”科技支撑计划项目,中试规模产品纯度达到下游应用要求;开发了多种有机硅烷生产新技术,并在全球最大含硫硅烷企业实现了产业化,为企业产品升级换代做出了重要贡献。研究成果获得国家技术发明二等奖2项、工信部国防技术发明一等奖1项、黑龙江省自然科学一等奖1项、黑龙江省自然科学二等奖1项。撰写《非线性光学材料——铌酸锂晶体》和《光折变晶体材料科学导论》2部专著,由科学出版社出版。

(二)表面物理化学方向

2007年甘阳作为引进人才从澳大利亚墨尔本大学回国到学院工作,他一直从事表面物理化学的基础和应用基础研究,在石墨烯、LED用材料的表界面物理化学、功能材料表面分析等研究方向取得了一系列创新性成果。

2010年,甘阳用扫描隧道显微镜实现了石墨表面单层石墨烯的可控剥离并揭示了石墨烯晶界与超点阵的作用,该工作在 *Surf. Sci.* 发表并被诺贝尔物理学奖得主 Geim 教授

在获奖演讲中引用，作为单层石墨烯物理剥离法的早期成果加以介绍；文章后续也陆续被 *Science* 等期刊多次引用。

2017 年，国际碳材料大会暨产业展览会组委会将甘阳团队评选为 Carbontech 2017 石墨烯及碳纳米材料领域知名团队。

2019 年，甘阳团队的博士生黄丽在衬底支撑石墨烯的扫描电镜表征方面做出了系列重要发现，研究成果受到了媒体的关注，哈尔滨工业大学公众号等以“巧用扫描电镜实现衬底支撑石墨烯的高质量成像”及“超有趣的 Twinkle Twinkle Little Graphene——多晶衬底支撑石墨烯的扫描电镜成像表征研究”等进行了亮点报道。

2013 年，甘阳指导的博士生张丹（目前任学院的工程师）提出了一种蓝宝石单晶的湿化学清洗新方法，大幅提升了去除表面颗粒物和有机污染物的效果，在 *Appl. Surf. Sci.* 上发表了 *Characterization of critically cleaned sapphire single-crystal substrates by atomic force microscopy，XPS and contact angle measurements*，该方法后续被国际同行誉为“Enhanced RCA cleaning protocol（增效型 RCA 清洗方法）”。2014 年，该论文获得 *Appl. Surf. Sci.* 的首届 Frans Habraken 最佳论文奖（唯一获奖人）。

2014 年 5 月 22 日，在贵阳召开的国际半导体设备制造协会 SEMI 中国 HB-LED 标准技术委员会启动大会上，甘阳被正式聘为核心委员，首个任期 3 年（现在已经连续两届续聘）。委员会组建的由产学研 12 位资深技术专家组成的核心委员团队将审核把控制定的 SEMI 标准。迄今，甘阳也参与制定了一系列 LED 用材料、工艺、处理和检测方面的国际标准，目前已经获批了 3 项 SEMI 国际标准。甘阳作为 SEMI 全球标准技术委员，也对太阳能电池、半导体材料及设备等标准的制定和修订提供了大量咨询和指导。

2009 年，甘阳应表面科学领域的国际著名综述性期刊 *Surf. Sci. Rep.* 特邀，为其撰写了题为 *Atomic and Subnanometer Resolution in Ambient Conditions by Atomic Force Microscopy* 的长篇综述，作为封面文章与另一文章以专刊形式发表在该刊 2009 年第 3 期。

2009 年，甘阳作为主要参与人，荣获黑龙江省自然科学一等奖（排名第二）。

2010 年，甘阳发现具有超尖刺突的标定光栅作为“刷子”，可用来机械清除 AFM 探针上的污染物，结果发表在 *Ultramicroscopy* 上（合作者为墨尔本大学的 Franks 教授），受到了国内外的广泛关注。2010 年 5 月 27 日，《科学时报》在首版以《哈尔滨工业大学专家发现高效去除 AFM 探针表面污染物新方法》为题报道了该成果；美国材料研究学会官方网站“材料研究当前新闻”栏目也进行了亮点报道。

2020 年，甘阳等人首次采用电子束背散射衍射对电解抛光后的多晶铝和单晶铝进行了定量的表面晶体学取向分析，并采用场发射扫描电镜和原子力显微镜对纳米图案的类型和周期进行了系统表征和量化分析，揭示了铝电解抛光表面纳米图案的类型和周期对

于表面结构和晶体学取向的依赖性的规律。研究结果近期以长文形式发表于电化学领域的国际知名期刊 *J. Electrochem. Soc.*，国际同行评审专家认为该工作是对本领域的重要贡献。国内众多科技公众号以《问传统求新知——用扫描电镜揭开铝电解抛光表面的各向异性纳米图案的神秘面纱》等为题进行了亮点报道。

(三)功能新材料方向

2012 年，陈冠英采用异质核壳包覆策略，成功解决表面激发态无辐射跃迁和亚晶格能量迁移损耗等难点问题，实现近红外-近红外上转换量子产率 45 倍提高，研制出超低功率密度激发下(<0.5 W/cm^2)国际上效率最高的近红外-上转换生物荧光探针，其激发波长和发射波长都位于近红外生物组织光学透明窗口(700 ~ 1 700 nm)，从而实现深达 3.2 cm、信噪比达 310 的高清晰深层组织成像(连续发表两篇 ACS NANO，均为 ESI 十年高引论文)。相关研究结果被美国每日科学、物理学家组织网等 30 多家海外科学媒体做亮点报道。

2013 年，受邀在化学材料领域“三大综述”期刊之一的 *Accounts Chem. Res.* 上发表综述文章；同年，受邀在 *Chem. Soc. Rev.* 发表特邀综述，总结领域内近年来的发展概况，并对未来的主要研究方向做了展望，一定程度上引领了领域的发展。

2014 年，陈冠英应邀在 *Chem. Rev.* 发表特邀长篇综述，并被选为当期封面文章。

2015 年，陈冠英与合作者利用分级核壳空间限域效应抑制模态干涉(利用核 $NaYbF_4$:Tm 组分特性构筑近红外上转换成像和 CT 成像、惰性壳层 $NaYF_4$ 增强上转换并制造空间隔离层、Cu_{64}修饰卟啉壳层构筑荧光成像、光声光谱、PET 成像、切伦科夫冷光成像)，采用简单($NaYbF_4$:Tm)/$NaYF_4$/卟啉核壳结构实现国际首例六模态造影剂，满足高分辨、多尺度成像需求。研究结果发表于 *Adv. Mater.*（ESI 十年高引)，同时被 *Chemical & Engineering News*、美国科学促进会 Eurek Alert 新闻中心、美国自然科学基金网等 30 多家海外科学媒体做亮点报道。

2016 年，陈冠英在国际上相继提出并证实“能量级联上转换”“多维度能量级联上转换”机制。采用宽带强吸收近红外有机染料分子对壳层和内核稀土离子对进行级联敏化(染料分子→壳层敏化离子→内核上转换稀土离子对，能量传递路径)，提高吸收能力 1 000 倍，成功实现宽谱上转换，上转换量子产率(800 nm 激发)达 9.6%，比历史报道最高值高约 100 倍(*Nano Lett.* 2015；*Adv. Opt. Mater.* 2016；ESI 两年热点和十年高引)。将此类宽带上转换纳米晶首次成功应用于染料敏化光伏太阳能电池，极大增强其近红外波段响应范围，提高电池光电转换效率 13%(*Nano Scale*，2017)。拓展级联敏化概念到近红外二区下转换发光，提出“能量级联下转换”机制，首次实现近红外二区宽范围可调谐发射(*JACS*，2016)。美国《发现》频道、美国《NASA 技术简报》、德国 *Materials Views* 等媒体对

此工作进行亮点评述或报道。鉴于陈冠英所提出的一系列新的研究机制以及解决了众多领域内科研难题,陈冠英于本年再次受 *Chem. Rev.*(2016)邀请,发表特邀长篇综述,并被选为当期封面文章。同年应邀担任在新加坡举行的 The 1st International Biophotonics Conference 分会主席并做大会报告。

2017 年,陈冠英受邀在 *Chem. Soc. Rev.* 上撰写染料级联敏化稀土发光方向上的首篇 *Tutorial Review*(2017,ESI 十年高引)。

2018 年,基于前期的工作积累,陈冠英团队开始着手于成果转化方面的研究,自主研发便携式上转换荧光免疫层析检测仪和检测试纸,实现了临床血液中肌红蛋白、降钙素原等疾病标志物的高灵敏定量检测(广医二院检验科实测),其检测结果与临床大型 Abbort Chem 化学发光检测严格线性相关(*Sens. Actuator B-Chem.*,2019)。

2020 年,尽管在新冠疫情的影响下课题组在很长一段时间内无法正常开展研究工作,但在陈冠英的带领下,团队仍取得了一系列成果。团队通过调控纳米晶的壳层厚度和稀土元素掺杂量,实现了能量吸收层和迁移层间能量迁移速率的精准控制,进而实现荧光寿命的精准调控。该技术成功地实现了在生物体内的时域上转换、下转换活体多通道成像,解决传统频域成像受生物组织扭曲影响、多色难等难题。研究成果发表在 *JACS*、*Adv. Mater.*、*ACS Nano*、*Chem. Mater.* 等期刊上。

2018 年,于永生在合成中引入卤素离子,利用卤素与 Fe 和 Pt 离子具有较强结合能的特点降低 FePt 形核率,升高 FePt 形核温度,降低纳米颗粒生长速率使其晶体结构更趋向于热力学平衡态,从而一步制备了有序的硬磁 FePt 纳米颗粒,纳米颗粒的室温矫顽力最高可达 8.64 kOe,饱和磁化强度可达 64.21 emu/g。研究成果对有序 Pt 基合金颗粒的控制合成及其在磁性和催化领域的应用将起到积极的推进作用。文章发表在 *Nano Lett.* 上。此外,于永生与美国布朗大学孙守恒教授合作在有机化学选择性加氢反应研究领域取得重要进展。研究成果"铜纳米催化剂室温催化氨硼烷产氢串联选择性还原催化 3-硝基苯乙烯到3-氨基苯乙烯"发表在 *JACS* 上。该论文首次报道了铜纳米催化剂室温催化氨硼烷产氢串联选择性还原催化 3-硝基苯乙烯到 3-氨基苯乙烯,为非贵金属纳米催化剂的研究在该方向开辟了新的思路。

2013 年,杨敏在商品化的 Ti-Nb 多层交替金属基底上构筑了具有类似"超晶格"结构的一维 Nb_2O_5-TiO_2 纳米管有序阵列,证明了纳米尺度下一维有序异质界面能够有效减小 Li^+嵌入/脱出时产生的应力,同时为电荷分离提供驱动力,缩短离子扩散距离,结果发表在 *Chem. Commun.* 上。

2016 年,杨敏利用电化学阳极氧化法优化实验条件突破性实现了一维有序 MoO_3 纳米管阵列的制备,在保持有序结构不变的前提下,通过在 H_2S-N_2 混合气氛下热处理原位

勤力同心 笃行致远

形成了 $MoS_2@MoO_3$ 核壳结构，在电催化析氢和锂离子嵌入方面性能出色，研究成果发表在 *Angew. Chem. Inter. Ed.* 上。在此基础上2019年成功合成了具有较大的电化学活性表面、电解质和离子扩散的开放孔隙以及快速、定向的电子传输路径的一维有序 MoTaOx 纳米管阵列，有望成为超级电容器的负极材料。另外利用金属有机骨架中配体和金属的相互作用，设计了一种中空三维结构与二维纳米片相结合，具有高比表面积、高活性的各向异性钴基氮化钼催化剂，在 OER 上具有较高的催化活性和长期循环稳定性，相关工作成果分别发表在 *ACS Appl. Mater. Inter.* 和 *Appl. Catal. B-Environ* 等期刊上。

2016年，孙印勇通过后修饰的合成方法成功开发了具有质子酸骨架和路易斯酸中心的 MIL-101-Cr-SO_3H·Al(Ⅲ)固体催化剂，该催化剂在芳香化合物与苄基醇的烷基化固定床反应中展现了优异的催化性能，相关工作在 *JACS* 上发表。

2017年，孙印勇在非溶剂条件下成功合成了 UiO-66(Zr)等一系列 MOFs 材料，该方法可大幅度提高反应釜的使用率，降低环境污染，利于大规模合成，相关工作成果发表在 *ACS Appl. Mater. Inter.* 期刊上。

2020年，孙印勇在乙酸援助的条件下成功开发了具有丰富缺陷位点的 Ti-MOFs 催化材料，该催化剂在燃油的氧化脱硫反应中展现了优异的催化性能，室温条件移出模拟油中二苯并噻吩的活性为87.1 $mmol·h^{-1}·g^{-1}$，几分钟的反应时间里可将模拟燃油中500 ppm的硫含量降至10 ppm以下，该工作成果在 *ACS Catal.* 上发表。另外，非溶剂条件下成功制备了具有多级孔性与双活性位点的杂多酸/金属有机骨架复合材料，与传统溶剂热法制备的该类复合材料相比，燃油的氧化脱硫催化性能大幅度地提高，该工作成果在材料领域有影响力的学术期刊 *J. Mater. Chem. A* 上发表。

2012年，赵丽丽作为海外引进人才入选校“百人计划”。

2015年7月，赵丽丽响应号召在省工研院成立化兴软控科技有限公司。基于模拟仿真技术，为光伏、半导体企业提供工艺优化与设备改造的专业化解决方案。2018年起，着手成立哈尔滨科友半导体产业装备与技术研究院和中俄第三代半导体研究院，组建大尺寸宽禁带半导体晶体生产线，建立以碳化硅、氮化铝晶体材料制备为主的第三代半导体产业装备与技术研发基地。围绕半导体装备设计与材料制备，规划投资10亿元建设以6~8寸碳化硅、4寸氮化铝为主的第三代半导体产业装备与技术研发产学研聚集区，力图打破国际垄断。

(四)获奖与承担项目

1. 获奖

2013年，杨春晖、雷作涛、夏士兴、朱崇强、王猛、王锐，中远红外非线性光学晶体磷化

锗锌生长技术及应用,国家科学技术发明二等奖;此项目获2012年国防科学技术发明一等奖。

1988年,陈刚、徐玉恒,P-RAP法Bridgman技术生长优质KBr单晶,国家教育委员会科学技术进步二等奖。

1990年,徐玉恒等,压电陶瓷材料的研究——锗酸铋单晶的研制,航空航天工业部科学技术进步二等奖。

1991年,徐玉恒等,掺杂(铈)铌酸锂单晶位相共轭波增强研究,航空航天工业部科学技术进步二等奖。

1993年,徐玉恒等,钕系铌酸锂晶体的生长及其光折变性能的研究,航空航天工业部科学技术进步二等奖。

1995年,徐玉恒等,掺杂锗酸铋晶体位相共轭效应的研究,航天工业总公司科学技术进步二等奖。

1995年,徐玉恒,掺杂铌酸锂晶体的生长及非线性光学位相共轭效应,黑龙江省高校科学技术进步三等奖。

2009年,杨春晖、孙亮、张德龙、李艾华、甄西合,非线性与光波导晶体生长与光学性质,黑龙江省自然科学一等奖。

2009年,王铀、甘阳、宋波、张兴文、胡立江,功能纳米材料与原子力显微镜表征技术基础研究,黑龙江省自然科学一等奖。

2017年,冯玉杰、刘佳、刘峻峰、张照韩、曲有鹏、何伟华、于艳玲、杜月、李达,电化学强化污染物高效转化污水处理技术,黑龙江省技术发明二等奖。

2018年,谭忆秋、徐慧宁、杨春晖等,寒区抗冰防滑功能型沥青路面应用技术与原位检测装置,国家技术发明二等奖。

2. 承担项目

1984—1987年,掺杂改性生长高光学性能$LiNbO_3$晶体,国家自然科学基金面上项目,负责人:徐玉恒。

1990—1993年,优质锗酸铋晶体生长及掺杂提高读写存储性能,国家自然科学基金面上项目,负责人:徐玉恒。

1990—1991年,航天材料硅酸铋单晶的研制,航天工业总公司预研项目,负责人:徐玉恒。

1991—1992年,航天材料掺杂(铈)铌酸锂单晶位相共轭波增强的研究,航天工业总公司预研项目,负责人:徐玉恒。

1992—1993年,航天材料钕系铌酸锂晶体的生长及其光折变性能的研究,航天工业

总公司预研项目，负责人：徐玉恒。

1994—1997 年，新型光存储材料双掺铌酸锂晶体的生长、应用及其性能研究，国家自然科学基金面上项目，负责人：徐玉恒。

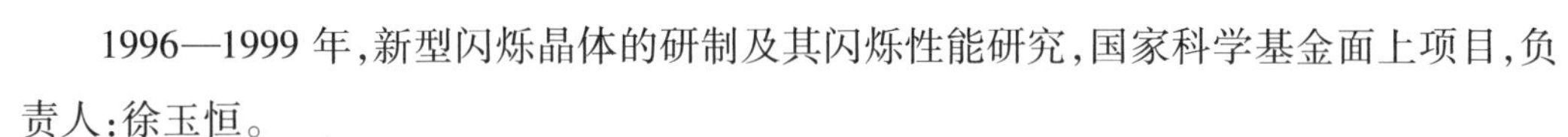

1996—1999 年，新型闪烁晶体的研制及其闪烁性能研究，国家科学基金面上项目，负责人：徐玉恒。

1996—2000 年，新型光存储材料——双掺 $LiNbO_3$ 晶体，“863”子课题，负责人：徐玉恒。

1997—1998 年，航天材料优质铌酸锂晶体的研制和掺镁铌酸锂晶体及器件的研制，航天工业总公司预研项目，负责人：徐玉恒。

2000—2005 年，新型超高密度快速光全息存储与处理研究，“973”子课题，负责人：徐玉恒。

2001—2005 年，超大容量快速光学存储材料及器件研究，“863”课题，负责人：徐玉恒。

2006—2010 年，红外材料研究，“十一五”总装预研项目，负责人：杨春晖。

2011—2015 年，红外晶体材料研究，“十二五”总装预研项目，负责人：杨春晖。

2011—2015 年，高纯硅烷及电子级多晶硅制备技术，国家科技支撑计划项目，负责人：杨春晖。

2011—2013 年，黄铜矿中远红外非线性光学晶体的生长、器件与性能研究，国家自然科学基金重大专项培育计划项目，负责人：杨春晖。

2011—2014 年，利用废水生产能源微藻技术与产业示范，“十二五”科技支撑子课题，负责人：冯玉杰、于艳玲。

2011—2014 年，功能性掺杂 TiO_2 纳米自组装有序结构的光电性质研究及应用，哈尔滨工业大学海内外引进人才科研启动项目，负责人：杨敏。

2011—2016 年，空间光学先进制造基础理论及关键技术研究，“973”计划项目，负责人：甘阳。

2012—2014 年，晶体器件研制，国防军品配套规划项目，负责人：杨春晖。

2012—2014 年，兼具量子剪裁以及上转换性能核壳氟化物纳米晶，国家自然科学基金青年项目，负责人：陈冠英。

2012—2014 年，中红外非线性光学晶体硒化镓的合成与生长研究，国家自然科学基金青年项目，负责人：朱崇强。

2012—2013 年，结晶回收废液中的 HP-708 工艺研究，企业横向，负责人：宋梁成。

2013—2015 年，基于多级孔分子筛新型加氢催化剂的研制，中法蔡元培国际合作项

目，负责人：孙印勇。

2013—2015 年，无污染、低成本、不燃新型水性可剥涂料的研制及中试放大，黑龙江省科技攻关计划项目，负责人：李季。

2013—2015 年，一维掺杂 TiO_2 纳米管/分子筛复合材料的制备及选择性光催化性质研究，国家自然科学基金青年项目，负责人：杨敏。

2014—2016 年，表面硅烷修饰的 SiO_2 气凝胶-PVB 隔热复合材料的合成、表征及应用基础研究，国家自然科学基金青年项目，负责人：张磊。

2014—2017 年，光电功能晶体研究与应用，国家杰出青年科学基金，负责人：杨春晖。

2014—2018 年，微纳米石墨片的开发及其深加工制品研究，黑龙江省重大科技招标项目，负责人：甘阳。

2015—2017 年，碳源对微藻脱除烟道气 NO_x 的影响与调控，国家自然科学基金青年项目，负责人：于艳玲。

2015—2017 年，宽带染料敏化红外上转换材料的制备及性能研究，国家自然科学基金青年项目，负责人：郝树伟。

2015—2017 年，中远红外非线性光学晶体硒化镉的生长及应用性能研究，国家自然科学基金青年项目，负责人：宋梁成。

2015—2016 年，真空环境下射流材料适应性改进与性能试验，军品纵向，负责人：李季。

2016—2018 年，大尺寸远红外非线性晶体 CdSe 生长及器件制作，国家自然科学基金青年项目，负责人：雷作涛。

2016—2019 年，稀土掺杂无机核壳纳米晶的制备与应用，国家“万人计划”青年拔尖人才基金，负责人：陈冠英。

2016—2019 年，红外晶体材料，军用电子元器件支撑项目，负责人：杨春晖。

2016—2020 年，器件制备技术，“十三五”总装预研项目，负责人：杨春晖。

2016—2020 年，高性能倍半氧化物激光晶体生长及制造工艺与装备，国家重点研发计划项目，子课题负责人：甘阳。

2016—2021 年，废水培养体系中产能经济微藻与菌相互作用机制的研究，广东省自然科学基金重点项目子课题，负责人：于艳玲。

2017—2020 年，染料级联敏化蛋白质尺寸稀土氟化物核壳纳米晶的构筑与性质研究，国家自然科学基金面上项目，负责人：陈冠英。

2017—2018 年，多晶硅生产耦合节能技术应用研究，横向项目，负责人：赵丽丽。

2018—2019 年，半导体粉源关键制备技术，国防科技创新特区计划，负责人：杨春晖。

2018—2021 年,晶体生长与器件研究,基础加强计划重点基础研究项目,负责人:杨春晖。

2018—2021 年,以光电功能为导向的一维有序非贵金属氧化物异质界面调控,国家自然科学基金面上项目,负责人:杨敏。

2019—2022 年,单分散 FePt 纳米颗粒有序化相变机制研究和磁性能调控,国家自然基金面上项目,负责人:于永生。

四、教师队伍

甘阳
系主任
教授/博导

杨春晖
教授/博导

陈冠英
教授/博导

于永生
系副主任
教授/博导

赵丽丽
教授

于艳玲
系副主任
副教授/博导

杨敏
副教授/博导

雷作涛
副教授/硕导

郝树伟
副教授/博导

孙印勇
副教授/博导

朱崇强
系党支部书记
副教授/硕导

宋梁成
副教授/硕导

李春香
高级工程师/硕导

张丹
工程师

张磊
讲师

李季
讲师

尚云飞
讲师/师资博士后

能源化工系现任教师

2006 年,杨春晖入选教育部“新世纪优秀人才计划”。

2011 年,陈冠英获全国百篇优博提名。

2013 年,杨春晖获国家杰出青年科学基金。

2014 年,杨春晖入选“长江学者”特聘教授。

2014 年,陈冠英入选国家“万人计划 ”青年拔尖人才;甘阳当选中国化工学会化工新

材料委员会理事。

2015 年,甘阳当选国际半导体设备制造协会 SEMI 中国高亮度 LED 标准委员会核心委员;甘阳入选英国皇家化学会会士。

2016 年,杨春晖入选中组部“万人计划”领军人才。

2018 年,陈冠英入选“长江学者”青年学者;于永生教授担任中国材料研究学会青年工作委员会理事、中国电子学会应用磁学分会会员、中国稀土学会会员、固体科学与新材料专业委员会委员。

2019 年,杨春晖、陈冠英、赵丽丽、甘阳入选黑龙江省头雁团队。赵丽丽入选国家“万人计划”领军人才,并获得黑龙江省巾帼建功标兵荣誉称号和第六届“黑龙江省十大杰出青年创业奖”。于永生受聘担任 *Int. J. Min. Met. Mater.* 编委、*Rare Metals* 编委、《物理化学学报》青年编委。

2020 年,雷作涛获黑龙江省优秀青年基金资助。

第八节　食品科学与工程系发展史

哈尔滨工业大学食品科学与工程专业始建于 2003 年,前身是食品科学与遗传工程研究院,于 2015 年 5 月并入化工与化学学院。2007 年,获得食品科学与工程硕士学位授予权,2010 年获食品科学与工程硕士一级学科。自 2005 年招收本科生,2007 年开始招收硕士和博士研究生,现已形成本硕博多层次培养体系。迄今已培养本科毕业生 100 余人,硕士毕业生 200 余人,博士毕业生 60 余人,专业历经近 20 年的发展,在学科建设、科研创新、人才培养等方面形成了鲜明的特色和优势,取得了一系列显著成果。

一、专业创建及发展

2003 年,学校决定紧密围绕食品科学与工程学科的发展前沿,充分依托哈尔滨工业大学甜菜糖业研究院甜菜制糖领域的研究基础,确立研究型食品科学为新的发展方向,建立了食品科学与工程专业。

2003 年,学院根据甜菜糖业研究院学科建设的发展规划和总体目标,加大了高水平人才的引进力度,引进学科带头人王静教授、王振宇教授和汪群慧教授。学院在甜菜糖业研究院原有科研力量的基础上,进行了系统的整合,整合后的哈尔滨工业大学食品科

学与遗传工程研究院的研究领域囊括了食品科学与工程、食品营养与安全检测、生物化工、作物遗传育种等特色专业。

2003 年 7 月，哈尔滨工业大学食品药物质量安全检测与标准化研究中心（食品质量与安全研究中心前身）成立。王静教授任中心主任及食品安全检测方向学术带头人，王振宇教授任生物化工研究室主任及生物化工方向学术带头人。

2003 年 6 月，哈尔滨工业大学食品科学与遗传工程研究院正式成立，哈尔滨工业大学甜菜糖业研究院时任院长徐德昌、党委书记魏惠临分别任食品科学与遗传工程研究院院长和党委书记。

2004 年 2 月，根据校干发〔2004〕472 号文件决定，马莺、张继峰任食品科学与遗传工程研究院副院长，王继元任副处级调研员。

2005 年 9 月，食品科学与工程专业第一届本科生入学。

2005 年 12 月，以学院为主体与法国国家农业科学研究院联合成立“中法乳业学院”。张兰威教授任中法国际乳品科学与技术实验室及食品工程方向学术带头人，马莺教授任食品科学方向学术带头人。

2006 年 3 月，经学校十届十次党委常委会研究决定，正式成立哈尔滨工业大学食品科学与工程学院，学院下设食品科学系、食品工程系、生物化工系、食品质量与安全研究中心、中法国际乳品科学与技术实验室，国家轻工业甜菜糖业质量监督检测中心、黑龙江省食糖产品质量监督检验站和全国甜菜糖业标准化中心。新一届领导班子由张兰威任院长、魏惠临任党委书记，副院长为徐德昌、马莺、张继峰。

2006 年 10 月，为加强与校内单位的沟通和交流，促进学科更好发展，学院从哈尔滨工业大学学府路校区迁至哈尔滨工业大学黄河路校区结构楼。此后，学院在学科建设和队伍建设方面统一思想、明确目标、做好规划，为食品学科的快速发展奠定了基础。

2009 年 6 月，首届本科生（2005 级）毕业。

2010 年，省部级平台“寒地资源食品质量与极端环境营养”省级工程中心获批（黑龙江省发改委）。

2012 年，与法国农科院共建中法乳科学国际联合实验室。

2012 年 3 月 13 日，院党委书记姜华、食品工程系副主任杜明参加在广西柳州举行的广西柳州爱格富食品科技股份有限公司与哈尔滨工业大学食品学院战略合作签约仪式。

2013 年 6 月，为提高学院学科建设水平，加强和深化与校外企业的产学研合作关系，更好地为此领域的相关科研和应用项目提供支持，经学校研究，“哈尔滨工业大学极端环境营养与防护研究所”正式成立。

2015 年 4 月，经学校党委常委会十一届五十一次会议研究决定，食品科学与工程学

2009 届食品学院本科生(专业第一届本科生)毕业留念(2009.6)

院正式并入化工学院。

2015 年 5 月,学院并入化工学院后更名为"哈尔滨工业大学化工学院食品科学与工程系",卢卫红担任食品科学与工程系主任,张继峰、杨鑫、杜明担任系副主任。同时,系里组建了食品安全与大数据研究中心(马莺任中心主任)、特种生物分离工程与装备研究中心(王振宇教授任中心主任)和极端环境营养防护中心(卢卫红任中心主任)。同年与俄罗斯圣光机大学共建中俄特种食品科学与工程装备联合实验室(卢卫红任实验室主任)。

2016 年 12 月,成立了国家级平台"极端环境营养分子的合成转化与分离技术"国家地方联合工程实验室(国家发改委)。

2016 年 3 月,崔艳华任系主任,主持全面工作,杨鑫、王荣春任系副主任。

2017 年 3 月,赵海田担任系副主任。

2017 年底,按照学院整体规划,食品科学与工程系迁至哈尔滨工业大学一校区明德楼。

勠力同心 笃行致远

二、学科建设与教学成果

(一)本科建设与教学成果

专业自成立之日起,坚持立德树人的根本任务,秉承"规格严格,功夫到家"的校训,围绕食品科学与工程领域的国际科技前沿、面向食品安全和食品营养健康的国家重要需求,着力培养热爱祖国、品德优良、实事求是、知行合一,具有社会责任感和国际视野,具备扎实的食品科学与工程领域专业知识和跨学科的多维知识结构,能够推动未来食品科

学及相关领域发展，尤其是航天和军事食品领域发展的创新人才。不断完善为包括生物化学、微生物学等专业基础课程和食品化学、食品工艺学、食品安全与营养学、生物分离工程、航天与军事食品学、特种功能性食品、食品机械与设备、食品分析、食品工厂设计、食品工业生产自动化等专业核心课程体系，并已完成3轮（2012版、2016版和2019版）本科生培养方案的修订工作。

多年来，专业的师资队伍在出色完成教学工作的基础上，不断总结教学经验，潜心钻研教学方法，不断将教学与科研相结合，在教学方法和教学内容上不断创新，取得了丰硕的教学成果。王专、崔艳华、王路等几位专任老师多次在哈工大青年教师教学基本功竞赛中获奖（包括优秀教案及教学设计奖）。专业内教师共获批省级教学改革项目包括“食品化学综合实验课程教学改革的研究”等7项，发表数十篇教改论文，出版“普通高等教育‘十二五’规划教材——全国高等院校食品专业规划教材”《发酵食品原理与技术》和《食品毒理学》及高等院校“十二五”规划教材《极端环境生物学效应与营养》《食品功能原理与评价》《高等微生物学》《生物活性成分分离技术》《食品科学与工程英语》7部教材。

2013年，系内杨林邀请美国明尼苏达大学Douglas教授为哈工大本科生开设全英文素质选修课*Diet & Health*。系内有近10名本科生在在读期间以第一作者身份发表SCI和EI论文。其中，大四本科生赵姣从1 400份包括博士、硕士在内的论文中逐步通过三轮评选收到Oral Presentation的邀请，参加了2011年美国IFT食品科技年会的本科生论文比赛。2012—2014年期间，系内学生代表哈工大3次参加国际遗传工程的机器设计竞赛（iGEM），取得2银1铜的好成绩。杨鑫指导的本科生高星烨获黑龙江省优秀毕业生称号。

2017年底，按照化工与化学学院整体规划，食品系迁至哈尔滨工业大学一校区明德楼后，针对当前常规基础仪器破损严重和实验设备的台套数严重不足，且多数设备为多个实验共用设备的情况，将当前开设的实验设置为基础生物学、化学、工程三个模块组成的实验教学体系。分别对三个模块进行基础仪器的补充，确保实验教学内容的完整性和实验教学计划的顺利完成。

（1）生物学模块实验体系。

生物学模块实验体系是由“微生物学实验”、“生物化学实验”、“分子生物学综合实验”（研究生）、“细胞与分子生物学”、“实验动物学”、“食品毒理学实验”等六门主干实验课组成，同时包括全校范围内的本科生创新实验课“食品功能因子对肥胖脂代谢的影响”。主要建设内容是完成上述课程的建设。

(2)化学模块实验体系。

化学模块实验体系是由“食品化学与分析实验”、“食品营养学实验”、“食品科学综合实验”(化学部分)、“高级食品化学与分析实验”(研究生)、“近代仪器分析(食品)”(研究生)六门课程组成。主要建设内容是完成上述课程的建设。

(3)工程模块实验体系。

工程模块实验体系是由“食品工艺综合实验”、“食品工程原理实验”、“食品科学综合实验”(生物化工部分)、“高等生物分离工程实验”(研究生)四门课程组成。主要建设内容是配备和补充必要的设备,保证以上课程按照教学计划规定的内容开设。该体系与其他模块共享设备。

(二)研究生建设与教学成果

2004 年,依托哈尔滨工业大学理学院化学工程与工艺学科,食品科学与工程系成功申请生物化工专业硕士点。同年 9 月,在化学工程与技术一级博士点下招收生物化工专业方向的博士和硕士研究生。10 月,学院与法国农业科学研究院(INRA)、法国西部农业大学(Ouest Agrocampus)签署了合作协议,双方就人才培养、科研合作开展了全面的合作。学院从新入学的硕士生中选拔优秀学生,直接进入法国西部农业大学攻读硕士学位。

2005 年,学院与法国农科院联合培养乳品专业的博士研究生,与法国雷恩农学院联合培养乳品和食品生物技术方向的硕士研究生,同年开始招收食品科学与工程专业本科生。

2007 年,学院获批食品科学与工程硕士学位授予权,同年 9 月,第一届食品科学专业硕士研究生入学。

2010 年,食品科学与工程(硕士)专业被评为一级学科。

2010 年 5 月,学院与爱尔兰都柏林国立大学(UCD)签署了教学和科研合作协议,每年派出 2 ~ 3 名优秀本科毕业生去爱尔兰都柏林国立大学攻读硕士学位。至此,形成本科生、硕士生和博士生培养多层次办学体系。

为提升国际化办学水平,食品科学与工程系开设了 Advanced Microbiology、Advanced Food Chemistry、Advanced Biochemistry 等 6 门硕士生英语课程和 2 门国际高水平学者共建研究生课 Protein Science 和“食品加工新技术”。2008 年,马莺教授指导了该专业的第一名硕士留学生,截止到 2020 年,该专业研究生导师已培养了 10 余名硕博留学生。

2010 年 7 月,博士生樊梓鸾参加在广州举行的 2010 年食品绿色加工技术与食品安全博士生学术论坛,其论文《红豆越橘体外抗氧化和抗细胞增殖活性研究》获得十佳“优秀论文”奖。

勤力同心 笃行致远

2012 年，硕士研究生王璞获黑龙江省第八届优秀硕士学位论文；同年刘佟获黑龙江省优秀硕士毕业生称号。

三、教学团队、科研团队的建设情况

食品科学与工程系一直坚持学术创新团队培育和师资队伍国际化建设，专业成立伊始，共有全职教师28 人，70% 以上的教师具有博士学位，30% 的教师具有海外工作留学经历。其中教授 4 人，副教授 8 人，博士生及硕士生导师 14 人。境外兼职博士生导师 3 人，境外兼职教授 4 人，境内兼职博士生导师和兼职教授各 1 人，中国农业科学院农业化学污染物残留检测与行为研究创新团队首席科学家王静教授被聘为兼职博士生导师，2012 年日本新潟大学原副校长 Kadowaki 教授被聘为哈工大客座教授。

该专业现有专任教师 22 人，包括教授 7 人、副教授 10 人，讲师 5 人。其中博士生导师 8 人，硕士生导师 18 人；师资队伍博士化率达 90% 以上，大多数教师毕业于日本京都大学、日本新潟大学、吉林大学、中国农业大学、江南大学、哈尔滨工业大学等国内外知名院校。此外，90% 以上的教师有一年以上的海外留学经历，如赴耶鲁大学、斯坦福大学、康奈尔大学、加州大学戴维斯分校、普渡大学、伊利诺伊大学香槟分校、利兹大学、加拿大麦吉尔大学、加拿大圭尔夫大学、爱尔兰国立都柏林大学等国际知名高校访学交流，形成了学缘结构适宜、年龄梯队合理、具有视野开放的国际化师资队伍，为高水平人才培养提供了有力保证。其中国家重点研发项目首席专家 1 人、教育部“新世纪优秀人才支持计划”1 人、校级拔尖副教授 1 人，国家科研奖励评审专家 10 余人。2011 年，杜明入选教育部“新世纪优秀人才支持计划”。2014 年，杨鑫入选哈尔滨市科技创新人才（优秀学科带头人）。2017 年，吴英杰入选哈尔滨工业大学青年拔尖人才选聘计划。

按照学科发展，该专业现任教师已形成包括生物合成与分离工程及装备、极端环境营养与防护、食品安全大数据集成、寒地食品加工工程化及过程质量控制等四个方向的科研团队。按照课程体系设置和教师科研方向，专业组建了生物化学教学团队、微生物教学团队、食品化学教学团队、生物分离工程与极端环境营养教学团队及食品安全与营养教学团队。专业建有全校素质核心课 3 门，有多门专业核心课程学生评教为 A+。完备的教学和科研团队为培养高素质的专业人才奠定了基础。

四、科研成果及转化

（一）科研成果

食品专业成立以来，以“立足航天，服务国防”为目标，面向国民经济主战场，积极开展教学、科研等各项活动，高度重视科研成果转化，先后承担了国家重点研发计划、“863”项目、科技支撑计划、科技部国际合作项目、国家科技成果转化项目、国家自然科学基金面上项目以及国防航天重大重点等国家、省部级科研项目。其中国家自然科学基金项目（青年+面上）20余项。另外还在“十三五”期间承担主持国家重点研发计划食品安全关键技术研发专项“食品安全社会共治信息化技术研究与应用示范”项目（5 078万元），国家级项目30余项，军需国防、省部级及重要横向科研项目60余项，科研总经费7 000余万元，获国家及省部级科技奖10余项，获国际、国家发明专利授权近百项；多项成果实现了工程应用及产业化，其中27项专利已进行转化，专利转让和应用产生的经济效益达20余亿元。近5年已发表SCI论文近450篇，入选ESI高被引论文6篇。

2012年，张兰威的科研项目“特质益生菌高效筛选及其高活性制品开发与应用关键技术”获得黑龙江省技术发明二等奖。

2012年，王振宇的科研项目“功能性天然色素加工关键技术及系列产品开发”获得黑龙江省科技进步三等奖。

2012年，马莺的科研项目“玉米综合加工及关键技术研究”获得黑龙江省科技进步三等奖。

2013年，张兰威的科研项目“高效直投式乳酸菌发酵剂工业化制备关键技术及在发酵食品中的应用”获得教育部科技进步二等奖；同年，“乳酸菌蛋白酶凝乳功能研究及低温喷雾干燥高效制备发酵剂关键技术”获得黑龙江省科技进步一等奖，“壳寡糖及其衍生物的综合利用与开发”获得黑龙江省科学技术进步三等奖。

2014年，杨林主持国家自然科学基金面上项目“基于蛋氨酸代谢调控的大米蛋白抗氧化机制研究”，崔艳华主持国家自然科学基金面上项目“德氏乳杆菌保加利亚菌株 CH_3 双组分系统HPK/RR1耐酸调控基因鉴定”。

2015年，张兰威的科研项目“益生乳酸菌生物学活性及特色发酵乳开发的关键技术”获得黑龙江省技术发明二等奖。赵海田主持国家自然科学基金面上项目“蓝靛果花色苷C-3-G抑制辐射诱导氧化损伤作用机制研究”。

2016年，王振宇的科研项目“生物活性物质分离纯化系统构建及在抗氧化成分提取

勤力同心 笃行致远

中的应用”获得黑龙江省科技进步二等奖；王振宇主持军委后勤保障部技术研发重点项目和国家重点研发子课题“红松籽综合加工利用技术研发与产业化实施”。杨鑫的科研项目“农产品中典型化学污染物精准识别与确证检测技术研究及应用”获得北京市科学技术一等奖。王路主持国家重点研发计划子课题“山野菜保健饮品研发与示范”。

2016 年，杨鑫入选 ESI 高被引论文 1 篇，同时入选 ESI 热点论文。

2016 年，韩雪主持国家自然基金面上项目“盐胁迫下保加利亚乳杆菌分裂骨架形成及其调控机制研究”。

2017 年，卢卫红主持国家重点研发计划食品安全关键技术研发专项“食品安全社会共治信息化技术研究与应用示范”项目。程大友主持国家自然科学基金面上项目“低温诱导甜菜春化基因 BvRAV 的功能研究”。崔杰主持国家科技重大专项——国家现代农业产业体系项目（甜菜）子课题“甜菜种质资源创新与新品种选育”。程翠林主持国家重点研发计划子课题“特殊保障食品制造关键技术研究与新产品创制”。

2018 年，韩雪的科研项目“乳酸菌胞外多糖功能挖掘及其高活性发酵剂关键技术”获教育部科技进步二等奖 1 项（第 2 名）；并主持国家重点研发计划子题“乳与乳制品嗜冷菌及其代谢物全程控制技术与应用示范”。

2019 年，马莺的科研项目“特色乳加工关键技术与装备研发”获教育部高等学校科学研究优秀成果科学技术进步一等奖（第 2 名）。

2019 年，专业创始人王静与杨鑫的科研项目“农产品中典型化学污染物精准识别与检测关键技术”荣获国家科学技术发明二等奖。杨鑫主持国家自然科学基金面上项目“松塔松香烷型三环二萜酸纳米自组装体的形成机理及其提高姜黄素体内生物利用度的研究”。

王静与杨鑫荣获国家科学技术发明二等奖

（二）成果转化

张兰威在哈尔滨工业大学工作期间（2006—2015 年），开发了具有自主知识产权的特

色益生乳酸菌资源库和低温喷雾干燥制备直投式乳酸菌发酵剂技术，为国内乳品领军企业伊利、蒙牛、君乐宝、河北一然生物科技等有限公司提供技术支持，研发出一系列直投式发酵剂、益生菌制剂、益生菌、发酵乳等特色产品。

王振宇带领极端环境营养与生物化工团队研发出具有自主知识产权的国际领先的天然产物分离纯化技术及智能装备，已落地转化几十家企业。2014 年 8 月，王振宇为黑龙江省黑河瑷珲山珍生物科技有限公司设计的新型高纯天然产物生产线顺利投产。该生产线采用具有自主知识产权的隧道式超声波-等离子联用萃取技术和二维色谱多通道分离技术，使产品质量达到欧盟标准。该生产线年处理原料 5 000 吨，可用于黄酮、多酚、花青素、多糖及蛋白等天然活性物质的分离提取，以及保健品和高纯生物产品的生产。2015 年，我国最大的花青素分离纯化生产线建成并投入使用(哈尔滨工大中奥生物工程有限公司，引资 3 800 万元)。

五、人才培养

专业自创建以来秉承“规格严格，功夫到家”的校训，传承“铭记责任，竭诚奉献”的爱国精神；“求真务实，崇尚科学”的求是精神；“海纳百川，协作攻关”的团结精神；“自强不息，开拓创新”的奋进精神”，弘扬“精神引领、典型引路、品牌带动”的党建与思想政治工作特色，以“厚基础、强实践、严过程、求创新”的人才培养特色，坚持学术创新团队培育、鼓励科研成果转化及工程化、逐步实现国际化的人才培养模式，力争形成具有哈尔滨工业大学特色的食品科学与工程系。多年来，在做好教学工作的基础上，专业通过积极开展科研、学科建设及国际交流等各项活动，为社会培养了大量食品专业人才，迄今专业已培养本科毕业生 100 余人，硕士生 200 余人，博士生 60 余人。

专业毕业生就业率达 100%，读研比例达 70% 以上，约 30% 的毕业生前往国外著名高校深造，如美国伊利诺伊大学香槟分校、美国加州大学河滨分校、加拿大麦吉尔大学、爱尔兰都柏林国立大学等。毕业生主要从事与食品相关的工程管理、产品开发及工程设计等工作。

专业毕业去向主要为雀巢、中粮集团、伊利集团、可口可乐等世界 500 强企业以及上海出入境检验检疫局、国家知识产权局、中国农科院等食品质量和安全检测机构，以及科研机构、高等院校等。食品科学与工程系迄今已为国内大学、国家机关和企事业单位培养了大量的精英人才。专业培养了一大批杰出校友，有洪堡学者 1 人；大学学院院长 2 人、二级教授 1 人、教授及研究员 5 人、总经理 2 人；其中硕士毕业生吴志光入选 2019 年《麻省理工科技评论》“35 岁以下科技创新 35 人”中国榜单和荣获中国新锐科技人物殊荣。毕业去向主要集中在国内高等院校；科研院所；出入境检验检疫局；国家知识产权

局；黑龙江省公安厅等国家机关；中粮、雀巢、达能、可口可乐、强生、百威、娃哈哈、蒙牛、伊利、邦士、星巴克、合生元等世界知名企业。

六、学术交流和其他

（一）国际交流

专业在国际学术交流与合作方面十分活跃。先后与法国农业科学研究院、美国兰斯顿大学、日本新潟大学、爱尔兰国立都柏林大学、美国威斯康星大学、美国伊利诺伊大学香槟分校、加拿大 Guelph 大学、美国加州浸会大学和加拿大麦吉尔大学等大学建立了密切的学术交流和互访关系。

2013 年 1 月 18 日，应学院邀请，美国加州浸会大学（California Baptist University）副校长 Dr. Larry 来学院进行访问。双方就两校本科生、教师交换进行了交流，就本科生的学分互认、互免学费、启动每年为期 3 个月的教师交流项目及每年定期向哈工大派出 1 ~ 2 名教授为食品学院本科生全面授课达成一致，签署了双方合作备忘录。教师出访与学术交流 90 余次，并与耶鲁大学、康奈尔大学、普渡大学、新潟大学、美国伊利诺伊大学香槟分校、加拿大麦吉尔大学、俄罗斯圣光机大学、新西兰皇家工学院、法国农业科学研究院（INRA）、英国利兹大学等开展联合培养；与爱尔兰国立都柏林大学、法国西部农业大学、南非德班理工大学、俄罗斯圣光机大学等建立合作办学。

法国农科院专家到哈工大访问

2013 年 9 月，由中俄工科大学联盟和哈尔滨工业大学主办，中国人民解放军总装备部军需研究所和哈尔滨工业大学极端环境营养与防护研究所承办的第一届“ASRTU 极端环境营养与特膳食品中俄双边研讨会”在哈工大召开，会议由中国工程院院士吴天一担任学术委员会主席，王振宇任组委会主席，俄罗斯圣彼得堡大学、远东国立农业大学等俄罗斯专家和军事医学科学院、航天员培训中心、中国科学院、北京大学、浙江大学、吉林大学、第二军医大学、中国农业大学等十几所国内科研院所的专家 200 余人参加了此次大会。会议促进中俄双方科学家就特种营养领域的合作与交流，同时为中俄双方食用植物资源的开发与利用技术落地转化提供契机，促进两国之间的实质性合作。

ASRTU 极端环境营养与特膳食品中俄双边研讨会

2014 年 9 月，王振宇、卢卫红应邀参加了在俄罗斯圣彼得堡市举行的“2014 阿斯图相聚圣彼得堡活动”。王振宇、卢卫红就建立极端环境营养中俄联合实验室与圣光机大学进行了第二轮磋商，双方初步达成了硕博研究生互派、教师定期互访及学术交流、建立联合实验室、对双方感兴趣的特种食品项目进行共同研究、定期举办阿斯图框架下的中俄极端环境营养学术研讨会及定期举办中俄大学生特种食品大赛等合作意向。

2015 年 7 月，应俄方邀请，我国代表团出席俄罗斯国际创新工业展展会主宾国活动。哈尔滨工业大学共有 4 件成果展出，其中食品科学与工程系王振宇教授团队与机器人集团联合研制的“生物活性物质智能化分离纯化系统”引起与会者的极大兴趣。

2018 年 12 月，由哈尔滨工业大学主办，中俄工科大学联盟协办的“第三届阿斯图中俄创新食品科学与装备会议”在哈尔滨举行，该会议由中俄工科大学联盟和哈尔滨工业大学极端环境营养与防护研究所 2013 年首创发起，是黑龙江省教育厅 2018 年度重点对俄项目之一。这次会议立足于 21 世纪创新食品科学与装备的前沿领域，旨在寻求中俄双方合作契机，促进食品科学与装备领域的科学进步与发展。中俄两国 40 余家高校及科研院所 180 余人参会，收到论文 120 余篇，专家会议报告 43 篇，内容涵盖了食品科学与装备的前沿领域的最新研究成果。此外大会特别设立了研究生创新论坛，60 余名研究生

汇报了课题组相关研究工作。

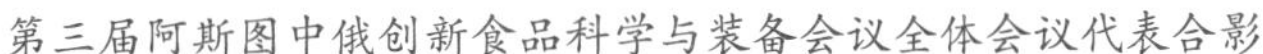
第三届阿斯图中俄创新食品科学与装备会议全体会议代表合影

(二)国内交流

2012 年,台湾辅仁大学食品科学系郭孟怡主任到学院进行访问,在二区主楼 701 室做了学术报告并就今后双方进行学生互派及全面的学术交流等事宜进行了探讨。

2014 年 5 月 27 日,食品科学与工程系在一校区步行街举办“第三届食品学院食品安全与营养暨科研成果宣传周”活动。

2014 年 12 月,食品科学与工程系承办“第五届中国乳业科技大会”,来自全国 50 余所高等院校、科研机构、全国各大乳品企业及相关产业机构 50 余家的 400 余人参加了本次大会。会议围绕“以科技进步为推动力,促进中国乳业快速发展”的鲜明主题进行,与会专家、学者及企业高层就该主题展开热烈讨论和交流。

第五届中国乳业科技大会开幕式

2017 年 8 月 14 日,国际食品科学院院士、台湾大学食品科技研究所名誉教授孙璐西教授到食品科学与工程系进行学术交流和访问,并做题为“龙眼花中原花青素之生物可利用性”的学术报告。

为营造勇于创新、善于创新的学术氛围，进一步开发大学生的创造潜能、激发大学生的科研、创新热情及能力，食品工程与科学系依托黑龙江省天然产物工程学会于2017年6月和2019年5月成功举办了两届“自然杯”食品科学研究暨创意食品大赛。赛事受到了中国海洋大学、哈尔滨工业大学、吉林大学、东北林业大学、合肥工业大学等高校的广泛关注和积极参与。大赛为食品及相关专业学生提供了实践锻炼与技能展示的平台，同时还为食品行业提供创意思路和方案，促进了食品及相关专业师生的院际交流，培养了食品科学研究人才。

第二届“自然杯”食品科学研究暨创意食品大赛参赛代表合影

（三）学术刊物

学院负责编辑出版两本学术期刊——《中国甜菜糖业》和《生物信息学》，通过这两个平台，既可以组织国内同行进行更好的交流，又借此宣传和扩大了学院在国内相关领域的影响力。《中国甜菜糖业》（*China Beet & Sugar*，季刊）1963年创刊，是我国甜菜制糖行业唯一由中央主管的期刊，是行业的核心期刊，1992年被轻工部评为优秀期刊。该刊面向甜菜及甜菜制糖科技工作者、大专院校有关专业师生、甜菜制糖企业技术及管理人员，报道内容有甜菜育种、良种繁育、栽培耕作、植物保护、甜菜制糖工艺、设备、分析、自动化、节能、副产品综合利用、环保、国内外科研动态等，现任总编为程大友教授。《生物信息学》2003年创刊，自2004年起对外公开出版发行，目前由哈尔滨工业大学主办。该刊科学、准确地报道我国生物信息学理论与技术研发的重要成果和国内外生物信息学技术及其产业化的最新进展，成为当时国内唯一的专业性生物信息学中文科技核心期刊。

七、教师队伍

徐德昌
第一任研究院
院长
（专业创始人）
（2003—2005）

魏惠临
第一任研究院
党委书记
（2003—2005）

王静
（专业创始人）
（2003—2005）

王振宇
（专业创始人）
（2003 至今）

徐德昌
第一任院长
（2003—
2005）

魏惠临
第一任
党委书记
（2006—
2009）

马莺
第一任
副院长
（2004—
2006）

张继峰
第一任
副院长
（2004—
2006）

张兰威
第二任院长
（2006—
2015）

赫彦明
第二任
党委书记
（2010—
2011）

姜华
第三任
党委书记
（2011—
2015）

徐德昌
副院长
（2006—
2014）

马莺
副院长
（2006—
2015）

张继峰
副院长
（2006—
2015）

卢卫红
第一任主任
（2015—
2016）

张继峰
副主任
（2006—
2015）

杨鑫
副主任
（2015—
2016）

杜明
副主任
（2015—
2016）

崔艳华
第二任主任
（2016 年
至今）

副主任
赵海田
（2017 年
至今）

副主任
王荣春
（2016—
2019）

专业创始人和历、现任领导
（注：括号内为任职时间）

曾经在食品科学与工程系工作过的领导和教职工：曹维强、丛培琳、杜明、何胜华、赫

彦明、姜华、金钟、李海梅、李琳、刘巧红、鲁兆新、罗成飞、洛铁男、吕丽华、马立明、秦文信、单毓娟、宋微、田庆彬、王静、王专、魏惠临、吴永英、徐德昌、许清洙、易华西、张海玲、张继峰、张军政、张兰威。

程大友
研究员/博导

崔艳华
教授/博导

卢卫红
教授/博导

马莺
教授/博导

王振宇
教授/博导

杨林
教授/博导

杨鑫
教授/博导

崔杰
副教授/硕导

董爱军
副教授

韩雪
副教授/博导

马立明
副教授

史淑芝
副教授

吴英杰
副教授/博导

王路
副教授/硕导

王荣春
副教授/硕导

徐伟丽
副教授/硕导

张华
副教授/硕导

张英春
副教授/硕导

赵海田
副教授/硕导

程翠林
讲师/硕导

代翠红
讲师

丁忠庆
讲师

侯爱菊
讲师

井晶
讲师/硕导

王晴晴
讲师/师资
博士后

食品科学与工程系现任教师

第九节 化学系发展史

一、专业创建及发展

化学系源于原基础与交叉科学研究院的理学研究中心。

2005 年 10 月,为了提高哈工大理学研究发展水平,完善学科管理机制,更多地吸引海内外优秀人才,特别是发展新的学科方向,成立了理学研究中心。当时化学学科建设了一支 45 人的师资队伍,副教授以上 29 人,占比 64%,其中引进来自美国、德国、日本等优秀归国人才18 人;学科带头人包括 2 名长江学者特聘教授、8 名新世纪优秀人才。

2006 年 11 月,建立了化学与能源材料研究所。

2010 年 11 月,建立了理论与模拟化学研究所。

2013 年,理学中心化学学科开始招收第一届本科生。

2015 年 3 月,建立了有机化学研究所。

2016 年,根据哈尔滨工业大学学科长期发展规划,成立新的学院——化工与化学学院;并入新学院的原理学中心的化学师资则成为新的教学科研机构——化学系。

2017 年 6 月,化学系首届毕业生(2013 级入学时为理学中心化学学科)本科毕业。

化学系首届本科(2013 级)毕业生合照(2017.6)

2018 年,化学系 2015 级本科班团支部被评为 2018 年哈尔滨工业大学学生“先进集体”。

2019 年,化学学科进入世界 1‰之列。

化学系目前年发表 SCI 论文 100 余篇,近 5 年承担国家、省部级各类自然科学基金项目 30 余项。近年来,化学系在基础科学研究领域取得突破性成果。青年教师张国旭与国外学者合作,在顶级期刊 *Science* 发表一篇文章;化学系的周欣、张家旭分别在 *Angew. Chem. Int. Ed.* 、*JACS* 等化学领域的顶级期刊发表文章;孙建敏、盛利入选英国皇家化学会“Top 1% 高被引中国作者”榜单。截至目前,化学系已经培养硕士生 200 余人,博士生 50 余人,优秀硕、博毕业生 20 余人,1 名校优博。

化学系2015级本科班团支部获2018年哈尔滨工业大学学生先进集体

二、专业成就

1. 科研成果

在“211”工程、“985”工程项目的支持下，化学学科共配置了价值6 000余万元的仪器设备，先进仪器与设备的有效利用和共享为科学研究提供了强有力的支撑。化学系与美国、日本、德国、法国、加拿大等国家开展了广泛的学术交流与科研合作，学科研究人员有数十人次到发达国家和地区开展合作研究与学术交流。

新成立的化学系，根据已取得成果和现有师资凝练了两个大的研究方向：

第一个研究方向——环境友好功能材料设计制备及其催化应用。催化在新能源开发、环境治理、医药、农药合成等领域也占有举足轻重的地位，是核心的关键推动力。从源头上阻止污染是绿色催化化学中解决环境问题和实现经济可持续发展战略的最佳手段，采用新的绿色合成路线合成新结构的催化材料仍是当前催化研究的核心课题。针对国内外对催化化学特别是绿色催化的高度重视，化学系也长期开展了功能材料的绿色合成与绿色催化领域的研究。以新催化反应、新催化材料和新催化表征技术研究为核心，在面向能源、环境和精细化学品合成等方面进行催化的应用基础研究。如化学系开展了二氧化碳的吸收、转化与资源化利用；开展了多孔材料和介孔碳基材料的简单、经济合成及绿色催化性能研究；开展了超临界、离子液体等绿色催化体系中的纳米材料的绿色合

成与催化；构筑了核壳、空心等结构多样性的纳米材料，对污水中有机物进行催化降解性能的研究；纳米材料模拟酶的制备、催化机理及其应用。目前该方向已经在 *Green Chemistry*、*J. Catal.*、*Nanoscale*、*J. Mater. Chem. A*、*Chem. Commun. Chem. Eng. J.* 等国际知名期刊上发表研究论文几百余篇。Top1% 高被引论文 5 篇，孙建敏入选英国皇家化学会“Top 1% 高被引中国作者”和“黑龙江省首批头雁计划”。

第二个研究方向——理论计算与模拟化学。以基础研究为主，并与物理、材料、生物、能源、环境、航天等多个学科交叉结合协同发展。通过发展基础量子化学理论和方法，将先进的量子化学理论方法与实验科学相结合，利用理论计算的优势预测材料结构与性质，分析解释实验现象。主要分为以下几个研究方向：理论化学及其在生物中的应用；高效 DFT 和 TDDFT 方法及其应用；新型半导体光电材料计算辅助设计；理论化学及在环境科学中的应用；惰性元素化合物；燃料电池催化设计；纳米传感器；激发态理论化学。理论与计算化学实验室目前拥有实验室面积大约 100 平方米，研究生工作室 100 平方米，已购入包括戴尔、曙光和浪潮等先进的高性能计算服务器。该实验室在基础科学研究领域取得了重要成绩，目前共获得国家自然科学基金项目 8 项，省部级基金项目 5 项。

2016 年，张国旭在 *Science* 发表一篇论文，“首次阐述了最新一代的量子力学软件已经实现了对理论预测结果的再现性，并提出了定量标准”。此外，他在 *J. Am. Chem. Soc.* 发表文章（封面，亮点文章），论述了“化学动力学模拟揭示材料和药物合成中消除/取代竞争动力学随溶剂化的变迁机制”；周欣在 *Angew. Chem. Int. Ed.* 发表 1 篇论文，“首次利用计算证明生成石墨烯的 Cu 基底对二维聚合物自组装结构的影响，成功预测了某些二维聚合物的光电性质，继而在实验上得到了印证”。

2018 年，盛利入选英国皇家化学会“ Top 1% 高被引中国作者”。

2018 年低温燃料电池纳米催化剂制备关键技术及催化机理研究获省自然科学一等奖（王炎，第 2 名）。

2020 年，根据教育发展战略《国家中长期教育改革和发展规划纲要（2010—2020）》及《国家教育事业发展“十三五”规划》要求，化学学科积极引进境外优质教育资源，与俄罗斯圣彼得堡大学化学系建立合作办学，共引进 21 位知名学者、22 门优质课程，为建设一流化学专业奠定了坚实基础。

2. 教学成果

历经发展，化学系以培养现代创新型人才为发展目标，面向化学领域国家需求及国际学术前沿，着力培养热爱祖国、知行合一、品德优良、信念坚定，具备宽厚、系统、扎实的基础知识，富有创新精神、实践能力、社会担当和国际化视野，能够推动绿色化学领域发

2015 年 1 月专业老师参访俄罗斯圣彼得堡大学

勤力同心 笃行致远

展的创新人才。设立了"无机化学""分析化学""有机化学""物理化学""结构化学""仪器分析""配位化学""催化原理与基础"等一系列基础课程,以及"无机化学实验""分析化学实验""有机化学实验""物理化学实验""仪器分析实验""专业实验"等实践类课程。

孙建敏团队负责校管核心课程"无机化学"的课程建设。目前团队成员共计 18 人,包括教授、副教授、讲师、工程师等各类人才,团队负责环境资源与新型化工大类专业、生命学院及国际交流学生的"无机化学"及"无机化学实验"的教学工作。完成加强实验教学改革和交互式虚拟实验资源建设;建设无机化学 CAP 课程,并完善"无机化学"MOOC 课程等在线资源建设,促进优质教学资源共享。2019 年,张潇参与的"化学实验室安全虚拟仿真项目"入选首批省级虚拟仿真实验项目团队(排名第二)。

近年来,化学系在人才培养方面取得重大进展。孙建敏指导研究生取得一系列成果:所指导的课题组研究生团队进行的"基于尿素衍生物功能材料对 CO_2 高效吸收与催化"项目获得 2017 年国家"创新创业大赛"三等奖、2017 年"挑战杯"黑龙江省大学生学术一等奖、哈尔滨工业大学第七届"祖光杯"创意创新创业大赛金奖。张潇指导的本科生实验项目"Zn-MOF 基荧光探针的制备及其对水体中硝基化合物的检测"获 2019"卓越杯"新实验设计大赛二等奖。化学系 2015 级本科班团支部被评为先进集体,班主任赵立彦。

2014 级博士研究生刘猛帅获得"宝钢优秀学生奖"、哈尔滨工业大学第四届"优秀学生李昌奖"、哈尔滨工业大学第八届研究生"十佳英才"奖、黑龙江省"三好学生"、校"优秀学生干部"、院"十佳大学生"等系列荣誉奖项,现为青岛科技大学副教授。2016 级的博士研究生吴志光获得校优秀博士论文,为哈工大准聘副教授。2019 届硕士研究生纪新振获得哈尔滨工业大学优秀硕士毕业论文金奖。2020 届硕士研究生李金雪获得哈尔滨工业大学优秀硕士毕业论文。

三、教师队伍

化学系现有教师 21 人，其中教授 6 人，副教授 13 人，博士生导师 9 人，教师博士化率达到 100%，95% 的教师有长期海外留学经历，1 人入选教育部新世纪优秀人才计划。

孙建敏
系主任
教授/博导

刘杨
系党支部书记
副教授/博导

盛利
系副主任
教授/博导

赵立彦
系副主任
副教授

许宪祝
教授/博导

王炎
教授/博导

杨丽
教授/博导

张家旭
教授/博导

崔放
副教授/博导

周欣
副教授/博导

张潇
副教授

姜艳秋
副教授

赵美玉
副教授

杨玲
副教授

崔铁钰
副教授

李德凤
副教授

张国旭
副教授

张莉
讲师

来华
讲师

高国林
讲师

刘妍
工程师

化学系现任教师

历任教师有夏吾炯、杨超、史雷、陈谦、南广军。

第十节　学院教学实验中心发展史

化工与化学学院教学实验中心面向化工、化学、材料、环境、生命科学等学科，开展基础化学实验教学、大学生创新研修实践课程、本科生科技创新实践以及实验教学改革和人才培养；中心以争创国内一流实验中心为目标，是集教学、实践和创新于一体的化学实验基地。

一、中心的创建及发展

作为一所研究型大学,哈尔滨工业大学一贯注重本科生的实验教学和工程实践能力的培养。为了加强和优化教学资源整合与配置,满足培养现代化学化工创新人才的需要,在时任应用化学系主任徐崇泉的积极倡导下,在原普通化学、无机化学、分析化学、有机化学、物理化学和化工原理六个实验室的基础上于1996年组建成哈尔滨工业大学化学实验中心。化学实验中心的成立,不是原有实验室的简单组合,而是站在学科与人才培养的整体高度上进行整合。

进入21世纪,学校全面启动了化学实验教学示范中心的建设,并严格按照国家实验教学示范中心建设的标准进行软硬件建设。在建设过程中,实验中心利用世界银行贷款项目、"211"项目经费、"985"项目经费及学校实验室建设专项资金,对本科生实验教学的仪器与设备进行了全面更新,改善了实验台、通风系统等硬件设施与环境条件,为创新人才的培养提供了可靠的保障。

1999年,实验中心从老化学楼搬迁至新建的理学楼5~7层,实验室软硬件设施得到了极大改善。

1999年,实验中心首批通过黑龙江省教委"双基"实验室评估。

2008年,获批化学国家级实验教学示范中心。

2016年3月,实验中心并入化工与化学学院。

2017年,实验中心搬进明德楼。现有仪器1 894台套,固定资产2 076万元,建筑面积4 408平方米,每年进行实验的学生人数超过3 000人。

二、教学成果

成立之初,在实验室教学方面取消了原来依附无机化学、分析化学、有机化学、物理化学、仪器分析的实验课程,独立设置无机化学实验、分析化学实验、有机化学实验、物理化学实验和仪器分析实验。每门实验制定独立的实验教学大纲,形成一个目标明确、层次分明、系统完整的实验教学体系。同时制定严格的考核制度,增加了实验笔试考试,通过考核督促学生认真对待每一次实验,培养学生自主设计实验、解决实际问题的综合能力。

1996年开展将教师最新科研成果转化为教学实验的尝试,并不断改进和完善。例如,韦永德的科研项目"稀土特殊共渗热处理新技术"获1990年国家发明二等奖,1996年

该成果被转化为“稀土对金属表面多元渗”实验(工科大学化学实验);“电极用β-$Ni(OH)_2$纳米材料的制备”实验(工科大学化学实验)来源于韩喜江的国家自然科学基金项目(2002年)“纳米氢氧化镍在球形氢氧化镍中掺杂电化学作用机理研究”。将教师高水平科研成果引入实验教学,提升了实验课的水平,使学生体验到实验教学和科学研究的紧密结合,有助于学生尽早接触科研课题并从实验学习到科研实践平稳过渡。

从2000年开始,实验中心在基础化学实验教学中进行了一系列教学改革,例如“物理化学实验”实现了一人一组,这在全国的工科院校是首次尝试。因“物理化学实验”所用的仪器设备不仅价格较高、种类繁多,而且实验准备比较烦琐、工作量大,国内高校均为两人一组进行实验。哈工大这种一人一组的实验教学方式对于提高学生的动手能力、培养学生独立解决问题的能力等显然是十分有利的。在实验教学内容上,加强理工结合,增加理科实验内容的比重,例如在“物理化学实验”中新引入了测定“分子极性”和“配合物中心离子外层电子结构”的两个理科特点比较突出的实验。

“现代仪器分析实验”开设的实验内容主要结合世行贷款购置的大型仪器开设了17个实验,通过该课程的学习,学生可以了解色谱-质谱联用仪、X-射线粉末衍射仪、液相色谱、气相色谱、DSC示差扫描量热仪、全自动比表面及孔隙度分析仪等大型仪器设备的使用,掌握这些仪器设备的操作方法及应用领域,对培养适应21世纪科技发展的高技能人才有很大的帮助。为了提高学生的操作能力,该实验课采取分组实验,即将每个班级的学生分成5~6个小组,每组4~6人。实验时可以保证2~3人使用一台大型仪器。这种实验教学方式,虽然使得教师的工作量增加了5~6倍,但学生独立的操作机会增多,实验教学效果和教学质量明显提高。

2001年中心主任韩喜江被评为哈尔滨工业大学“专兼职先进工作者”,2003年被评为哈尔滨工业大学“三育人”标兵,2004年“大学化学”(含实验)被评为国家精品课程,2005年韩喜江被评为黑龙江省“三育人”先进工作者。

2002—2008年中心教师先后承担省部级和校级教学改革项目8项。2002年,刘新荣“探索实验室有效管理的实践”、周育红“备受大学生瞩目的化学新实验钛酸钡纳米粉的制备”和韩喜江“工科大学化学实验教学改革的若干考虑和做法”,分别获得黑龙江省优秀高等教育科学研究成果一、二、三等奖。在教材建设方面,2003年李欣主编的《化学信息学》,2004年韩喜江主编的《物理化学实验》,2008年韩喜江主编的《现代仪器分析实验》和孟祥丽主编的《现代化学基础实验》,相继在哈尔滨工业大学出版社正式出版;中心教师在《大学化学》等刊物上发表教学论文20余篇;指导本科生科技创新10余项。实验中心迎来了飞速发展的十年,硕果累累,2008年“基础化学综合实验”被评为省级精品课程,同年中心获批“化学国家级实验教学示范中心”。

为了适应国家重大需求，特别是突出哈尔滨工业大学的国防和航天特色，中心开设的设计性和综合性实验尽可能反映国防、航天、材料和能源等学科的内容。为了使学生学习和掌握化学研究方法与现代实验技术在国防领域和高新科技学科中的应用，中心实验课程设置打破专业界限、学科界限，使设计性和综合性实验成为跨学科、多技能的综合训练手段。以物质制备为主线，以基本操作、基本技能和科学研究方法的训练为基本教学内容，充分体现了“合成—化学分析—物性检测”这一化学研究的基本规律。在实验教学过程中还引入多媒体教学等现代化实验教学手段，同时实施开放式教学管理模式。利用中心网站，建立了“化学实验预习系统”“化学实验选课系统”“化学实验成绩计算机辅助考核评价系统”。为了增强实验室的教学气氛，指导学生实验，还在实验室中布置了以实验原理、操作和注意事项为基本内容的实验展板。利用虚拟现实技术，采用 MLabs 移动终端进行虚拟仿真实验教学，逼真的实景操作、强烈的视觉冲击极大地激发了学生的实验兴趣。

近十余年，中心在韩喜江、李欣主任带领下，教学改革成果显著，中心人员承担校级以上教学研究项目 10 余项，2009 年周育红主持的“工科大学化学实验电化教学片与 CAI 课件一体化的研制”获得黑龙江省高等教育教学成果二等奖；2011 年，韩喜江主持的“国家级化学实验教学示范中心建设与创新人才培养”，荣获黑龙江省高等教育教学成果一等奖；2018 年李欣主持的“一体两翼实践教学体系构建与创新创业人才培养模式探索”获黑龙江省高等教育教学成果二等奖。2018、2019 年李欣主持的“化学实验室安全虚拟仿真实验项目”和“TATB 炸药合成虚拟仿真实验”获批省级虚拟仿真实验项目；2019 年李宣东主持的“基础化学综合实验虚拟仿真云平台建设”、2020 年周丽主持的“化学实验室安全虚拟仿真实验项目”获得教育部产学研教学研究项目。2019 年，“仪器分析实验”评为哈尔滨工业大学“线上线下混合式”一流本科课程。

2010 年之前，实验中心导师招收的硕士研究生分别隶属于原应用化学系设置的“工业催化”“化学工艺”“物理化学”和“无机化学”等学科点。2010 年中心设有“分析化学”硕士学科点，现有博士生导师 1 名，硕士生导师 4 名。自 2005 年以来，实验中心为研究生开设“固体化学”“化学信息学”“分子设计原理与应用”“物质结构及组成分析实验”和“分析化学前沿讲座”等课程。已毕业博士研究生 20 余人，硕士研究生 100 余人。

三、科研成果

2004 年王炎主持黑龙江省攻关项目“新型光催材料介孔 TiO_2 的自组装与应用”，2005 年李欣主持国家自然科学基金面上项目“水处理过程的催化臭氧化催化剂的分子设

计研究”,2006—2010 年韩喜江相继主持总装预研项目“薄膜型＊＊＊＊吸波材料的研究”和国家自然科学基金面上项目“抗 EMI 用纳米铁磁性材料/聚合物复合多层膜及其吸波机理”和“复合纳米 M 型铁氧体宽频吸波材料的可控制备及吸波规律”项目等课题。2006—2008 年,王靖宇、杜耘辰、徐平分别承担了国家自然科学基金青年项目、哈尔滨工业大学优秀青年教师培养计划、中国博士后基金以及高等学校博士学科点专项科研基金等多个基金项目,为中心的科研发展做出了一定贡献。2006—2008 年,李宣东、周育红、孟祥丽分别承担黑龙江省自然科学基金项目。2015 年周丽主持黑龙江省博士后基金“功能模拟铁氢化酶活性中心催化光分解水制氢”和理学创新研究发展培育计划“可见光驱动二氧化碳还原为甲酸的反应研究”。近些年,李欣主持多项国家和黑龙江省自然科学基金、教育部功能无机材料化学重点实验室、城市水资源与水环境国家重点实验室、理学创新和理工医交叉学科基础研究等科研项目,实验中心发表科研论文 300 余篇。

实验中心科研取得了长足的发展,并获得多项省部级奖励。2003 年,李欣参与的“给水设施新型无毒防腐涂料”课题获得黑龙江省科技进步三等奖;2007 年韩喜江主持的“电动车用镍氢和铅酸电池材料研究”获得黑龙江省自然科学二等奖;2014 年李欣主持的“分子印迹聚合物的设计、组装及应用”获得黑龙江省科学技术二等奖,2017 年李欣主持“石墨烯/纳米管基复合材料的分子设计、组装及应用”获得黑龙江省科学技术二等奖。

四、实验中心大型仪器和设备

实验中心自成立以来先后获得世界银行贷款、“211”工程、“985”重点建设和教学实验室改造项目等资金的资助,使实验室的软硬件环境得到了较大的改善。中心配备色谱仪(安捷伦气质联用仪、高效液相色谱,瓦里安气相色谱)、尼高力傅里叶变换红外光谱仪、紫外可见光谱仪、荧光光谱仪、英国雷尼绍 Renishaw 拉曼光谱仪、Quantachrome 四站全自动比表面积和孔径分析仪、英国马尔文激光粒度仪、Lakeshore7404 振动磁强计、普林斯顿电化学综合测试仪、太阳能电池量子效率检测仪、太阳光模拟器、戴尔高性能服务器等大型仪器设备。为了适应新形势下教学需要,中心建立了多个跨课程、多层次、多功能的多媒体综合实验室和虚拟仿真实验室,并构建了网络化的实验教学平台。中心集教学、科研、实践创新和对外测试于一体、在东北地区和国内高校中起到了示范和引领作用。

五、人才培养

中心先进的教学理念和“一体化，多层次，开放型”的新型化学实验教学体系为提高实验教学质量和水平奠定了坚实的基础，在创新人才的培养过程中取得了明显的成效。

中心与学校教务处合作设立了“哈尔滨工业大学本科生化学实验创新研究基金”，在全校范围内开展“化学竞赛”活动，使学生的文献收集能力、思维能力、分析解决问题能力和创新能力有了明显的提高。在2014—2019年连续六届卓越联盟“卓越杯”大学生化学新实验设计和化学实验技能竞赛中，获得一等奖4项，二等奖5项。2019年，李欣指导的紫丁香团队获“首届全国大学生化学实验创新设计竞赛”二等奖。

实验中心培养的张鹏、马文杰、张文媛、李凯同学曾获得哈尔滨工业大学优秀硕士研究生金、银奖荣誉称号。

目前为“龙江学者”的徐平，本硕博就读于哈工大应用化学系，其博士论文《导电聚合物及其纳米复合材料的制备和性能研究》入选哈尔滨工业大学第十三届优秀博士论文，导师为韩喜江。

六、教学科研成果汇总

1. 教学研究项目及获奖情况

2002年，探索实验室有效管理的实践，黑龙江省优秀高等教育科学研究成果一等奖，负责人：刘新荣。

2002年，备受大学生瞩目的化学新实验钛酸钡纳米粉的制备，黑龙江省优秀高等教育科学研究成果三等奖，负责人：周育红。

2002年，工科大学化学实验教学改革的若干考虑和做法，黑龙江省优秀高等教育科学研究成果三等奖，负责人：韩喜江。

2003年，绿色化学实验与创新教育，省优秀高等教育科研成果二等奖，负责人：李宣东。

2006—2008年，理工结合实验教学改革研究，黑龙江省新世纪高等教育教学改革工程立项，负责人：韩喜江。

2008年，基础化学综合实验，黑龙江省普通高等学校本科精品课程，负责人：韩喜江。

2009年，工科大学化学实验电化教学片与CAI课件一体化的研制，黑龙江省高等教

勤力同心 笃行致远

育教学成果奖二等奖,负责人:周育红。

2018—2023 年,化学实验室安全虚拟仿真实验项目,黑龙江省虚拟仿真实验教学项目,负责人:李欣。

2018 年,“一体两翼”实践教学体系构建与创新创业型人才培养模式探索,黑龙江省高等教育教学成果二等奖,负责人:李欣。

2019—2020 年,“基础化学综合实验”虚拟仿真云平台建设,教育部高等教育司,负责人:李宣东。

2019—2024 年,TATB 炸药合成虚拟仿真实验,黑龙江省虚拟仿真实验教学项目,负责人:李欣。

2. 承担的科研项目及获奖情况

2003—2005 年,纳米氢氧化镍在球形氢氧化镍中掺杂电化学作用机理研究,国家自然科学基金面上项目,负责人:韩喜江。

2004—2005 年,新型光催材料介孔 TiO_2 的自组装与应用,黑龙江省攻关,负责人:王炎。

2005 年,给水设施新型无毒防腐涂料,黑龙江省科技进步三等奖,负责人:李欣(第三完成人)。

2005—2007 年,水处理过程的催化臭氧化催化剂的分子设计研究,国家自然科学基金面上项目,负责人:李欣。

2006—2010 年,薄膜型＊＊＊＊吸波材料的研究,总装预研项目,负责人:韩喜江。

2006—2008 年,液相沉积法制备负载型光催化剂的制备与性能研究,黑龙江省自然科学基金项目,负责人:李宣东。

2007 年,电动车用镍氢和铅酸电池材料研究,黑龙江省自然科学二等奖,负责人:韩喜江。

2007—2007 年,抗 EMI 用纳米铁磁性材料/聚合物复合多层膜及其吸波机理,国家自然科学基金面上项目,负责人:韩喜江。

2008—2009 年,低温构筑零维/一维纳米晶体异质结构与光催化性质,中国博士后基金项目,负责人:王靖宇。

2008—2010 年,复合纳米 M 型铁氧体宽频吸波材料的可控制备及吸波规律,国家自然科学基金面上项目,负责人:韩喜江。

2008—2010 年,海水电解质铝燃料电池阳极缓蚀剂的研究,黑龙江省自然科学基金项目,负责人:周育红。

2008—2010 年,含噁唑环聚酰亚胺的合成及性能研究,黑龙江省青年基金项目,负责人:孟祥丽。

2008—2010 年,配水管网水质保障技术,国家“863”计划项目,负责人:袁一星,李欣。

2010—2012 年,新型零维/一维复合氧化钛的低温可控制备与性能,高等学校博士学

科点专项科研基金项目，负责人：王靖宇。

2014 年，分子印迹聚合物的设计、组装及应用，黑龙江省科学技术二等奖，负责人：李欣。

2015 年，功能模拟铁氢化酶活性中心催化光分解水制氢，黑龙江省博士后基金项目，负责人：周丽。

2016 年，用于水环境中有机微污染物检测、具有高灵敏度和高信噪比的虚拟分子印迹与表面增强拉曼散射联用技术的研究，国家自然科学基金青年项目，负责人：周丽。

2017 年，石墨烯/纳米管基复合材料的分子设计、组装及应用，黑龙江省科学技术二等奖，负责人：李欣。

3. 教材出版情况

2008 年，《现代仪器分析实验》，哈尔滨工业大学出版社，主编：韩喜江。

2008 年，《现代化学基础实验》，哈尔滨工业大学出版社，主编：孟祥丽。

2004 年，《物理化学实验》，哈尔滨工业大学出版社，主编：韩喜江。

1996 年，《普通化学学习辅导》，黑龙江教育出版社，主编：韩喜江。

七、教师队伍

目前，中心拥有一支年龄、学历、学缘、职称结构合理，爱岗敬业，且相对稳定的实验教学队伍；现有专职人员 10 人，其中，教授 1 人，高级工程师 6 人，工程师 3 人。他们是：李欣、王进福、刘新荣、周育红、李宣东、张彬、周丽、梁志华、文爱花、张红霞。

曾经在中心工作的教师有：尤宏、吕祖舜、田太芬、孙阿喆、王郁萍、牟云秋、韩喜江、王炎、孟祥丽、王靖宇、杜耘辰、徐平。

李欣
教授/博导

王进福
高工/硕导

刘新荣
高工

周育红
高工/硕导

李宣东
高工/硕导

张彬
高工/硕导

周丽
高工

梁志华
工程师

文爱花
工程师

张红霞
工程师

实验中心现任教师

历年担任中心主任和副主任人员如下：

尤宏
主任
（1996—1999）

吕祖舜
副主任
（1996—1999）

韩喜江
主任
（1999—2012）

王炎
副主任
（1999—2012）

李欣
副主任
（1999—2012）

吴晓宏
主任
（2012—2016）

李欣
常务副主任
（2012—2016）

王进福
副主任
（2012—2016）

李欣
主任
（2016 年至今）

王进福
副主任
（2016 年至今）

实验中心历、现任领导

第十一节　科研平台与重点实验室

2017 年秋季学期，为促进学院学科建设及推进国家及省部级重点实验室和工程中心建设，同时为贯彻落实《国务院关于国家重大科研基础设施和大型科研仪器向社会开放的意见》，促进科研设施与仪器开放共享，切实提高科技资源配置和使用效率，加强仪器设备的物联网及信息化管理，更好地为科技创新和社会服务，学院成立化工与化学学院重点实验室与科研平台。

一、科研平台

化工与化学学院重点实验室与科研平台成立后，在院系各级领导协调推进下，于 2018 年 3 月正式面向全院师生开放。重点实验室与科研平台现有实验室面积约 1 300 平方米，40 万元以上的大型科研设备 96 台（套），固定资产总值 8 400 多万元。目前，平台拥有 500 万元以上设备有 X 射线光电子能谱仪（分辨率为 0.48 eV）和 400 MHz 固体核磁共振波谱仪；300 万元以上设备有高精度四极杆飞行时间液质联用仪和场发射扫描电镜。

2019 年暑假，为推动大型仪器设备的开放共享，学校启动共享平台建设工作（一期工程投入 300 多万元），将化工与化学学院选为首批大型科研仪器开放共享试点单位，并委托上海万欣科技公司对化工与化学学院所辖大型科学仪器设备进行资源整合、分类统计和共享系统的安装调试，为化工与化学学院科学仪器资源的综合利用提供有力支持。

重点实验室与科研平台自 2018 年 11 月以来陆续调入专职设备管理人员 7 人，现有专职人员 11 人，副高职以上 5 人，具有博士学位 4 人。重点实验室与科研平台成立一年多来，利用检测资金对 7 台大型设备进行了维修和配套附件的更换，并对部分设备进行升级改造。

化工与化学学院科研平台历、现任负责人：

第一任：卢卫红（2017—2020），教授，博士生导师。

第二任：杜耘辰（2020 年至今），教授，博士生导师。

科研平台管理人员：鲁兆新、李琳、张军政、刘巧红、李冰、苟宝权、李大志、张丹、郭芳、王春燕、罗成飞。

卢卫红
教授/博导/首任负责人

杜耘辰
教授/博导/现任负责人

鲁兆新
高级工程师

李琳
副教授

张军政
高级工程师

刘巧红
高级工程师

李冰
博士/工程师

苟宝权
博士/工程师

李大志
博士/工程师

张丹
博士/工程师

郭芳
工程师

王春燕
工程师

罗成飞
工程师

科研平台现任教师

勤力同心 笃行致远

二、重点实验室

目前学院拥有的 6 个重点实验室见下表。

序号	实验室类别	实验室名称	批准部门	批准年	负责人
1	工信部重点实验室	新能源转化与存储关键材料技术工业和信息化部重点实验	工业和信息化部	2015	黄玉东

续表

序号	实验室类别	实验室名称	批准部门	批准年	负责人
2	国家地方联合工程实验室	极端环境营养分子合成转化与分离技术国家地方联合工程实验室	国家发展与改革委员会	2016	卢卫红
3	省部级重点实验室/中心	黑龙江省天然石墨加工新技术与高端应用工程技术研究中心	黑龙江省科技厅	2013	黄玉东
4	省部级重点实验室/中心	新能源材料界面化学与工程黑龙江省重点实验室	黑龙江省科技厅	2010	黄玉东
5	省部级重点实验室/中心	黑龙江省空间表面物理与化学重点实验室(备案)	黑龙江省科技厅	2017	吴晓宏
6	省部级重点实验室/中心	寒地资源食品质量安全与极端环境营养黑龙江省工程实验室	黑龙江省发展和改革委员会	2009	卢卫红

第十二节　学院办公室与学工办教师

历、现任学院办公室人员名单(按任职时间排序):靳凤琴、孙月秋、王其瑞、邓玉莲、靳秀华、唱际高、林秀玉、李水成、崔秀文、刘玉梅、周丽生、石绍君、姜丽芳、张宝山、于晓辉、刘丹青、吴洁、张继峰、田庆彬、王晶、吴宁、郭威、孟慧、丛培琳、张海玲、鞠悦、王艳芳、吴婉琼、罗景一、孙紫琳。

王晶
院办主任
人事秘书

吴宁
人事秘书

郭威
行政秘书

孟慧
行政秘书

丛培琳
硕士教学秘书

张海玲
专职组织员

鞠悦
行政秘书

王艳芳
博士教学秘书

吴婉琼
本科教学秘书

罗景一
外事/科研秘书

孙紫琳
研究生教学秘书

学院办公室现任人员名单及任务分工

历、现任学生工作办公室人员名单：

2008 年化工与化学学院成立前：

应用化学系：王福平、张继海、邵延滨。

理学院：邓斐今、杨涛、吴松全、孙雪、岳会敏、黄鹰航、王振波、王志江、徐阳、徐晶、何晶、张博强、刘洋。

2008 年化工与化学学院成立后：

专职：刘铭辉、王玉楠、贺金秋、李佳杰、李宏涛、赵越、曲帝吉、石英辛、杨雨茗、张雪松、林洋恺、刘志威。

兼职：李硕、高金龙、任晓慧、白钰莹、廖洁、张胜涛。

李宏涛
工信部借调

杨雨茗
学工办主任/
学工秘书

张雪松
团委负责人

林洋恺
宣传助理

刘志威
学生党建
中心负责人

学生工作办公室现任人员名单及任务分工

第三章

教师和校友感言

1920
哈 工 大

100th
ANNIVERSARY

哈爾濱工業大學
HARBIN INSTITUTE OF TECHNOLOGY

1920-2020

第一节 教师感言

五十载耕耘，半世纪收获

徐崇泉

徐崇泉，男，教授，省教学名师，1962 年毕业后留校任教，主要从事基础化学的教学工作。曾任全国高校工科化学教学指导委员会委员、高等学校化工类及相关专业教学指导委员会委员、哈工大基础学科教学带头人、中国硅酸盐学会晶体生长与材料专业委员会委员，黑龙江省化学学会理事，黑龙江省化工学会理事。

在哈工大这 50 多年，生活、学习和工作总体来说是顺利的。但也有曲折，生活上最大的挫折是 2007 年得了急性心梗。由于平时忙于工作，生活不规律，缺少锻炼，得病后在重症监护室待了 10 天，出院后按照医生的嘱托注意生活规律，适当锻炼，坚持十多年，身体恢复得不错。我的教训应该引以为戒。工作上比较大的困难是开新课！因为培养研究生的需要，系里让我开一门表面化学课。这门课国内开设得很少，我为此查阅了大量国内外参考资料，经过几个月的努力终于开出了这门课。这使我坚信只要确定目标，

通过自己坚持不懈的努力总会达到目的！

在学习上我最大的收获是去北大进修量子化学，聆听了北大两位著名院士徐光宪、唐有琪的课，弥补了物理和数学方面的不足，为我回哈工大后开设一些新课打下了良好基础。

最后对系里和青年教师提几点建议和希望。首先希望系里根据不同教师的特点进行培养，发挥专长，并在学校的各种奖项上能有所突破！希望年轻教师打好基础，有机会可以在国内名校进行进修，以提高教学水平。其次基础课教师一定要搞科研，这样你在讲基础应用时才更有说服力，更能吸引学生。希望年轻教师也要注意保重身体。生活一定要有规律。最后如果哪位青年教师希望我在教学上给予帮助，可以和我联系，我一定会尽力的。

春风化雨四十载　桑榆为霞尚满天

强亮生

强亮生，男，教授，省教学名师，1978 年毕业后留校任教，主要从事大学化学、结构化学的教学工作和功能新材料的研究工作。曾任教育部非化学化工类教指委委员、黑龙江省化学会副理事长兼无机普化专业委员会主任、哈工大基础学科教学带头人、总装备部“八五”某领域专家。

在哈工大忙忙碌碌几十年，付出不少，也得到许多，所经所历颇值得回忆和总结。从 1978 年 10 月大学毕业分配到哈工大至 2019 年 9 月退休，我在这所边疆名校工作了整整 41 年，还在职攻读了硕士和博士学位，可以说我一生中关键的节点和大部分时光是在哈

工大度过的。如果用一句话来总结我与哈工大，与其说是我的毕生献给了哈工大，倒不如说哈工大培养了我的一生。我发自内心地感谢哈工大，感谢化工与化学学院，感谢应用化学系和同志们。

说实话，起初我是带着好大的不情愿和无奈"北上"的，好在去的是驰名中外的哈工大。来哈工大报到是我首次出远门，幸运的是学校派专人来接，连托运的行李都是基础部派人取回的。当时有许多的不适应，可很快这些客观的不习惯便被学校的人文关怀和单位的人情味给冲淡甚至淹没了。记得一场秋末大雪给毫无准备的南方教师来了个下马威，我们几位外地新来的小教师因不适应生病了，化学教研室的书记、主任和一些年长的教师送上家长般的关心，甚至把一些吃喝急用送到床前。在补课学习和助课过程中遇到问题，总是没完没了地向主讲教师和几位德高望重的前辈请教，他们总是循循善诱，不厌其烦，我们每每都能得到到位的指导和答复。说真的，哈工大方方面面的关怀和同志们实打实的友爱和帮助使我深深感到了大家庭般的温暖，从而稳定了留在哈工大努力学习和工作的思想，下定了继承和发扬"老普化"光荣传统和精神的决心，坚定了关心和培养青年教师搞好课程和团队建设的信心。以至退休了还一直惦记着大学化学课程的改革和应化专业的发展，只要单位有任务，同志们有难题，自己家事再忙，也会放下手头事情全力配合完成。我想这便是大家庭"暖心效应"的折射。

几十年来，哈工大的老师们都有一个共同的理解："规格严格"是过程控制，要求严谨踏实、按章施教；"功夫到家"是目标控制，要求质量过关、水平到位。哈工大的规格严格和功夫到家是有基础的，也是一贯的。"规格严格，功夫到家"的校训不仅体现于对学生的培养，而且还体现于对教师的管理。"竞争机制和流动机制"一直是哈工大的特色体制，也是哈工大师资队伍建设的有效保证。

人活着要实现自我价值，而自我价值要通过做事来实现。做事首先要学会做人，做人要有高度、有原则，不可虚伪，不能放纵，要注意行为规范。中华民族有数千年的文明史，文化渊源深厚，尤其是孔孟之道，乃从教之精华，焉能不守。做人要有胸怀、有气量，一切从大局出发，向前看，往大想，不可过分在意恩怨纠葛，名利得失，力求不以物喜，不以己悲。做人要实事求是，积极进取，有为方能有位，但不能为位而为，而应该为业而为。

勠力同心 笃行致远

真材实料，化学人生

陈 刚

陈刚，男，教授，1984 年毕业后留校任教，主要从事能量转换材料化学领域（太阳能光催化材料、电催化与光电催化、先进电池电极材料等）的研究工作。近 5 年在 *Angew. Chem. Int. Ed.*、*Adv. Mater.*、*Energy Environ. Sci.*、*Nat. Chem.* 等杂志上发表 SCI 论文 120 余篇，IF 大于 10 的 53 篇，ESI 前 1% 高被引论文 9 篇，他引逾 6 000 次，H 因子为 42。

记得一位名人曾说过：“花的事业是尊贵的，果实的事业是甜美的，让我们做叶的事业吧，因为叶的事业是平凡而谦逊的。”成为绿叶正是教师的责任与担当。我作为一名被母校哈工大培养起来的“老教师”，在材料化学专业的一步一步成长历程也见证了“工大材化人”甘为绿叶培育学生开花结果所做的努力。

哈工大的材料化学专业是在原有基础化学教研室的基础上组建而成的理工结合、学科交叉的新专业，2002 年开始招生。专业组建初期既无专业教学经验，又无专业实验室，可谓“白手起家”。2003 年我从日本留学归国返校，刚好负责承担了材料化学专业的建设工作。当时在哈工大“老牌”“名牌”专业强手如林的环境下，如何打好材料化学专业这张“新牌”就成为我们这些基础课“教书匠”的首要任务。要想不掉队并赶上甚至超过实力较强的老专业，就必须凝练优势，找到“突破口”。经过同专业骨干教师的反复讨论、研究，决定这个“突破口”就从培养本科生的“科技创新”能力做起。我们发挥基础课教师的理论优势和归国留学教师的科研优势，提出了在专业建设上教学科研“两手抓、找互补、促创新”的建设思路，确定了以能源材料化学为特色的专业方向和全新的专业教学大纲，在学校和学院的支持下创建了材料化学实验室，经过不到 3 年时间的建设，材料化学专业在当时全校新专业评估中名列前茅。

基于上述育人理念和实践，哈工大材料化学专业始终把对学生科技创新能力的培养

作为专业建设的一项重要内容，并通过科技创新活动推进专业的可持续发展和拔尖创新人才的培养。经过十几年的实践，逐渐形成了以培养学生创新意识和创新能力为特色的专业优势，并将其融入教学、科研和人才培养过程中。通过教学培养学生的创新思维，通过科研培养学生的创新能力，"教研"结合、"科教"融合已成为材料化学专业人才培养的共识。从哈工大材料化学专业的第一届学生开始，参加大学生创新创业活动的比例就一直在90%以上。近年来，专业教师指导大学生创新创业训练计划立项100余项，其中国家级项目20余项。创新能力的培养为学生们的人才成长之路奠定了坚实的基础。

同时，在贯通式人才培养模式下，材料化学系的本科和研究生培养质量也得到了显著提升。根据本科阶段学生表现出的能力、优势和兴趣，在量体裁衣、分类培养的指导思想下，材料化学系从2006年首届毕业生开始，在短短十几年的时间里，培养出了包括中国青少年科技创新奖、黑龙江省优秀硕士学位论文、全国百篇优博提名奖获得者在内的优秀创新型人才。

社会发展日新月异，时代呼唤创新教育。回顾材料化学专业的发展和创新人才培养的过程，就是为适应国家创新强国发展战略需求，以学生为主体，通过创新思维和创新能力的培养，为他们提供更坚实、广阔发展平台的过程。其中教师作为绿叶，承担着支撑、导向和给养的任务，而最终让学生绽放出灿烂的花朵、结出丰硕的果实才是我们的根本职责。

作为一名从教36年的教师，我对哈工大、对材料化学专业有着深厚感情和无限的期望，在剩余的教学生涯，我将竭尽所能，为培养信念执着、品德优良、知识丰富、本领过硬、具有国际化视野、引领未来发展的创新人才、为哈工大材料化学专业的发展贡献自己的微薄之力。

第二节 校友感言

挚爱母校

张英杰

张英杰，女，二级教授，博士生导师，电化学1980级本科、1984级硕士毕业生，现任昆明理工大学党委书记。国务院特殊津贴获得者、云南省有突出贡献的优秀专业技术人

才、云南省中青年学术和技术带头人、云南省高等学校教学名师。

一世纪规格功夫,新百年世界一流。在母校哈工大百年校庆前夕,受邀书写在哈工大学习的体悟与感受,笔端有千言万语,胸中有万种柔情,眼前有历历画面,心底有深深眷恋。哈工大的7年岁月,是我人生中最美好、最纯粹、最深刻、最无忧的时光。1980年9月,我与哈工大结缘于电化学工程专业,忆往昔峥嵘岁月,在我离开哈工大30多年的日子里,我经常想念校园,想念老师,想念同窗校友,想念那充满激情的青春岁月。可以说,我这一生中一个最重要、最正确的选择,就是进入哈工大学习。哈工大是我永远的精神家园和美好的心灵故乡,是我永远挚爱的母校!

母校哈工大诞生于国家危亡、民族危难、救国图存的关键时期,自诞生之日起就与国家兴衰共存亡、与民族命运共浮沉。始终坚持立足航天、服务国防、面向国民经济建设主战场的办学定位,在国家的航天航空事业上创造了无数个“第一”和诸多奇迹。从新中国“工程师的摇篮”,到今天享誉全球的理工强校、航天名校,在伴随共和国成长的70多年峥嵘岁月里,国家每一次重点建设高校名单哈工大都位列其中。我始终深以哈工大人为荣,始终深以哈工大人为傲! 光阴流转,岁月如歌,抚今追昔,感慨万千。

哈工大具有远见卓识,开拓进取。哈工大的专业设置非常超前,我所就读的电化学工程专业作为交叉学科,当时全国只有六所高校开设,这在当时是最具开拓性的,在现在看来也是非常有远见的。那时刚恢复高考不久,学校缺少正规教材,教材数量不够,上一级的师兄师姐们就把他们用过的教材赠送给我们,我们又把我们用过的教材赠送给下一级的师弟师妹们,就这样一代一代地接续传承。看到教材上那未曾谋面的师兄师姐的笔迹,既感到温暖,又充满动力,更重要的是凝聚其中的哈工大情结和哈工大力量推动着母校不断创新,不断前进;哈工大的国际交流起步很早,在我读书的时候,就经常会有国际交流的学生到校访问,老师们就安排我们与外国留学生交流,既提升外语水平,也让我们在信息并不发达的年代了解中国以外的世界,为我们放眼看世界、拓宽国际视野开启了“开放门户、开放心胸、开放思想”之门。母校建校90周年校庆庆祝盛典上,与学校有合作办学关系的百所外国高校校长组成了入场式,为母校庆生,这体现了母校国际化办学的成就和传承,也让哈工大学子能够身在哈工大,胸怀祖国,放眼世界;哈工大的考试方式独特创新,我记忆最深的就是大学物理采取口试的方式,这在当时来说,既有新意,又极具挑战,既很好地检查了我们的专业知识,也提升了我们的临场反应能力、应变能力和表达能力,让我们在今后的工作中都受益匪浅。母校哈工大的远见卓识、开拓进取一直激励着我不断挑战自我、追求卓越。

哈工大注重实践,学风优良。我非常清楚地记得,无机化学实验课电池部分,我们是

自己到实验室组装电池，然后再用自己组装的电池点亮灯泡。当我的灯泡被自己组装的电池点亮的时候，我真是欣喜若狂。电池点亮了灯泡，也点亮了我对科研的兴趣和爱好；我所在的电化学工程专业非常注重学生动手能力的培养，实验课程是教学的重要内容，我们有个人实验、小组实验、分组实验，在一次次的实验中我们验证原理、探索实践，既提升了动手能力、增强了实践本领，也加强了同学之间、组与组之间的团结与合作；哈工大拥有良好的学风，多年来，我心中一直珍藏着一幅画面，那就是每天清晨，大家都早早起床去操场上跑步锻炼，吃过早餐后就三五成群，大声晨读外语，无论酷暑严寒，从不间断。这成为哈工大校园里一道无比亮丽的风景线，也成为我心目中关于奋斗的青春最美好的记忆！

哈工大以人为本，关爱师生。我还记得，哈工大的学生在大一这一年是单独拥有一个小教室的，从大二开始同学们就可以自由选择不同的教室进行自习。这样，既可以营造集体学习氛围，使同学们尽快适应大学生活，不至于太想家，也可以督促同学们养成良好的学习习惯；生日是每个人最重要的节日，哈工大像母亲一样关注我们的生日。每位同学过生日的时候，名字都会出现在学校食堂的黑板上，学校还会为每位过生日的同学精心准备一碗生日面，其中的关爱与温馨至今难以忘怀；在考试期间，母校会为每位同学增加 6 元钱的伙食补贴，那个年代的 6 元钱是非常珍贵的，为的就是让同学们在课业繁重的期末考试阶段补充营养，好好应对考试；每次期末考试之前，周定教授都要亲自给同学们做考前动员，让我们能够以良好的心态和积极的状态应对考试。事实上，工作三十余年来，人生经历了无数次的考试，甚至是没有答案的大考，在哈工大培养起来的健康的心理基础和积极的应考心态为我赢得人生无数次考试打下了良好基础；还记得母校 90 周年校庆时，四面八方的校友都返回母校，当年的老师现在已经 70 岁高龄，还专门买来哈尔滨的特产小吃送给我们。那一刻，我再次感受到学子之于母校就是远行的游子，游子回家，母亲就把她朴实无私的爱毫无保留地给了我们；哈工大既关爱学生，也关爱教师。我的导师屠振密教授在新冠肺炎疫情期间就接到系里老师发的问候短信，短信上说学院领导包干关心离退休教师，疫情期间分头了解离退休教师的困难、问题，第一时间给予关心和帮助，这使我深受感动。作为担任过三所大学校长、一所大学党委书记的我也一直秉持着一个理念：教育的本质是爱，没有爱就没有教育。要像孝敬父母一样孝敬学校，像热爱恋人一样爱恋学校，像关爱子女一样关爱学生，像关心亲人一样关心教职工。我想这种理念的形成，一定程度上得益于母校哈工大精神和传统的潜移默化，是我对母校之爱的继承和发扬。母校给予我的浓情厚爱是我一生取之不尽用之不竭的宝贵财富。

哈工大规格严格，功夫到家。记得有一年的期末考试，我的英语成绩只差 0.5 分就可以达到优秀，于是作为英语课代表的我向英语课秦寿生老师求情，看能否给我多加 0.5

分，结果秦老师非常认真地检查了一遍试卷，然后很负责任地告知我：根据卷面答题情况，无误判，所以无论如何都不能再加 0.5 分；还有就是毕业答辩，老师一定会把学生问倒，学习最好的学生也不例外，老师提出的一个个难题，既检验了我们的专业素养，也磨炼了我们的心智毅力，提升了我们直面挑战的能力；还有电化学工程专业那些难啃的“天书”，印象最深的就是利建强教授讲授的物理化学，既难学又难考。还有量子化学，也是难啃的硬骨头。但是老师不会因为这些课程难而降低标准，你必须花费大量时间，以“咬定青山不放松”的坚持和努力去攻克难题；还有分析化学实验课程，老师要求我们制备样品的纯度必须要达到 99.99%，一次达不到就做第二次、第三次……直到达到为止，这种严格的训练对我之后的职业生涯产生了深远的影响。在工作中，我注重精细化管理和 PDCA 管理模式，这得益于母校对我的影响，也是对“规格严格，功夫到家”这一校训的传承。

哈工大人谦逊包容，德高业精。2002 年，我担任昆明理工大学副校长，分管科技产业工作。其间，我带队回母校调研、考察、学习经验。杨士勤老校长热情接待了我和我的同事，与我们开展深入交流，一直持续了一个上午。可以说是知无不言，言无不尽，真诚地给西南边陲的昆明理工大学以深入指导和热心帮助。我想，这既是母校对我这名校友的关怀和礼遇，更是哈工大这所著名学府的谦逊、包容与担当，母校让我感到了人格上的人人平等：处高山之巅不觉得高，位江河之底不觉得低，永远都在地平线上。有一年大年三十，我打电话给我的老师屠振密教授，师母接的电话，我本以为老师应该是在看春节联欢晚会，但是师母告诉我，老师正在写书。老师已经 92 岁高龄，并且获得过中国表面工程行业“功勋人物”称号，可以说在业内已是功成名就，但他依然笔耕不辍、著书立说，我再次被他潜心治学的精神所感动。他的书出版后每次都会赠送给我，让我认真学习。同学们建了一个“屠老师 90 华诞”微信群，屠老师经常会在群中转发一些帮助、关怀、教育学生的推文和信息。一日为师，终生为师。学生虽然已经长大成人、自立门户多年，但在老师心里，我们永远都是他的学生，他也一辈子都在履行老师的责任和义务，随时教育着我们，指导着我们。像屠老师这样德高业精的老先生只是哈工大教师群体的缩影，他们的努力始终激励着我们、鞭策着我们，让我们时刻牢记：老师尚且如此，吾辈更当自强。

…………

关于哈工大的记忆还有很多很多，无法一一用语言表述，但哈工大的精神、哈工大的传承已经深深镌刻在我的身上，并植入我的血液和骨髓。“规格严格，功夫到家”已成为我学习和工作中的思维模式和行为方式。那些哈工大人共同经历和见证的辉煌岁月，依然闪烁着璀璨的光芒，飞扬着永不磨灭的激情与梦想。“我们哈工大人永远是战无不胜的！”，这是 90 周年校庆时杰出校友胡世祥将军掷地有声的呐喊，也是鞭策着我们哈工大

人团结一心、努力拼搏、不断向前的内在力量！

Dream, explore, discover, cooperate, create, and never never never give up！美不磨灭，梦不停歇，追求卓越，永不言弃！我将一生刚正博爱，一世睿智笃行，让哈工大的优良基因在云南红土地的滋养下迸发出强大的生命力量！我将沿着先辈们的足迹逐梦前行，在建功立业的新时代致敬百年哈工大，在中华民族伟大复兴的征程中与所有哈工大人一起续写壮丽篇章！

扎根黔北高原　情系百年工大

魏俊华

魏俊华，男，研究员，电化学1978级本科、1987级硕士、2015级博士毕业生。曾任贵州梅岭电源有限公司董事长、党委书记，现任航天科工十院科技委副主任。全国五一劳动奖章获得者。

1977年，一扇关闭了十年之久的大门徐徐打开，这是历史的拐点。次年，我叩响时代的门环，走进哈工大，从1978年本科入学到2018年博士毕业，这一走就是40年。

1978年8月的一天，在贵州山区的一个小县城里，我在焦急的盼望中接到了大学录取通知书，立即拆开，“哈工大化学电源和电镀专业”映入眼帘，当时是又喜又惊，喜的是十年寒窗苦读，终于能进入哈工大这样的高等学府深造，惊的是自己既没填报这所数千公里外的名校，也不了解“化学电源和电镀”是干什么的，更没想到的是从此便与该专业结下了不解之缘，并为之奋斗了一生。当然这些都是后话，接到通知书后便怀着喜悦的心情，带着满腹的疑惑，经过近一个星期的车马劳顿，只身来到美丽的冰城哈尔滨，开启了充满憧憬的大学生活。

1978年的哈工大和全国各大高校一样，刚刚恢复高考招生，百废待兴，在硬件设施还没准备好，学生宿舍尚未腾出的情况下就迎来了新生入学。同学们被临时安排在电机楼的大教室里住，五六十人一个房间。校园没有围墙，宏伟的主楼与对面的化学楼、物理楼、图书馆隔街相望，大直街上行人和车辆川流不息，大家戏称哈工大为“马路大学”。本科学习期间生活非常艰苦，一个学生每月31斤口粮，70%是粗粮，几乎终日是高粱米饭、苞米面窝窝头和小米粥。尽管如此，同学们非常珍惜这来之不易的学习机会，个个如饥似渴，你追我赶，自觉学习，刻苦学习，创造性地学习。“规格严格，功夫到家”的校训时时鞭策着莘莘学子，同学们上课认真听讲、做笔记，下课做题找老师答疑，有的同学晚上学习到半夜两三点，有的同学四五点钟起来背英语，五六十人的宿舍，此起彼伏，人员进进

出出，门几乎没有关过。走进食堂，人手一本英语书，一边背单词，一边静静排队打饭，成为那个时代一道亮丽的风景线。

我们7867班是“化学电源和电镀”专业（后更名为7872班“电化学”专业）。由于和化学相关，35个同学中竟有两名同学高考化学是满分，这在当时清华、北大也不多见。在东北流行这么一句话：“一清华，二北大，不怕难的考工大”，可见哈工大在东北人心中的地位。顾名思义，熟悉哈工大的人都知道7867是78级6系7专业，而6系是与电相关的专业，因此我们除了要和6系其他专业一起上基础课“高等数学”“普通物理”“电工学”“晶体管电路”“机械制图”“机械设计与加工”“材料力学”“理论力学”等外，各学期还要学习专门的化学（四大基础化学）和实验课。哈工大严谨务实的治学风气，强调学生基础理论、基本概念和基本技能的学习，科学合理的课程设置，培养学生独立工作和解决实际问题的能力，使得哈工大的学生走向社会立刻就能独当一面，不愧为“工程师的摇篮”。

哈工大十分注重教书育人，老师们秉持“严师出高徒”的教学理念，对学生言传身教，严格要求，一丝不苟。特别是专业课老师，把抽象枯燥的理论、概念、公式，通过缜密严谨的逻辑推理和精辟透彻的分析归纳，使教学充满了吸引力，让同学们对专业更加理解和热爱。至今，回忆起卢国琦老师讲的“电极过程动力学”，史鹏飞老师讲的“化学电源工艺学”，胡信国老师讲的“电镀”等等，这些老先生讲课的风采仍历历在目。四年的大学生活紧张、繁忙，偶尔也会放松一下，看看电影，打打排球，很快就到了毕业季，同学们依依不舍地走向各自工作岗位。我被分配到贵州遵义航天部061基地3401厂（后更名为梅岭电源有限公司），是一家专门从事特种化学电源研发和生产的单位。

毕业工作五年之后，1987年在母校的关怀下，我又考回哈工大，攻读硕士学位，师从史鹏飞教授。此时的哈工大，环境条件大大改善，我们7系87研的学生住进了新修的研究生宿舍8舍。然而刚刚开学，学校就宣布一项政策，从我们这届开始试行亮黄牌制度，即考试成绩倒数5%的人亮黄牌，拿不到学位。据说是借鉴“哈佛”的经验，但是确实起到了敦促同学们刻苦学习的效果，8舍的自习室经常是灯火通明，有些同学为完成作业或考试复习，常常是通宵达旦。三年的研究生生活和本科比，可谓是丰富多彩。由于有一定的工作经历，且年龄比应届同学稍长一些，所以班主任王素琴老师和同学们推荐我到研究生总会做学生干部（后任副主席）。当时在校党委卢振环副书记和校团委老师的支持和指导下，体育月、学术月、外语周、社会实践等各种文体活动搞得风生水起，有声有色，同时我们这批学生干部的综合能力也得到了锻炼。然而，最让我难以忘怀且受益终身的是在导师指导下开展课题研究。我的毕业论文是《军用机器人动力电源——铝空气电池组的设计》，从电极材料合金的配制、极片的制作、电池组的设计，关键问题攻关、试验，都是在导师的指导下完成的，使我学会了独立开展课题研究的方法，锻炼培养了发现

问题、解决问题的能力。我的论文中对电池组通槽结构漏电问题及电解液均匀分配问题的研究成果，在我毕业回厂后的工作中得到了很好的应用。一次俄罗斯专家来厂讲学时，交流中谈到串联结构贮备电池，我介绍了我的研究成果不但可以计算他所讲的通槽最大漏电电流，还可以计算出每一单体的漏电电流，当他知道这是我的研究生论文成果时竖起大拇指。我在毕业回厂近四十年的工作中将学校所学的知识学以致用、融会贯通，攻克了一个又一个科研生产难题，多次获得国防科技进步奖，特别是“神舟五号”发射成功，获载人航天突出贡献奖，“神舟六号”发射成功，作为全国十三人之一，获全国五一劳动奖章。这些成绩的取得，首先感谢母校的培养和导师的教诲，其次也是学生以此对母校的回报。

在梅岭电源近四十年的工作中，我当了十六年的一把手，带领团队为我国国防装备建设做出了应有的贡献。2015 年梅岭电源获科技部批准成立特种化学电源国家重点实验室，我作为国家重点实验室主任深感能力与学识不够，怀揣着对先进理念、知识和技术的渴求，时隔二十余年，第三次走进哈工大，回母校继续在职博士的学习，师从尹鸽平教授。巍峨宏伟的主楼、古老厚重的博物馆、傲然屹立的校训石、宽敞明亮的环形图书馆、现代明丽的二校区、小桥流水的科学园……百年哈工大焕发着新的活力和风采，但是永恒不变是“规格严格，功夫到家”的校训。三入工大，在母校感触最深的就是一个百年大学对新思想、新理念的取精去糟，对先进科学技术的不断追求，让我在这里学习到更多先进的知识和管理理念，并于 2018 年获工学博士学位。

现仍在黔北高原的我已年近花甲，近四十年的职业生涯中能够如鱼得水，游刃有余，应感谢母校的辛勤培养，感谢恩师的谆谆教诲，在母校百年华诞之际，我在千里之外为母校祝福，祝哈工大的明天会更好！

哈工大牌“电池工匠”，正能量永续

柯　克

柯克，男，教授级高工，电化学 1991 级本科、1995 级硕士毕业生。国家中组部特聘专家、首批浙江省“领军型创新创业团队”领军人、克能新能源科技有限公司创始人、哈工大校外兼职博士生导师。

1991 年 8 月末，酷暑未尽。承载着父母热切的期待，怀揣山湾里收到的第一张“重点大学”录取通知书，人生第一次走出蜀东巴山丘陵。从当时地图上无从查找的绿水青山环绕的柯家湾起程，在经两次日夜兼程的大巴中转后再搭上人生头一次见到的“绿皮铁

龙”,沿着全国地图上纵横交贯、黑白交替的粗线,穿越秦岭,中转首都,十八弯的羊肠小道变成苍莽平荡的辽阔黑土,三天三夜后抵达北国名都哈尔滨,彼时的哈工大校园已有一丝秋意。

在学长们带领着入住“一舍”应用化学系电化学专业(910722 班)2069 室那一刻起,我正式成了“哈工大人”。至今整整三十载,青丝已染白霜。

适逢母校百年华诞,收到荣升母校化工学院电化学系主任的学弟王振波教授布置的“作业”——撰写一段心得体会向母校献礼!

幸甚之至,忐忑之至!

“哈工大人”杰出代表众若繁星,或在教育科技领域德高望重,或在企业中大业有成,或在重要领导岗位指点江山。2018 年国家最高科技奖得主刘永坦院士等卓越代表无疑是哈工大人的骄傲和最闪亮的“灯塔”。

电化学专业,虽为哈工大众多专业和领域中的一个细小分支,但仅在电池领域,也有中国二次电池产业技术先驱、泡沫镍电极技术发明人王纪三教授,中国蓄电池产业的杰出代表——光宇集团创立者宋殿权学长等。他们是“哈工大电化学人”的骄傲。

还有众多的哈工大人,如我,在平凡的岗位,作为民族复兴道路上的无名建设者中的一员,兢兢业业。

过去三十年,世界格局风起云涌、华夏大地翻天覆,我先后游走多地,体验良多,感慨良多;然而,自三观待定的青春十八岁起在母校哈工大学习和生活的六年,却是我人生中最不可磨灭的片段。

这些年我一直坚持在电化学的一个重要分支——化学电源(电池)领域学习和工作,成为哈工大牌“电池工匠”的一分子。

回想当年报考哈工大电化学专业,仅是起因少儿时痴迷“通往”外部世界的唯一桥梁——收音机,在巴山乡村 20 世纪七八十年代不通电、不通路时,电池是收音机的“生命之源”。

初到母校,对化学楼边小平房电化学实验室中神秘的玻璃烧杯中的与测试设备电线纵横连接的实验“电池”,既感新奇,也备感迷茫,远胜新生时在主楼、电机楼和机械楼古色欧式建筑群中的迷路。虽然影视剧中的白大褂“工程师”或“科学家”近在眼前,却感觉是那么遥不可及。但随着学期日历和课程表的翻新,随着“游击”寻找各处教学楼里自习座位的精准度的提高,种类繁多的电池、电镀基础知识、工艺技术、研究方法等的积累,从化学到机械、力学、电子电路、工程数学等基础知识的同步拓展,从专业英语的课堂到化学楼边的老图书馆里大海捞针地自主检索 *Chemical Abstract* 等工具,从独立实验方案设计验证到用上实习自制的电池听“随身听”,我逐渐变身成了一名哈工大技术男。

勤力同心 笃行致远

学习之外，校园文具店里印有与主楼上一模一样的“哈工大”字样的信封、按人头分配的纸饭票、偶尔逃课睡懒觉提前到“三灶”抢食刚出锅的水煮肉片、一舍门前风雨无阻摆地摊卖鞋垫的老大爷和记得住众多人名的鸡汤热面胖大哥专业而热情的吆喝、自持“哈工大家教”纸板站立在大街口的尴尬、晚自习后偶遇三舍楼下花前月下的校园情侣的身影、西大直街上104/107路“长辫子”公交车、色彩斑斓的冰灯、数个家教归来独自宿舍里狂拖地板后在毛笔上绑两只电池练字或用酒精炉茶缸煮白水面的假期，也无一不是青春岁月的哈工大烙印。

入校四年后，来自大江南北、夹杂各省口音“东北话”的同学和室友，完成毕业答辩后，挥泪而别，各奔东西。那是一个毕业分配“双轨制”的年代，指令性分配进入国家需要的机构或市场化选择，过去随着户口迁移证明一同办理“粮油关系”已失去了含金量，甚至有人无视户口迁移证明，勇闯天涯成了南下“流浪”先行者。同专业两个班60名电化学的同级生有八人或保送或考取硕士研究生，从“一舍”的八人间搬到新建成体育馆对面的研究生公寓的六人间的获得感，从“菜鸟”荣升“师兄”的荣耀感，满载青春的躁动与拼搏的汗水，迎着春日的朝阳或凛冬的皓月，将在哈工大的激情岁月永恒地刻画在了校园三点一线的校园小路上和学子的心底。

两年一瞬，1997年盛夏，拎着装有记满笔记的翻印版《电极过程动力学》等至今珍藏的专业工具的行囊，怀着对凤毛麟角拿到出国留学奖金和通知书优胜者的艳羡与遥不可及的惆怅、惴惴地走出了西大直街92号新竣工的校门，仿如六年前怯怯地来。

此后，在确定的努力与不确定的收获和变化中，我先后在中国科学院金属研究所读博士、防化研究院和北京大学做博士后。亡羊补牢式考托福和GRE，2003年从刚结束“非典”（SARS）疫情的北京出发，怀揣几张因“911”恐怖袭击事件变得毫无意义的美国大学通知书，在日语水平零基础的情况下、经在日本学习的大学同学推荐阴差阳错地登上开往日本的飞机……

转眼日本十载，已往事如风：在东京大学课题组第一个报告开始前分享中国载人飞船成功发射的新闻时看到的“平静”，首次深刻意识到身在他国；东方传统文化与西洋文化融合的国际化碰撞环境下，肤色、信仰、国家贫富及政治制度背景迥异的人之间深度摩擦促成了对不同事件的多角度视野；2008年美国“次贷危机”的外汇炒盘中100倍杠杆下赔光所有的积蓄后，极度的懊恼不可逆转地激活了经济风险神经；在全球开始普及的丰田油电混合动力汽车Prius中看到电池成为核心部件感到的对行业前景的无限欣喜；受邀加入时为全球第二大经济体民族企业象征的丰田（中央研究所）参与最前沿的电动汽车用燃料电池的研发增强了专业自信；2010年欧债危机中从电视机上看到影响日本GDP4%左右的企业首脑丰田章男社长在美国国会听证会痛哭流涕及公司内部有破产预

警时体会到的全球一体化下国家之间金融战和贸易战的残酷与惨烈；高度民主的冲绳岛上绝美的风景与低空盘旋的美国战机的刺耳轰鸣提醒我更深刻地思考政治；技术领先的日本井然有序的蓝天白云带来的祥和与2011年福岛大地震后的海面漂浮的密密麻麻的小木房残骸以及核电站泄漏的恐慌所形成的强烈反差提示我大自然的不确定性和人类的渺小……

几近不惑之年，在几乎“错把他乡当故乡”的恍惚间，经大学室友推荐，携妻儿回国，2013年加入年销售300亿元规模的上市公司——超威集团，一家“非典”危机后随着爆发的电动自行车产业快速成长起来的民营电池巨头。

初到江南，尽管吴侬软语胜似外国话，却是温暖的回归。

2015年春，哈工大910722班同学太湖南岸20年再聚首，天各一方的同届哈工大电化学人，除了在研究开发和教育战线的本行坚守者，不乏转型的执业律师、实现财富自由的上市公司股东、民营企业的核心经营管理者、政府和央企的高层领导、外资企业的中方负责人、名字镌刻在公司钢铁墙光荣榜的“劳动模范”、规模大小不同的创业成功者，也不乏一提到长征几号成功上天时就神采飞扬的“航天人”，也有幸福写在脸上的相夫教子的全职太太。但让大家青春再现、彻夜长谈的是哈工大同窗情。

回归巴山故里，已是焕然一新，山湾公路户户通达，革命老区巴中市去年已建成了机场。

回归后，工作和生活方式无不时刻接受考验和挑战。

工作方式上，与其说是回归不如说是从零开始，从已适应的注重严苛、精细、与按计划工作和生活的匀速运转节奏，回归高速发展、充满灵活、计划不如变化、充满高度期待与加速节奏环境，迫使工科技术男全面向工程化、系统化、运营化领域学习、适应和转型。在充满激烈竞争、利益冲突与共享动态平衡的社会中，与多方面的人进行有效深度沟通和信任纽带的建立成为技术工作顺利推进的前提和重要保障。“唯我独尊”的“玻璃心”“侥幸心”和虚无的“优越心”都会被高速运转的民营企业中“客户至上”的盈利结果导向业绩评价体系无情碾压。

产业技术方向上，这三十年，从早年本科开始尝试的可充电式碱性锌/二氧化锰电池、风靡一时的镉镍电池、镍氢电池到锂离子电池和燃料电池的产业化应用，技术革新层出不穷，市场应用日新月异。过去几年新能源汽车产业在国家补贴政策刺激下，动力电池成为核心产业和瓶颈，潮起潮落。在电动二轮车、三轮车及低速四轮车的轻型动力领域，已有上百年历史的铅酸电池仍占90%，在国内仍有近千亿元的市场，轻而小但安全性有待提升、成本有待降低的锂离子电池将有望在该领域迎来新的成长机会。

很高兴地看到无处不在的哈工大“电池工匠”的身影遍布整个行业，从国家专业部门

的顶层设计专家，到企业的技术领头人和骨干，电池行业的盛会无不是哈工大电化学人的盛会。

基于过去多年学习和沉淀，为了挑战新的人生目标，我创立了“克能新能源”公司，得到了超威集团的投资。但在项目实施落地的前夜，汹涌而来的“新冠病毒”席卷全球，世界政治经济形势史前动荡。中美战略竞争日益升级，国家在和平发展40年后的太平盛世繁荣，无时无刻不在面临接受世界血雨腥风考验的潜在风险。唯有一如既往地尝试和努力，在敬畏中倔强前行，方不负哈工大人的精神。

母校哈工大风雨百年历程，是中国近代风雨百年历史的镜子。

中国近代百年崛起，有一代又一代哈工大人朴实无华、默默无闻、功勋显著的贡献。

感恩母校哈工大前辈们及老师们！

秉承“规格严格，功夫到家”要求打下的坚实基础和自强奋进的哈工大精神，在专业细分领域的奋斗的哈大牌“电池工匠”，誓将永续正能量。

祝愿母校哈工大昌隆永恒！再创百年辉煌！

祝愿哈工大电化学越来越好！桃李满天下！

祝福母校百年华诞

李文良

李文良，男，电化学1984级本科、1988级硕士毕业生。曾任豪鹏国际董事、副总裁、研究院院长、首席科学家。

十年树木，百年树人。1920年，哈工大的前身——哈尔滨中俄工业学校成立了。一百年前，它就像一棵幼小的树苗，在经历了百年的风雨之后，小树苗长成了参天大树，给祖国各地各行各业输送了无数的栋梁之材。虽然已经离开母校近30年了，但每每回想起自己曾经在母校度过的2 500多个日日夜夜，仍然心潮澎湃，往事一幕幕浮现在眼前。

想起了“规格严格，功夫到家”，质朴务实的校训让我受益终生。作为一名工科毕业生，多年来坚持把这句话始终贯穿在工作中，严格要求自己和员工在产品质量上狠下功夫，保证公司的产品安全可靠，把最好的产品提供给客户，回馈给社会。不论过去还是将来，我们都会继续努力做好哈工大人，给母校增光添彩。

想起了我敬爱的老师们：屠振密老师、王纪三老师……严谨治学的老师们不仅教给了我们专业知识，也教给了我们崇尚科学的求是精神，竭诚奉献的爱国精神。感恩老师们，是你们的带领和鼓励，成就了我们的今天。

想起了我亲爱的同学们，大学生活中我们相亲相爱一起学习，一起活动。毕业至今大家常联系，互帮互助、互通有无。是你们让协作攻关的求是精神和开拓创新的奋斗精神得以发扬光大。

百年风雨，哈工大精神永存。铭记责任、求真务实、海纳百川、自强不息是百年哈工大的真实写照。过去的一百年，母校写满了沉甸甸的成就与荣誉，作为一名哈工大毕业生，我们备感荣耀与自豪，我们会继续支持和关心母校的各项事业发展，为母校贡献应尽的力量。

相信即将到来的新的一百年必定是更加辉煌的一百年，祝愿母校乘风破浪，满怀信心地走入哈工大历史上的第二个一百年！

百年校庆有感

杨宝峰

杨宝峰，现任双登集团股份有限公司执行总裁，1999 年本科、2007 年硕士、2020 年博士毕业于电化学专业。2017 年全国轻工行业劳动模范，全国电工学会铅酸蓄电池技术委员会副主任委员，江苏省电化学储能重点实验室主任，江苏省科技型企业家。

哈尔滨工业大学，我的母校在历史的长河里，在中华大地上，至今已走过了一百个春秋。

还记得 1995 年 9 月，第一次来哈尔滨工业大学，开放式的大学校园中一座座略显古老的建筑充满了历史的沧桑，号称亚洲第二大学生公寓的二舍略显破旧，也让人略感失望，这就是我仰慕已久的大学吗？很快，这种失落就被紧张的大学生活冲淡了，“规格严格，功夫到家”的校训让人理解何为“学在工大”。校园中的同学们来去匆匆，自习教室总是人满为患，图书馆更是从早 6 点到晚 11 点一座难求，也是在那时，我学会了“占座”。

自从在理学院应用化学系组织的迎新会上聆听了王纪三教授、胡信国教授的讲话，我便暗自下了选择电化学专业的决心。还记得史鹏飞教授和蔼的面容、渊博的知识、平易近人的态度，时刻激励我立志，督促我奋发；尹鸽平老师严谨治学的作风，给我留下了深刻的印象；褚德威老师对我的悉心指导更是让我一生受益！正是各位老师的教导让我打好了坚实的专业基础，有了日后的成就！

“规格严格，功夫到家”的校训教会我诚实做人，严谨做事，也给我们打下了深深的哈工大烙印！我深为自己能有幸成为哈工大众多学子中的一员而自豪，在母校百岁华诞到来之际，我向您致敬，为您祝福，祝愿母校继续创造辉煌！

勤力同心 笃行致远

我记忆中的哈工大

梁一林

梁一林，男，材料化学2004级本科、2008级硕士毕业生，现任上海空间电源研究所科技委部长。

六年，在时间的长河里如白驹过隙，短短一瞬，却足以改变人生轨迹。在哈工大的六年，注定会成为我人生中浓墨重彩的一笔。2004年，怀揣着青春的梦想，我步入了哈工大理学院化学系材料化学专业（现化工与化学学院材料化学系）。如今，已经过去了十六个年头。“二校区”“馅饼西施”“方便食堂”“2082寝室”“红楼”成了留在大学生活里永远的记忆。在哈工大的六年，是丰富多彩的六年，我从一名懵懂的高中生转型成了综合发展的大学生，学习文化知识已经不再是生活的全部。我参加过学生社团，任职过校研总会，登上过艺术团的舞台，成功保送了硕士研究生，这些都成了我大学生活里最宝贵的财富，可以记忆一辈子的财富，每每想起来，心中的骄傲油然而生，哈工大给我提供了影响一生的舞台。

如今，我成了千万个国家航天事业工作者中的一员，承载着富国强军的使命，眼望着一颗颗卫星、一枚枚火箭划破天际飞向太空，从此作为哈工大人，我的人生又多了一个标签——航天人。回想起在材料化学专业的学习经历，物理化学、晶体化学、功能材料等专业课程为我从事航天电源领域工作提供了巨大的基础理论支撑；直至现在，我对科技创新、毕业设计、学位论文的实验工作都记忆犹新，这些经历成了我如今“严、慎、细、实”工作作风的雏形；每周组会报告做的幻灯片模板成了我现今工作汇报最初的基石……点点滴滴奠定了我如今工作顺利开展的基础，由衷地感谢学校、学院、专业提供的平台。印象最深的还是在导师陈刚教授课题组奋战的日子，那时候电极材料研究方向对于课题组来说是一个全新的领域，陈老师带领着我们从零开始，从材料合成、电池制作、性能表征等多方面建立了一整套表征电极材料性能的完整体系，理学楼814房间从最初的空荡荡到满登登，凝聚了老师和几位师兄师姐的心血，让我们能在良好的基础上钻研科学研究工作。毕业前，我们甚至可以自己建立实验室各项规定，可以自己完成各项设备的维护维修工作，保证了科研工作的有序开展，虽然辛苦，但是充实。那时，我第一次觉得“规格严格，功夫到家”这八个字融入了我的生活。“规格严格，功夫到家”是刻在每位哈工大人心底的烙印，如今我能够深刻地体会到这八个字的强大，回想起在学校的学习、生活、点点滴滴、耳濡目染，用了六年的时间将这八个字逐渐地印在了心头，成为今后工作与生活的航标，每每想懒惰想放松要求时，想起这八个字，我就重新鼓起勇气，撸起袖子加油干了，

我是哈工大人，我骄傲！

值此母校100年校庆之际，我祝愿母校生日快乐，祝愿化工学院的各位领导、教职工，材料化学专业的各位老师工作顺利；祝愿恩师陈刚老师身体健康；祝愿各位师弟、师妹学业有成；忆往昔，一百载风雨同舟行；看今朝，哈工大桃李满天下；展未来，哈工大人建功传寰宇！

名校塑造思想　思想改变命运

田秀君

田秀君，男，材料化学2002级毕业生，现任威马汽车技术总监。

作为一名从农村走出来的学生，起初小农的思维对我的影响还是比较深的，九年的义务教育加上高中的填鸭式学习，只让我知道上学是离开农村的唯一出路，但是对于离开农村要干什么，应该干什么却一点规划都没有。

初次来到哈工大的校园，我深深地被这所有着深厚底蕴的学府所折服，有着中国最早工程院校的历史，有着作为中国航空航天技术最强有力的技术的背书，这些都让我感到无比的震撼。第一次接触到“规格严格，功夫到家”这八字校训的时候，我深深地被这八个字所感染，听闻着哈工大历史上那些杰出的前辈以及他们的杰出事迹，我深深地为之动容。

科学技术、工程制造改变国之命运，作为哈工大人，应该肩负科技强国、工程强国的己任。至此，我的人生观、价值观得以重塑，我认识到小富即安不应该是我的追求，技术强国、体现自身价值才是人生目标。

作为材料化学专业首批学员，命运再一次眷顾了我，大学之前的学习生活让我对于学科、专业几乎一无所知，只知道数学、化学、物理、生物属于自然科学范畴，对化学有着浓厚兴趣的我报考了化学相关的专业，入学之后是专业学科带头人陈老师带我打开了认知的另一扇大门。微观世界的原子排布、空间点阵、空间群以及结构决定性能的“功能材料”是如此的神奇，在20世纪90年代国外已经将功能材料科学作为影响国家技术发展的战略学科，然而在中国功能材料却刚刚起步，2002年这个学科在全国各大院校也只有不到三所学校开设，陈老师归国后将此学科首次在哈工大开设新专业。至此，我有幸成为中国学习到材料化学的首批学员。

高端的学府给予学子们更多的机会，在本科大三我就有幸参与到科技创新课题中，第一次亲身经历课题立项、亲手做实验、做数据分析整理、最终成文答辩，最荣幸的是在

陈老师的指导下，最终我们课题组的课题“新型汽车尾气催化剂的研制”获得了科技创新一等奖。承接对待科研课题的科研思维，接下来我的本科毕业论文课题被发表于*Materials Research Bulletin*。通过以上经历我第一次获取了技术工作的工作态度，坐得住板凳、挨得住寂寞，坚持追求真理，最终一定获得收获，我将此思想带到后来的工作中，这样的思想帮助我在同龄人中崭露头角，最终成长为一名称职的技术管理者。

毕业离校，我步入社会，涉足新能源动力锂离子电池技术工作，至今从业14余年，先后从业于比克电池和威马汽车，从事技术及技术管理方面的相关工作，一直以来我不忘我是从哈工大走出来的学子，秉承“规格严格，功夫到家”的技术及管理思维，从一个初入行的技术员一步一步成长为公司的技术带头人，现在我带领技术团队小有所成，设计的多款新能源电池及电池系统用于国内新能源车型。新能源汽车现阶段正是国家战略发展技术方向，对于摆脱对石油的强依赖、摆脱不可再生能源的壁垒具有至关重要的意义。我为我能在这样一个行业中从事技术工作而自豪，不管我个人的力量是多么的渺小，我为我能为中国之崛起贡献自己的一份力量而自豪。这份信念是哈工大教会我的，是课题组教会我的。我为我是哈工大的一分子，是哈工大材料化学的一分子而感到自豪。

感谢哈工大、感谢陈刚老师课题组，是你们给了我这样的信念，让我找到人生目标及价值，让我有幸成为这样一个有理想、有目标并且快乐地追求着自己理想的人。

附录

毕业生名单

1920
哈工大

100th
ANNIVERSARY

哈爾濱工業大學
HARBIN INSTITUTE OF TECHNOLOGY

1920-2020

历年本科生名单

1938年,应用化学科成立并招生,但1956年以前入学名单未记录在案。此期间可查到的学生有:

20世纪40年代初期

刘丹华 李钟玉 高 方 于永忠

1949年

彭士禄(同年底转至大连大学应用化学系学习)

1956年后,名单年代不连续,因部分年代名单未记录在案,无从考证。

1956级(5人)

电化学工学(5人)

白莉萍 蒋仁智 华琴玉 张淑云 万春华

1957级(1人)

电化学工学(1人)

董保光

1960 级(1963 届[①],20 人)

电化学与化学电源训练班(20 人)

范桂芝　马素卿　徐茂魁　高文芳　董福兴　许国君　张振义　刘凤秋　孙国忠
罗树新　马彬华　李守本　柏玉发　徐秀英　柳瑞华　李忠贤　魏国忠　王希彦
汤吉人　王志远

1960 级(1965 届[②],67 人)

电化学工艺(67 人)

孙德全　夏黎萱　仲崇令　李长锁　赵亨达　王家玉　刘金铎　王玉杰　于为娟
张伟国　王知人　李兴华　王浩光　宋月华　么桂芝　邱金陵　苏玉茹　姚福双
张文宽　栾绍彩　薛世义　殷彩霞　吴灵甫　王来义　来长坤　罗占元　杨听敖
周庆龙　刘彦贵　周恒贵　周绍庚　王殿魁　肖顺仔　林定芳　黄秀贞　李景尧
陈文源　高国珍　李兴高　王滨昌　任宝泉　李永柱　林福文　王维国　顾维清
李文兰　李成吉　王　杰　任久荣　张淑清　马淑兰　黄振才　鲁永宝　沈锡宽
王新言　房立修　霍炳印　王占华　于文善　董寿江　赵殿范　吕维俊　田宝卿
蔡宽成　孙锡才　王慧敏　周俊森

1966 届[③](55 人)

电化学工艺(55 人)

汪数九　吴　越　钟庆英　王加伦　陶维正　李玉兰　周树梅　聂思益　郭万禄
王承法　李福鸿　费忠贤　郝文甫　赵虎坤　李淑琴　高绪贵　张伝智　刘淑风
高玉德　范翔生　张世荣　王耀隆　杨国珍　潘松壁　焦祖春　杨树纯　唐基禄
林风珍　刘汉亭　王庆云　赵文平　徐保柏　刘月华　张士杰　陈淑芬　刘蕴卿
吴继青　张桂芳　史彦琴　姚远光　赵延平　王文仲　张桂芳　陈景贵　石雅梅
何宗邦　王翠银　戴径明　刘延风　谭文志　邹永常　周光月　郝景芳　董韵华
郝文圤

勤力同心　笃行致远

① 档案馆未查到其入学时间。
② 名单由王金玉教授根据毕业生合影整理。
③ 同①。

1967 届[1](27 人)

电化学及工艺学专业(27 人)

赵傅旺　苑玉阁　王　玫　王雅芬　楚增贵　孙莉梅　李志忠　张怀海　梁正云
迟　毅　于庚臣　陈宝东　林业平　杨志忠　于凤臻　李素春　陈曼芳　蔡德仁
蔡家祥　冯绍彬　丁宇光　赵风廉　严美兰　张秀媚　张秋道　冯宝义　朱凤荣

1968 届[2](30 人)

电化学(30 人)

赵国庆　张淑芳　孔德耀　于友华　王家龙　陈德光　徐兴隆　张素兰　赵克熙
苏桂文　李良冬　孙天瑞　曾达柏　赵文启　姚立为　孙显臣　崔东奎　谢英才
王广昌　赵永佑　储德威　丁立津　郑大赐　吴昆安　韦文久　何远贻　程俊仁
刘风新　廖明才　李炎火

1969 届[2](69 人)

电化学(69 人)

贺恒立　侯淑琴　陈水办　张东言　于学海　胡士仪　李善民　哉启松　宋文炳
周德田　贾役果　潘景明　张仁强　邹晓明　赫强昕　相跃清　张翠芬　韩玉华
朱晓丹　马玉君　张玉莲　李秀华　李占武　郭上沂　马维国　那淑清　崔云贵
于含甫　相君明　赵德奎　王　文　林贞兴　贾俊国　孙国富　寇彬堂　范秉忠
郭昭堂　彭华良　赵永功　陈积银　王业武　周　珂　王　庄　张学渊　程　千
闫宝礼　王宝和　孙尔宽　林英德　张世忠　刘德成　张赣荣　王德祥　吴　希
孙德娥　吕彦东　洪大目　相玉廷　范迪君　徐　快　刘小星　秦家顺　吴玉琢
冯桂玲　刘春生　霍玉标　漆永成　文斯雄　郝文非

1975 级(30 人)

电化学(30 人)

纪建湘　经伟珍　黄淑霞　黄慧园　韩伟成　蒋申洁　王书军　王生力　王世香

---

① 由王金玉教授根据回忆整理。

② 档案馆未查到其入学时间。

谢会斌 董长永 万蜀松 马建国 缪垚龙 于宝意 丁昌静 孙黎晓 刘淑明
刘爱菊 叶淑玉 孟建华 何魁元 柳河林 杜尊新 汪　喜 陈慧江 李　岩
李福祥 李纯华 李桂华

1977 级(29 人)

电化学工程(29 人)

谢维民 高梁如 刘新保 申德新 蒲　扬 王　友 何　平 邓一平 贾晓林
裴　潮 阎康平 王福平 苏小慧 宋殿权 李延平 高云智 高忠杰 孙守理
马　峰 尹鸽平 姜兆华 徐海涛 汪群慧 舒建文 陈福明 柳长福 刘益群
高学铎 刘志诚

1978 级(59 人)

电化学工程(35 人)

张　满 李常民 张军华 马玉贵 孙志文 沈晓明 沈　晋 姚　杰 丁洪彦
林之浩 李　虹 陈珍良 卜思奇 周崇岭 魏俊华 赵恒庆 郭红霞 李荣华
王　路 郑　鑫 唐伦成 汪沧海 陈卫红 赵庆军 崔金胜 邱广涛 魏双情
高自明 孙元俭 张一刚 薄学明 邓玉英 曾祥建 周依盼 宋　坛

化学师资班(24 人)

胡立江 孟　华 李　宁 林怡然 陈　平 高林江 张玉宏 姜　波 刘　宏
李劲松 张秀斌 尤　洪 孙德智 马　嵩 赵希文 陶小秋 浦　敏 孙建民
温悦先 刁克明 杨　虹 肖木春 郭爱文 廖永忠

1979 级(20 人)

电化学工程(20 人)

曹　浩 陈小玲 武　明 陈文勇 曹永焕 韩晓明 邵光杰 安茂忠 王秉铎
程学鹏 彭　斌 董　捷 孙东洪 谭晓泽 黄旭明 费君生 杨　勇 张晓磊
刘喜信 王会江

1980 级(24 人)

电化学工程(24 人)

贾化奇 向　上 孟丽萍 卢春萍 杨文伟 张英杰 孟惠民 于　智 方　向

任　伟　李学刚　孙福根　石彦国　徐　明　陆书平　赵金宝　衣守忠　王玉方
张士忠　张华农　阎心齐　罗煜燚　李振平　张亚敏

1981 级(21 人)

电化学工程(21 人)

李乃朝　朱卫民　吴江峰　孙克宁　张继海　陈　瑶　徐长录　高宏伟　周成立
李萌祁　李金华　李志翔　吕顺银　方意愉　候　磊　候富兴　马良悦　马洪斌
白希仁　韩国东　闫杰生

1982 级(27 人)

电化学生产工艺(27 人)

程志佳　王殿龙　韩延辉　金学天　穆俊江　孙天健　乔庆东　朱彦文　付　超
王维波　张宝君　郭俊香　巴俊洲　许荣国　苏坤民　王晓光　陈雄军　刘学功
钱再胜　夏保加　岳奇贤　戈向阳　宋小年　韦群燕　胡新春　潘春生　王一才

1983 级(50 人)

电化学生产工艺(28 人)

魏　杰　杨玉光　杨　帆　赵鸿雁　孙德建　戴凤英　周瑞龙　施　永　张新华
黄哲男　张树祥　陈军方　钱新明　徐　昇　窦立军　王定华　朱修华　周志军
白一民　李克俭　张忠林　刘海忠　齐　鸣　李青海　何剑平　李晓飞　张开书
姚建英

高分子材料(22 人)

李　浩　王明霞　陈二龙　曾莉芳　贾伟儒　宋兆华　李亚裕　段伟魁　王福印
周玉祥　李志福　罗　斌　李琮瑜　梁春林　王洪涛　苏荣军　张占权　唐斌地
苏联庆　郎需霞　郦国强　裴雨辰

1984 级(60 人)

电化学生产工艺(29 人)

姜　骊　杨前顺　陈济轮　甄国华　谢文煜　罗新耀　张玉敏　刘金刚　袁中圣
朱　凯　慕晓英　汪业生　李文良　黄光孙　马双民　曹立新　佟瑞青　向书志

金月凤　吴爱深　蔡雅静　张佰春　黄海江　付　刚　陈泽明　马晓明　徐　静
孟　军　舒国胜

高分子材料(31 人)

叶先科　杨时敏　栗付平　甘锦阳　黄玉东　熊世凡　冯文义　唐德敏　冯化勇
夏忠良　郭士明　梁国剑　孙晓然　秦罗春　那　莉　何维华　齐州平　杨　朗
韩文悦　李克红　潘义明　杨钰来　张忠尧　韩　瑛　陈元章　郑　新　陈成斌
王显奎　张　锴　戴建庭　张　力

1985 级(55 人)

高分子材料(28 人)

关　红　陈守民　于　斌　席永红　陈英涛　陈　红　刘建兰　高　红　曹晓冰
王　彦　马忠义　方明龙　徐力群　孙晓红　廖泽云　李炳钦　何　庆　何来根
陈承标　赵　峪　金永峰　李树柏　朱宪刚　尹士奎　杨林科　王文峰　陈春雷
刘建国

电化学生产工艺(27 人)

姜　滨　李泽琨　刘兴利　秦奕歆　侯立山　张绪忠　王劲航　谢文初　王培义
黄小生　门玉文　徐延铭　关　兵　郑庆武　王拥军　毕　丽　刘文侠　李学慧
贾　岩　吴　畏　杨黎明　唐高云　黄文新　周聪莉　杨胜利　陈小虎　张成彦

1986 级(77 人)

高分子材料(25 人)

吴金春　周晓松　冯逸平　陈思源　何　军　陈继南　戴作业　王福善　蔡文胜
胡海青　高　文　曲少龙　陈国文　刘文福　周明军　王春霞　李水平　刘玉书
付秀伟　张在俊　周东辉　孙永健　李　东　孙天华　丁科贵

电化学生产工艺(29 人)

袁　玲　董立章　赵志法　全成军　陈明军　郭青志　张　帆　叶冬梅　王建明
刘　威　白校智　刘永东　王正伟　吴召红　刘天杰　陈胜难　张　骏　代保华
吕虹辉　张正东　许　涛　李武广　高　岚　李学智　许　慧　肖炳芹　张劲松
王守军　马　林

环境工程(23 人)

柳　晓　张桂芳　钱旭东　沈中涛　颜日元　蔡建林　丁德才　谢　添　尹章文
刘建斌　屈军民　李　文　黄旭敏　解冬冬　史一君　曾银水　乔春明　王洪涛

吕朝晖 吴耀华 刘厚文 于静杰 赵兴宏

1987 级(87 人)

高分子材料(28 人)

何 玮 朱爱平 杨金才 李和玉 王 东 石建新 孙文训 宋永莲 沈 强
周芳芳 杨 平 柳忠阳 陈 萍 汪承果 袁 清 徐建伟 徐彩霞 李凤红
陈 忠 邓亚华 苏 昊 杜兆麟 孙 莹 熊国刚 孙 晴 卢彦荣 曹 红
邓 纯

电化学生产工艺(29 人)

卢希海 余旭东 张 平 戈晓阳 黄德勇 刘学文 徐许香 钟家丽 谢洪超
黄国三 张喜梅 李 君 赵 平 赵 昱 李万春 孙 卫 张 钧 魏东辉
吴飞春 李连富 黄华斌 罗天佐 刘俊峰 蒋太祥 连武奎 郭慧林 胡永文
钟国刚 周泽权

环境工程(30 人)

刘 岩 李朝林 张黎琳 黄静娟 蒋祥松 高 翔 高迎九 雷炎祥 侯建国
邹益民 刘草成 周昳晗 朱东辉 魏晓琳 沈艳红 钟赤宇 王凌燕 朱晨岩
唐蔚云 郭 敏 赵 军 苏 彤 李宏斌 全 岱 艾会东 吉 军 赵志凌
单文佳 李竟瞬 邓泽涛

1988 级(99 人)

高分子材料(32 人)

李 琳 孟凡涛 丁伟宇 钱建华 龙 军 王利伟 吴金珠 徐嘉靖 秦念华
李 东 付 峰 杨学松 何 煦 邵延斌 孟翠省 李 剑 孙明江 冯雪梅
姚 红 程海东 杜 红 佟 钊 张 翔 吕 军 董新新 朱国永 冯 玉
李乐强 唐妹红 张洪达 周 丛 苏 海

电化学生产工艺(33 人)

武彩霞 刘光洲 赵 力 钟晓翔 潘 武 申日辉 顾建成 杨银娥 陈卫东
孙米强 殷庆侠 张 可 高 纬 宋丽萍 伍元鹏 解晶莹 王 悦 崔 立
夏祥伟 于慧敏 白云东 王立杰 刘 菊 张海军 杜大鹏 李智海 周景玲
彭晓波 赵晋峰 冯 彦 袁 华 胥 兵 梅小红

环境工程(34 人)

徐怡珊 魏 民 张春悦 刘富善 李家爱 秦天雄 赵洪强 周 航 闫 冰

郑志强　王　迪　段晓东　钱正刚　罗　静　王　媛　尹　飒　王火喜　金红云
于文涛　张文丽　唐敬春　王　玉　谢宝宏　曲　萍　王雪梅　杜双喜　王月芳
田　威　丁舜尧　宋　爽　徐成湘　崔志红　刘庆吉　金光鹿

1989 级(96 人)

高分子材料(27 人)

谢雪奋　陈延辉　张　晨　王艳青　李全喜　张旭刚　曾常荣　杨　林　刘　丹
刘宇艳　程松银　邓毅学　蒋晶岩　刘大煜　温晋嵩　谢志民　洪晓斌　盛永平
庄军莲　金　星　张学军　姚茂省　董宏武　赵　斌　侯彩虹　林　杉　周童杰

电化学生产工艺(47 人)

任桂香　汪　剑　于　非　马桂婷　李秉文　陈　磊　张湘江　李　凯　周　强
高德俊　李永建　孙长义　余正华　李自松　娄豫皖　王　渤　王金华　王立勇
刘丽伟　涂晓松　白　玉　朱春玲　李小超　李林宏　陈　玲　叶丽光　程新群
王　宁　雷孙栓　刘建中　金弘石　赵杰权　何承群　暴　杰　贾　铮　李建玲
时毅容　潘宏伟　姜利祥　赵　欣　程　舸　赵春艳　刘秀科　李培勇　朱　伟
边晓莉　李和清

环境工程(22 人)

苏保卫　王颖哲　义　勇　魏　丹　王春海　刘世贤　刘　巍　果建红　胡松海
李学民　李　亚　龚大国　姚　南　郑　威　李吉训　毛　莹　王旭梅　姜　军
黄锦花　付飞雪　郭京华　何清华

1990 级(100 人)

高分子材料(23 人)

李开扬　董记月　姚永清　陈应华　许素娟　党旭佞　苗常青　冯希金　石　松
蒋　钊　廖晓华　张桂芳　肖久梅　李光林　赵永生　张建明　宋继阁　杨　霜
鲁　俊　姚　伟　王绍芳　沈巧英　凌弄潮

电化学生产工艺(57 人)

曾建华　刘晶华　刘　鹏　杜翠薇　何业峰　董　梅　刘　斌　刘俊良　陈骁军
吴　昊　敬启文　晁晓峰　靳俊波　郑春明　谢德明　刘　方　孙　硕　周　旭
王宝光　孔凡涛　万　方　毛永志　方海涛　王军荣　黄卫民　王竹梅　汤平根
许太武　宁　刚　杨　青　宋继东　张化宇　盛良妹　肖成伟　张德春　周霁罡
颜　丽　包亚盅　余　炜　高晓东　黄立明　衡孝伟　韩寿柏　张　轲　高旭光
张作民　孙　雪　郭　宇　李齐云　李　欣　付祥荣　史金华　吴　涛　张广文

勤力同心　笃行致远

咸春颖　薛黎明　乔卫明

环境工程(20 人)

于　建　堵　军　崔　勐　胡凤艳　石宝友　吴松全　明平文　余正存　邓迈华
赵广英　于红梅　单比赛　方　泉　雒怀庆　聂永华　丁喜朋　邹越峰　黄　奇
孟　军　张福贵

1991 级(127 人)

高分子材料(36 人)

夏　昊　向　前　刘　海　卢启威　王朝阳　张竞洲　杨　忠　梁　湘　韩　璐
董文慧　李庆松　慕　倩　李俊彬　邓从刚　丁　宁　王任翔　贺天鹏　王　勇
邹亚学　单枢正　张亚峰　覃　勇　徐　晖　陈洪英　李俊伟　裴素明　陈建全
明灯明　李友江　刘永康　郑　旭　董绍胜　张祥利　袁瑞杰　蒋美义　李立刚

电化学生产工艺(59 人)

吉树军　刘剑峰　鲍小平　田　爽　唐小玲　王翠英　吴艳霞　吕　舜　金为国
白瑞峰　刘　进　罗　诚　徐国钢　沈晓磊　单红岩　何兴权　郭　锬　王树海
赵洪达　邱　伟　赵三明　郭松华　栾军舰　田振辉　万宏伟　李　昆　王克俭
林广崇　刘　宇　张　立　周茂强　李庆龙　李　颖　赵金珠　周　密　江峰琴
马荷琴　童茂松　马　悦　徐悟生　刘　东　梁庆伟　李彦恩　李茂盛　黄玉强
吴贤章　柯　克　尹晓峰　付光琳　孙延先　覃绍球　刘志刚　邹顺武　李天勇
贺国军　崔宪文　逄元峰　杨大泉　杨可木

环境工程(32 人)

孙继德　陈洪新　陈朝晖　郑日华　欧云付　李亚红　王景行　张　丽　吴　磊
张作庆　李开锋　王　坤　赵振环　吕志强　赵慧宏　汪　彬　赵丽娜　王青国
龙水洁　李琳琳　吴　闯　林千果　朱国青　范琳琳　何志桥　佟　强　邹宇顺
胡　燕　王俊辉　王卫海　李士安　陈　亮

1992 级(124 人)

高分子材料(31 人)

齐小宁　王伟刚　黄国丰　黄　强　杨志明　张志明　韦　伟　姜　涛　王恪淳
马　丽　于春茂　戴祥佑　王　超　林　松　谢国锋　兰修才　岳继华　刘　沦
刘玉文　宋宏伟　张洪涛　李三元　曹志强　肖福华　吕建英　丁伟辰　阳　煜
吴　军　顾琪萍　马世虎　陈　莉

电化学生产工艺(62 人)

陈莉 韩露 路立本 吴冬辉 何佳赋 许凡忠 陆广 魏鹏飞 时晨阳
孙雷 赵洪雁 李一芒 张丽蓉 徐洪雷 陈风岩 闫智刚 王旭东 王春生
吕光炜 万军 温文信 任志强 林乐红 赵崇军 吴智勇 王洪涛 孙秋红
江新芳 朱阳俞 王文韬 王涅光 孙智民 常晓波 金颖 吴晓东 隋金江
赵廷 徐辉能 秦智伟 赵树洪 于东澳 陶铸钢 杨艳芹 晏莉琴 马丹宇
马焕明 曹莹 何嘉 郝德利 王海娟 刘国宾 宋学兵 王宗华 王东路
贺学志 屈仁刚 刘新军 黄健 赵家军 黄桂艳 陈伟 裴雄

环境工程(31 人)

姚茂启 李文旭 符永利 谢雨 郭晓燕 吕梁 都红范 林育亮 伍祎
肖洁松 高翠英 彭冀 陈佩玺 鄢浩 孙琦 叶筠 蒋光明 苏培华
楚珑晟 戚爽 季俊杰 刘红 邵怀启 吕昌忠 王海燕 李泰友 付莉燕
高锡才 郭万成 何恒 李皓

1993 级(113 人)

高分子材料(46 人)

姜春鹏 马景陶 曹海琳 孙玉蓉 孙美慧 陈兆彬 马恒怡 宋武 秦伟
朱战文 张学军 李益民 郝文光 于艳菊 柯振明 王玉珊 周维才 朱惠光
张伟 南军义 贺晓华 赵艳凤 刘芊 董洪印 彭桂荣 柴超 王光辉
王蓓 廖功雄 王亚琳 钱丽颖 范作庆 汪越 岳巍 毕晓东 吕蔚然
于照玲 尹宇彤 安彦杰 田新 袁牧 李松达 张雁海 许彦龙 王喜和
刘红阳

电化学生产工艺(44 人)

黄华明 康晓红 陈新元 常海涛 高巧明 田洪亮 张桂芳 王庆 王晓飞
吴茨萍 贾学刚 董双桥 李春林 刘庆华 汪超 武刚 刘成浩 乔栋
朱安东 吴利峰 刘平 王孟甫 张爱国 徐雪峰 谷云龙 王久林 李晓春
赵志成 何俊峰 赵森源 钟毓 严红丽 游余新 张华 姜大鹏 李学海
孙伟 陈亚晖 王东 韩学武 李鹏 刘建明 杨衡 陈常青

环境工程(23 人)

梁铭 苏建成 张海明 岳同明 高鹏 沈雄飞 邓雨 桑昌禹 刘天竺
张志明 高雷 胡宜槐 王晓彤 林坤德 戴京平 乔振宇 宗雅杰 朱伯艳
许萍 张战平 陈凤祥 赵延东 史长勇

1994 级(105 人)

高分子材料(39 人)

康春雷 张大伟 王国瑞 任 松 段 蓉 李良鹤 田其尧 林志明 万绍群
那长有 李慧琴 田华雨 马秀梅 王 卓 李亚萍 李永祥 李 岩 李志强
刘国松 李 红 李贺艳 郑朝鑫 金美兰 韩卫峰 于鹏州 张 亮 温召强
姚怀峰 左志军 柳 鹏 赵淑丽 石 磊 王天慧 秦培中 郑红琼 陈业鸿
林旭煌 要智勇 叶 华

电化学生产工艺(40 人)

王振波 张绍辉 袁创新 呙晓兵 朱永生 刘江涛 李俊义 李 颖 李 平
王兴勇 李彦莉 章宁琳 王志伟 杜春雨 刘智勇 蔡亚光 王 勇 何显峰
陈 威 胡业峰 关鹏越 韩竟科 任 宁 任 可 吕长洪 陈 耀 潘延林
张沛贤 刘长虹 王 磊 陈瑞宗 朱厚军 李长虹 李浴春 孙永强 赵玉柱
魏延权 路 密 张 凯 范大成

环境工程(14 人)

丁蕴双 李晶晶 于丽琼 杨 勇 张 敏 刘 健 王 鑫 王汝祥 余 波
蔡泽武 梁 军 梁锐坤 王亚峰 孙 杰

精细化工(12 人)

李玉子 黄 志 刘 勇 杨兆明 王 静 刘 旭 刘保群 张 鸿 罗启龙
彭贤龙 殷喜亮 张旭辉

1995 级(111 人)

高分子材料(31 人)

马 列 姜俊青 许 伟 王福秋 陈小玲 于 凤 刘建鹏 许银华 汤 三
刘 牧 靳利军 高向阳 李治国 吕彦冬 邵 路 程劲松 刘丽丽 汪友国
喜 骕 曹 民 秦亚丽 林开勇 屈忠全 安维宏 刘运春 周永丰 靳卫卫
王 星 李怡然 张延武 舒和平

电化学生产工艺(39 人)

单 波 黄冬梅 马丽萍 刘 明 高鹏坤 牛寒华 王震模 张益明 关跃强
张振中 杨宝峰 刘 兵 马永泉 吕振国 王鸣魁 朱承飞 左仕学 王红芳
袁 芳 孙凯杰 王运青 王日波 王家林 傅宪东 张熙贵 魏 宁 邓娟利
黎德育 李 涛 张 鹏 张 婧 程福龙 宋 铭 陈 力 朱龙霞 绳伟光

郭世忠　杨银辉　王海涛

环境工程(22 人)

宋宜容　齐振宇　杜义鹏　于　鹏　邓斐今　母　旋　王海屹　冯柳松　宋光林
黄　烨　于振东　佟瑞鹏　李传格　李春玉　吴延飞　郑红霞　李春露　王　强
崔志芳　杨辉顺　崔玉虹　龙明策

精细化工(19 人)

钱建芬　李文安　聂国儿　江燕鸣　洪焕银　邓百策　刘鹏飞　张乃庆　石　蕾
夏国锋　马建国　祝　军　陈雪莹　邢朝霞　段方毅　张广安　周鹏宇　杨　娜
李　丽

1996 级(94 人)

高分子材料与工程(34 人)

许春燕　邹胜林　龙　玲　王永昌　孙举涛　孟　超　何军军　聂　静　姜　彬
王　静　陈　湘　杨宝红　曹仁广　刘旭辉　朱教伟　石志远　田国华　文胜军
李建华　范红雨　马　睿　谢　龙　李瑞华　史然峰　吴　芸　卞兆勇　成　勇
王新昌　吴国华　李敏锐　邓天昇　肖瑞霞　李艳辉　王明静

化学工程与工艺(原“电化学”专业与“精细化工”专业)(60 人)

高洪森　杜明华　彭工厂　林则青　侯　敏　张凤敏　陈晓萍　易　杰　薛新忠
王秀利　高永森　高　晗　魏　凌　林道勇　王念举　吴　林　黄加胜　宋维根
阎新华　夏　天　王永治　宋　波　黄　兵　范小平　林　立　王　涛　苑景春
赵凤祥　唐民洪　杜文龙　杨华通　曹　旸　陈柏源　王德宇　何局化　冯　凯
吕霖娜　陈　玲　周文旺　路天朋　包　正　朱应和　吴开豪　聂义然　延　超
谢小美　田英鑫　陈金龙　穆松林　张宏君　丁恒方　储　强　陈孝鹏　耿志国
庞雪峰　姜可志　南西武　佟　彤　李树雨　孙永吉

1997 级(98 人)

高分子材料与工程(34 人)

许　辉　唐万里　翟　光　孙科军　杨　勇　姚　旺　王　滨　南海滨　李　娟
叶　阳　项方罗　何　华　孙　淼　胡来学　王明启　王文虎　张英强　彭　敏
贺鑫平　沈光洁　陶少辉　林国昌　尚　安　王　伟　刘兴文　肖俊涛　马春秀
潘成源　赵苍碧　杨　名　李　鹏　张　妍　闫　杰　薛彦民

化学工程与工艺(64 人)

高　鹏　张绍丽　兰新家　刘思楠　张王林　吴　斌　葛建军　江冬英　刘荣娟

喻小平　王　鹰　孙毅兵　李海龙　韦　华　卢　静　廖新武　刘　佳　王　琳
夏新华　葛　牧　卜新平　朱力勇　张　建　黄德立　刘　冰　綦　峰　李讷敏
邹　兵　郑　超　宁金福　邵玉艳　唐国忠　王国文　王　丹　赵　民　李喜飞
吴宁宁　谢关荣　严乙铭　于　卫　刘　欣　孙　斌　成海云　贺学文　刘　军
郑　伟　孟　超　付学超　吴志红　张耀辉　沈浩宇　吴剑峰　丁　超　何江华
陈环宇　张雪林　李　义　张　勇　王汉春　梁宇栋　李　利　浦燕新　王冬晶
郭洪飞

1998 年(96 人)

高分子材料与工程(33 人)

管彩云　娇灵艳　靳丽敏　曾凯斌　张学忠　姜海涛　元春泽　盖学维　刘文武
张国栋　王建伟　谢永丰　王　浩　郝继辉　郑开耀　朱　强　齐育松　杨　勇
张辰威　陈　波　刘爱学　王蕾蕾　宋大君　魏林青　龙俊强　陈素芬　吴玮琦
惠陶然　汤　龙　何利娜　张　杰　汪森海　严宏洲

化学工程与工艺(63 人)

熊廷玉　万小波　黄兴桥　刘东兴　李志明　冯晓玉　孙芬莉　张菊香　张　营
何　奋　王平安　舒　杰　林剑斌　刘　向　舒太勇　毛　刚　刘冬强　姚　颢
左朋建　李业灿　刘伟华　郘立峰　马洪涛　蔡国帅　谭晓波　安建民　刘　强
杜吉灿　胡会利　蔡　丽　郝　辉　赵学义　何　健　李晓华　陈　耿　罗广求
张　昊　孙德杰　付成杰　贾慧媛　张　一　朱晓东　乐士儒　张　鹏　衡建坡
刘厚东　郑彦丽　张春芳　徐　阳　郭　滨　张明锋　乔鑫伟　张利军　郭　强
周　平　张　华　程瑾宁　吴思国　陈　眖　刘　瑾　贾方舟　王学鹏　李　伟

1999 年(92 人)

高分子材料与工程(36 人)

刘一涛　范大鹏　李英杰　何薇婧　郭　佳　黄　莉　刘姗姗　周艳飞　周亚丽
黄　燕　王剑飞　杨　帆　曹秀杰　陈　翔　赵　亮　宋兴来　侯国东　欧阳小凯
刘生鹏　孙九生　杨小波　杨　毅　胡宝山　朱华兴　蒋永杰　方千瑞　刘　兵
徐　进　孟庆尧　顾　颖　陈鸿元　姜　鹏　王天玉　张建桥　沈　默　哈盛章

化学工程与工艺(56 人)

周洪平　莫治波　丁大勇　张宗双　仝玉进　杨　勇　张文吉　沈江涛　刘作鹏
毕广春　王振华　梁振臣　王国强　朱　磊　刘　鹏　蒋丽敏　常　宽　赵　静
刘　铁　张丽平　刘静涛　巢文军　王志江　胡　泊　蔡克迪　李洪武　于元春

陶生武 郑书发 艾志刚 侯俊波 高 恩 高洪波 张 健 陈 思 刘 瑛
张 宁 段华杰 郭 安 麻炳辉 张 杰 李晓丹 邢攸美 王向荣 杨万才
安庆华 吴绍娇 徐 平 樊丁珲 杨占成 周克慧 程娟娟 付长生 王瑞涛
张 涛 王耀鹏

2000 级(111 人)

高分子材料与工程(39 人)

杜美谕 张 焱 郭 慧 高 雅 刘 媛 赵 超 张 亮 邢 月 娄黔川
汪海峰 徐 亮 程 杰 张启权 邓 鹏 赵 峰 王 智 方佳莹 黎 俊
段德河 朱 琦 张海萍 张春静 李 露 郑宁溪 李永俊 赵文财 刘晓磊
王 虎 车爱馥 魏建功 王绪文 王 卓 王 冰 贾宝申 李学兵 张泓喆
刘双江 杨玉龙 杜建军

化学工程与工艺(48 人)

路蕾蕾 马亚旗 曾 佳 徐 莘 矫云超 崔闻宇 王芳芳 赖勤志 罗天刚
薛 雷 黄锡权 颜 朕 杨 滔 沈哲敏 余 波 范立双 龙先明 许凯冬
王 辉 姜雪枫 刘乃波 吴 楠 鲍 宇 文 波 王巧阳 阳晓霞 王 菲
李 爽 赵 君 蒲宇达 杨 轶 陈定海 孙 武 李 玮 陆丽峰 黄文杰
杨同欢 郭 伟 周 杰 张晓旭 徐少禹 郭 瑞 李成伟 马少斌 霍慧彬
曾 伟 王争磊 王 辉

应用化学(24 人)

张翼飞 牛草坪 孙宏利 崔津津 樊瑞娟 靳 磊 马 磊 张 彬 穆 晗
张晓勇 黄金祥 苏 斌 刘 强 田启友 王永武 王宏磊 朱崇强 高 源
商庆燕 张若楠 权茂华 仇彦明 王 佳 刘 辉

2001 级(120 人)

高分子材料与工程(30 人)

李 岩 尹建伟 邢东明 赵 蕾 孟秋影 杨 翊 赵瑛琛 张 帆 高 原
宋 巍 刘 琦 于 波 胡 君 祝 林 韦业奋 赖学平 何星辉 季春晓
杨喜乐 王初哲 沈 艳 杨 勇 张平生 万文明 武 玲 黄 识 孙 硕
薛亚斐 刘伟光 孙 强

化学工程与工艺(58 人)

张 生 屈丽辉 陈 龙 杨湛林 郭文天 顾越峰 马晓鹏 姚琳琳 杨春强
韩春雷 尹 佳 张 楚 郝雪峰 王许成 孙 庆 吴仕明 陈小辕 谭 谦

杜　杰　景少东　陈新冰　任俊霞　马毅斌　蔡小来　刘金山　谈　骤　王　莹
黄兰香　王　滉　邱　扬　张长胜　张　健　张振跃　孙　兵　汤桂娇　刘　畅
王麒凯　张振华　王丽丽　高振国　吴丽军　徐　峰　郑铁帅　孙迎超　万雪斌
郑　剑　梁　艳　付位刚　董菲菲　高文明　刘　毅　袁云芳　盛　军　黎亚玲
张　镇　李　杰　王瑞亮　代云飞

应用化学(32 人)

安　峰　冯　源　赵海波　李　娜　胡　渭　曹　杰　孟张乐　赵　威　高　原
李　季　赵晓博　张　琦　王　颖　成海涛　吴　婷　刘　秀　范晓煜　王威力
史国良　宿　刚　张　鼎　余敦月　雷　波　段永强　丁显波　崔　博　谢恩林
雷作涛　魏　元　余红祥　邱　东　周　倩

2002 级(136 人)

高分子材料与工程(38 人)

邓树山　张为军　张建东　陈丁鹤　贾　雷　蒋　飞　韩春苗　王　琦　郭立娜
贾　云　曹立刚　杨竹根　陈盛洪　王　攀　周易文　陈中武　张江波　马展辉
冯胜利　冯　磊　刘　娜　乔立根　于胜志　杨　磊　李艳芹　郭焕虎　杨曦凝
赵　铁　金　鑫　殷建学　尚　田　郑伟忠　耿　伟　姚敦显　高　靖　邓　新
杨政勇　高洪才

化学工程与工艺(50 人)

范丽媛　王　超　苏　韧　李贵明　马　龙　朱学佳　高维广　王子佳　刘伟铭
金海族　严　琰　张海瑞　方煜江　蔡卫卫　吴万里　李绍平　陈旭耀　宋阳云
刘永昌　张继锋　陈绪安　祝　青　赵富霞　曾小林　常慧蓉　石志敏　周　锋
韩　宇　白　羽　邸大鹏　柳志民　乔永亮　邢乐红　王克迪　张宇亮　蒋映华
王　敏　范小兵　金　宏　沈炎宾　刘莉姣　郭昆明　宗利利　陈圣金　陈坤娇
刘　慧　陈　健　邹传毅　周文娟　曹　旭

材料化学(22 人)

田秀君　高　杰　秦　波　皇　贺　李洪静　田　明　李秀莹　王　佳　李翠翠
杨　帅　崔　英　于　洋　陆冬青　江小舟　罗文富　刘瑞高　刘维海　李鸿建
李　恬　刘璞生　张生栋　李昕江

应用化学(26 人)

孙　旺　田　森　宋国旗　何鸿宇　田大勇　夏　岩　包洪洲　孙胜延　于永江
赵　越　索旭菲　徐　莹　徐广辉　杜茂松　尹　纯　丁晓东　赵成龙　朱再立
彭　勇　李志新　刘俊峰　余　勇　汪茂菊　黄　丽　冀　鸽　杨　柳

2003 级(105 人)

高分子材料与工程(19 人)

孙　淼　陈姝囡　王　芳　张　蕾　项　伟　赵金华　李　犁　仉玉成　张海龙
吴亚东　李瑞锋　陈丰坤　臧　曦　缪长礼　杜　雷　丁　睿　杨　帆　修志锋
樊鹏飞

化学工程与工艺(41 人)

宫玉梅　李国霞　刘　静　蒋建平　武　巍　刘成波　唐　睿　刘　扬　陈卫涛
王宏宇　张云望　冯志远　张维维　杨海东　陈　海　田俊峰　白　路　王　义
冯　猛　李崇幸　王夏芬　谭晓兰　刘　佳　王晓锐　刘　晋　孙嘉隆　于文明
韦林慧　陆卫忠　魏翕然　王　雨　陈　宁　霍博舟　焉继刚　靳培源　张鑫磊
王泰一　祝吉辉　罗永良　齐北萌　宋振华

材料化学(21 人)

陈　雨　陈俊杰　康　瑜　韩震东　毛义武　谢呈德　杜　鹏　李伯骥　王彦昕
伊晓辉　宋连凯　赵小伟　王斌举　赵　衡　杨　熙　宋肖盼　孙净雪　张　锋
刘　朋　田　忠　郭　艺

应用化学(24 人)

靳　军　杨玉娟　邹　婧　王　平　尚冬琴　杨金鹤　何伟东　卢春林　吕维强
孔繁鑫　何云龙　邵枣安　胡　伟　杜仁博　毛鸿超　齐朝辉　韩振亚　严　冲
周　明　肖　振　尹跃隆　刘忠平　刘亮全　吕　宁

2004 级(116 人)

高分子材料与工程(23 人)

明延东　路　静　王志强　袁　宁　王　刚　赵建颖　刘　坤　李洪锁　单国华
王　旭　王西教　王柏超　朴艳梅　马悦欣　高　超　王晓坡　谷红波　高章飞
付　轲　韩建平　周　楠　严文斌　曾　勇

化学工程与工艺(51 人)

王　柁　梅金辉　张熠霄　王小鹏　高翠花　司凤占　遇世友　张　健　陈广宇
赵希强　孙敬哲　董连洋　王丽媛　汪东达　吴志杰　李　伟　刘艳菲　燕　波
陶兴华　曾　林　戴宝嘉　陈焕骏　段泉滨　程跃祥　陈新强　周步存　孙　丽
罗仁勇　胡雅双　谷红微　王　乐　张　勇　郎　野　刘宝生　王重阳　张家林
张文江　于耀光　曹先一　王先顺　周　威　蔡杰健　王宝荣　李云龙　顾　敏

王　蓉　朱晓航　唐　华　杨　林　吕世根　甄　珍

材料化学(18 人)

李　飞　范星伟　梁一林　张冬慧　林　浩　田　浩　王　毅　文　扬　黄国素
赵培百　陈　松　吴永昌　肖　锋　张卫涛　李晓明　王神赐　姚金春　尚志强

应用化学(24 人)

王　培　毛　羿　王　威　任锦宇　王　云　段小川　邵志强　雷明海　武　术
邱海龙　张艳娇　孙　岳　赵佳宁　李已才　王冬梅　宋美霞　潘旭闽　李梁梁
李　伟　范香容　申　斌　谢月龙　罗朝魁　朱　凯

2005 级(115 人)

高分子材料与工程(22 人)

张建军　梁雅轩　杨思远　王　阳　李正雄　张依帆　孙虹南　樊立辉　赵　伟
刘宇婷　李　娜　史晓华　韦会鸽　杨军周　余　信　胡　娱　余　旭　陆仕稳
黄一峰　杨　娇　姜文星　李　杰

化学工程与工艺(52 人)

张　慧　孟玉凤　董　涛　赵　鹏　王丹宏　刘志豪　王　坤　王　博　唐福光
李迎雪　陆寅啸　李财君　孙　健　姜成平　刘　翔　潘　林　龙熙桂　周东华
覃　思　杨秀群　雷拯宇　杨飞霞　柏　梅　唐旭东　李忠宏　王　骏　甄江曼
张晓东　陈佰爽　魏　伟　杨开健　王　淼　杨胜男　陶　凯　王晓玲　陈　超
陈　帅　陈　兵　沙树勇　求科锋　谢祖成　代　飞　郑燕辉　徐卫华　侯胜伟
张　娜　汪　松　利　文　卢光波　张　勇　段其智　赵志玉

材料化学(15 人)

李　彬　刘伟龙　平治佳　徐晓娜　王　琳　李颜海　裴宇辉　蒋　勇　吴　慧
李逢政　明贵平　周东波　吕文邦　冷先勇　王雄伟

应用化学(18 人)

韩　啸　牛英华　温明睿　邵　韦　孙存发　王晓红　李　亮　周桂明　隋旭磊
李振湖　黄韵霖　王　鑫　肖　飞　黄兴林　陈晓东　陈　红　任　杰　谭　硕

食品科学与工程(8 人)

赵昌辉　张　旭　张　彪　庄山龙　毛兴韦　张　伟　何　东　程　恳

2006 级(104 人)

高分子材料与工程(19 人)

孙国强 孙红光 毛利飞 吴菁菁 牟辰中 屈慕超 张启伟 马松君 佟林宝
邵志敏 闫庚威 苏　丹 唐宇攀 郑东阳 王　璟 贺金秋 梁希凤 杨　鹏
程照东

化学工程与工艺(39 人)

王　淼 臧　永 金海新 徐　剑 郝　迪 朱振宇 贺志龙 王旭炯 周　俊
张小进 熊　凯 翟运飞 严鹏丽 许顺利 李代颖 陈　虎 廖成龙 陈　梅
李国瑞 吴　曌 陶　峰 张　磊 尚　磊 杨培林 赵彦彪 于凤斌 刘　鑫
郝世吉 潘　通 刘晓天 杨炜婧 刘祥云 宋四虎 付浩强 孙自许 袁伟坚
丘德运 聂飞虎 雷龙飞

材料化学(16 人)

郝　昫 龚　付 蒋晓纬 于振兴 付　璐 陈大宏 邓忠扬 孟祥彬 王　旭
申造宇 叶国锐 汪　洵 周安坤 孙　渊 刘　亮 张　明

应用化学(16 人)

吴生启 谈发帮 杨　帆 冯　伟 李佳龙 姜雷雷 肖　宇 米　南 吴光美
徐　斌 磨晓亮 王　位 庞　旭 宋生垚 徐晶晶 高　俊

食品科学与工程(11 人)

王鑫淼 曲璟秋 刘彬跃 李文静 贺艳秋 高星烨 李泳财 胡星才 贾　祥
何翰林 魏文强

核化工与核燃料(3 人)

李晓龙 王书洋 周尚祥

2007 级(111 人)

高分子材料与工程(20 人)

于林鑫 张磊昌 王海生 姚宇环 柳金龙 马克华 王晓明 李　朦 黄　通
岳利培 程　浩 唐一壬 齐　荣 魏　彬 陈　红 周梦志 易宁波
孙少凡(英才学院) 范曾(英才学院) 张昊宇(英才学院)

化学工程与工艺(45 人)

张立群 李　优 薛　钢 杜　磊 于海滨 胡喜武 关　婷 朱　彤 朱升财
王攀攀 杨　朋 杨　进 谢瀚萱 龚雪梅 韦元明 程　鹏 熊武斌 吕　澄

周兴彪　岳继礼　蒋阳强　刘　磊　陈　飞　王　龙　孔令宇　刘发堂　崔　莹
唐继厚　刘光耀　吴程前　尹成果　刘文俊　马荆亮　王　宏　周　伟　龙正茂
刘兴杨　赵小玲　刘义波　李宝文　李迎青　张　兴　黄晓艳
金雷(英才学院)　张　兴(英才学院)

材料化学(18 人)

陈开应　董淑明　张　鹏　吴　超　马新雨　卢　艳　肖丽丽　熊桂洪　王　钢
叶　浩　李长江　刘进财　付定国　呼小红　冯万林　胡宜栋　刘　远　王睿哲

应用化学(10 人)

许展铭　石　岩　马天龙　耿文龙　张庆明　蓝立高　赵　剑　文光垭　张晓磊
王新龙

食品科学与工程(16 人)

张云飞　徐韧博　张　然　曹　喻　刘　猛　金　山　付　锟　赵　姣　田　叹
夏志强　方　营　赵振兴　李俊文　王　兮　王　宁　赵现明

核化工与核燃料(2 人)

吴昫江　罗　霄

2008 级(145 人)

高分子材料与工程(19 人)

赵喜嘉　王文晓　宋建伟　林家骏　包鸿飞　于金旭　韩佳亮　刘青松　王　雪
张　博　张文生　刘夏林　傅　鑫　王超群　张　春　唐培毅
李俊(英才学院)　戚美微(英才学院)吴耀宗(英才学院)

化学工程与工艺(49 人)

王　良　高　超　李　超　王　强　田文生　赵　磊　马　枭　连　叶　孔祥坤
张冰清　谢明清　陆　超　张　路　蓝　卫　王鹏翔　刘军磊　侯　俊　关永良
何桂清　陈圣杰　赵增源　朱加雄　尤万龙　王晓伟　孟　冲　朱云东　李亚辉
汪　浩　于　超　蔡先玉　彭文韬　杨晓波　徐　康　赵　磊　王宝玉　方新荣
刘立振　郭明奎　冯荣坤　陈桂林　刘　展　李　冕　朱　浩　辛国旭　徐　荻
杨振钰　陈　东　成铖(英才学院)　王凯锋(英才学院)

材料化学(20 人)

张　强　史晓睿　张宗勋　郝临星　吕　鹏　杨治波　张　文　周彦松　杨膳辅
吕　羚　源李洋　闫　旭　蒲景阳　谈　翔　高　楠　刘　阳　宗　飞　乐元琪
李劲松　刘洁(英才学院)

应用化学(20 人)

王　余　龚明继　刘斌斌　李存智　李晓光　宫　剑　杨斯伦　赵智博　王忠凯

李晶晶 罗　燕 刘　杰 韦沛成 杜浩飞 石大乾 孔繁黎 牛　军 罗文强
闫杜娟 齐　敬

食品科学与工程(15 人)

刘沈志 杜凯伦 李溪盛 曹成龙 卢曦元 张西川 施吉帅 丁　立 公丕民
骆顺林 刘　柯 邓　浩 文　明 何均朝 谷竹龄

核化工与核燃料(22 人)

李天昊 郑　宇 赵赴超 程　皓 吴　磊 肖　创 李平伟 蒋智斌 张靖明
崔陈魁 刘　涛 张玉禄 乔有龙 张　宇 孟令军 王福至 刘丽飞 朱冬冬
高海滨 刘　程 曾诗蒙 刘位雨(英才学院)

2009 级(164 人)

高分子材料与工程(20 人)

马梓洋 鲍　燕 马　涛 董　巍 陈禄宇 尉　枫 丁善刚 刘巍妍 刘雅薇
刘宇鹏 邱伟峻 刘振国 管世安 高北岭 王亚飞 吴　克 眭凯强 姜　旭
李　霄 杜华川

化学工程与工艺(62 人)

吕吉先 李　静 杨　杰 李佳杰 王中砥 王　婷 王可心 王紫玉 王海博
王熙禹 张　冬 胡驰宇 钱正义 周奕旭 祝莎莎 张　杰 廖庆光 蒋守涵
韦华宇 张　瀚 李　超 王春锋 韩志清 孙春翔 刘连宝 白国峰 张少杰
闫春秋 付彦楠 纪大龙 苏迎春 杜昊晟 林　月 胡家扬 耿　鹏 郭志强
江道传 王文辉 刘　连 温明川 敖　颖 谭罗林 米高银 龙永军 海　洋
祁生铭 张亚军 李　忠 曲慧颖 齐金龙 赵　乐 陶　宇 邹　刃 汤　洋
夏琦兴 李阳阳 刘国栋 邱泽超 韩　娇 杨宗屿 孙利兴 夏云飞(英才学院)

材料化学(27 人)

张文琴 王兴帅 邸安顿 吴振维 闫春爽 吕查德 邓明达 俞　潇 徐亚南
张欢喜 杨旭可 谢辉齐 廖艳平 张　雄 陈　艳 田维超 邹　贤 王　涛
孙　博 张永强 仇壮壮 孙　帅 陶　冶 董秋实 韩钟慧 褚桥(英才学院)
王旗栋(英才学院)

应用化学(16 人)

方思宇 牛艳宇 杨丹丹 秦　浩 王　博 夏　雪 郎洁双 徐佳琳 高赛男
贺绍飞 梁　桃 谭　栋 杜　鑫 魏菁娴 冶　钧 梁智富

食品科学与工程(15 人)

黄明辉 张瀚文 马　巍 孙良勇 王　喆 贾修龙 施婷婷 顾哲林 张　波

勤力同心 笃行致远

潘文强　唐兴国　李　慧　杨玉波　乔　磊　杨　彪

核化工与核燃料(24 人)

黄敏杰　张瑞莹　马浩然　赵泽石　刘贤良　姚鹏程　王彦强　辛晓峰　肇博涛
赵　展　范盛博　崔　莹　张　博　刘润泉　郑晓荧　黄声慧　何　雄　郭辉虎
虞　泽　张剑雄　文　宁　赵礼忍　王　昱　王　政

2010 级(153 人)

高分子材料与工程(26 人)

张东杰　王利鹏　布　赫　王英力　张　兴　李　群　费飞飞　鲁　琪　刘迎迎
王　硕　刘长瑜　张晨阳　张　聪　谭　磊　郭戴义　潘海涛　胡相相　刘庆阳
鄢嘉瑞　杨晓兵　王　宇　韦华伟　郑晓强　黄云峰　宋　飞　赵生俊

化学工程与工艺(60 人)

艾天赐　黄小英　刘鑫宁　王正琪　程俊涵　田　达　岳昕阳　张云云　程柯李
蔡航锋　蓝道源　易泽强　江祖敏　马嘉骏　杨政琦　李程远　张征达　王　欢
文雅靖　李佳其　李如宏　王　琦　邵金宇　孔凡鹏　刘　飞　张衍夫　田相军
张法宁　李安石　应　坤　陈　彬　顾　畅　李亨特　张　涛　陈伦维　陈石穿
王　颖　杨　阳　张　玮　李　扬　王剑飞　苗　琦　康伟奇　陈　诚　朱深真
张航宇　陈知琛　李明仙　梁成豪　王　磊　刘　伟　邹　丰　杨昊崴　杨　娇
王富康　陈　斌　王建斐　孙利兴　傅东来　徐一方(英才学院)

材料化学(19 人)

于麒麟　韩尚辰　于　洋　胡中华　韩　鑫　赵劲松　何　强　覃鹏锦　李飞旋
苗　芃　宋俊鹏　饶倩蓝　熊　雄　刘晓雨　李　猛　赵丽宸　王　刚　马文杰
茹　毅

应用化学(21 人)

徐纪豪　刘　京　曹　传　覃燕兰　黄兴脉　李梦茹　肖　朋　孙佩鑫　姜艾锋
金书荃　王　铎　李加展　彭　靖　李欣雨　邢　凯　贾贵发　陈　齐　李思伟
徐　聪　张亚亚　蔡小富

食品科学与工程(16 人)

谯　飞　郝佳康　刘虹坤　袁红利　刘　蕾　初振岩　胡　彤　翟星辰　夏鹤鸣
蔡继翔　陈家晟　曾湘森　雷　鹏　孙　杰　袁　浪　周　云

核化工与核燃料(11 人)

王建军　章磊杰　莫淳军　简　勇　任子秋　汪润慈　余　斌　乌铁铮　何小东
周泽鲲　吴金德(英才学院)

2011 级(131 人)

高分子材料与工程(20 人)

易国星 于洪涛 苑成策 王立军 白杨 宋忱昊 李睿 孙星卉 邹纯阳
张春鹏 张群 唐均杰 曾天佑 方飞 吴婷 郭靖 赵锦豪 李日旭
胡文博 姚玥(英才学院)

化学工程与工艺(51 人)

傅东来 郝建响 花俊夫 张文博 王婷婷 刘玉鑫 耿潭 项南 陈志刚
杨子涵 周振心 黄振东 陈将飞 屈红丽 蒋丰 李剑非 赵越 刘杨睿
林泽羽 牛勇超 李德祥 王金春 李东琦 沈毅 于江永 胡合成 黄晓惠
邱毅 任杰 陶驻 王一帆 刘冠杰 洪学元 曹毅 艾家强 黄艾灵
张羽听 韩国康 李栋 江小标 肖理 梁彩云 周龙鹏 唐聪 黎恩源
董毅超 包锦春 张宝顺 朱明华 张绍松 陈苗苗

材料化学(17 人)

周庆炎 李俊心 孟俊生 朱佳奇 刘悦 李鉴桓 简佳煌 戴明金 曾炜
刘秩桦 胡永源 刘荣萱 何潘婷 汤鹏霄 黄希 成吉思远 李凯

应用化学(10 人)

李硕 何江龙 樊潇 仇乐乐 郑绪彬 王芳炜 周雪松 王加涛 陈威
徐睿

核化工与核燃料(4 人)

郭彤 高洋 林峰 胡小飞

能源化学工程(15 人)

张剑桥 郭怀 李崄雪 张刘庆 李尚鸿 崔莹贝 吴迪 杨天舒 李典霖
尚云飞 林泓旭 尚宏儒 李巧 徐晟 徐丽莎

食品科学与工程(14 人)

董浩 梁宏 张春玲 吴依繁 桑广邑 刘晓冬 虞程琦 俞婷 杨杰鸿
周庚勇 麦树财 任青兮 王正旋 吴先帆

2012 级(161 人)

高分子材料与工程(22 人)

王晓强 王秋霞 李震辉 崔启桐 战捷 关胜杰 陈海旭 尹玮达 陈以琳
施旭 张大禹 张麒 祝长城 黄坤 丁磊 林幼萍 朱志琦 蔡志明

罗曼琳　李嘉文　原　因　钱艺豪

化学工程与工艺(42 人)

葛　旺　梅正繁　方露莹　钟国龙　王　晨　张鹏香　刘超军　李孔明　邓建华
郑　宇　周蜀东　卞育昌　郭　城　李新魁　斯塔菲　刘松松　甄晓枫　李睿楠
李柱石　吴李斌　黄金晶　燕　禾　程志宏　温小玉　田远东　张荣钊　刘智源
郎青·额尔德尼　赵　翔　张书剑　梁博识　楚惠雅　杨东辉　乐浩南　卢仁坤
夏贵岭　代　松　张　傲　吉军义　魏振业　李荣娟　魏彦文

材料化学(20 人)

武学森　张相彬　石英辛　吴月含　洪伟钊　孔华彬　胡潜骏　任俊伟　王　力
李　巍　杨　斌　覃中正　李柄君　徐建国　马天晔　贾政刚　敖冬飞　张玉山
孙宝玉　邹博华

材料化学(22 人)

王亮亮　孔　禹　胡云霞　杨咏静　郑亚伦　赵鸣扬　丁方伟　赫　励　于天佳
李泽生　张红玥　王茂旭　吴灿龙　尹言有　蒋翊宸　陈杨林　邱　越　杨朝琨
王　位　邱胜友　仇振宇　刘　超

应用化学(14 人)

张善朴　胡　杨　邱雪英　沈云峰　张　伸　黄国梁　赵中阳　熊　露　张文博
杨　靖　陆向宇　袁　野　熊美玲　昌　晴

核化工与核燃料(10 人)

段亦飞　戚雁武　李振南　刘　帅　郭　迪　项亚康　刘成豪　刘大伟　黄　炜
刘　鑫

能源化学工程(17 人)

邱子健　赵小彬　覃国师　谢浩添　赵晓璐　王林峰　老欣悦　郑继明　芦　乔
张成佳　官禹霖　高满意　宋爱利　单　宇　雷　斌　韦立桦　孙嘉星(英才学院)

食品科学与工程(14 人)

佟云娇　杨雨茗　孙　月　董子源　刘国梁　谢丽平　陈旭辉　庞　栋　彭方帅
薛　佳　熊　毅　刘　烨　梁志颖　孙权宏

2013 级(147 人)

高分子材料与工程(17 人)

魏朝堂　张杰焜　董子健　郑方圆　孙　博　曹莹莹　谷浩宇　于　龙　陈君剑
何振宇　温　泉　张　龙　张东秋　张炫烽　蔡青福　黄凌云
LOPEZ ORTIZ ANDREA ESTEFANIA(丝塔夫)

勤力同心 笃行致远

化学工程与工艺(39 人)

王永吉 马睿乾 唐 汉 宗 鑫 吴 昊 韩嘉男 肖力辉 郑玲玲 陈代来 覃冠雄 杨 可 王银拴 曾繁宇 梁振金 刘 达 李清馨 朱彦飞 陈家鑫 吴建廷 张 南 金铁城 周敏剑 张建清 梁 瑞 彭方威 刘嘉杰 谭 蕾 于丽男 刘康琦 倪嘉伟 李冠颉 叶卢俊 卫萍萍 官 佺 郭建峰 赖彦良 陈昌举 魏方旭 陶 则

材料化学(15 人)

霍婵媛 陶 然 孙 乾 曲帝吉 那益嘉 鞠渤宇 孔 祎 谭瀚林 段美林 王元川 华 可 阳 旭 王永杰 巫云开 吴富贵

材料化学(21 人)

宋卓恒 许樨榕 关 斌 高 晗 齐 丹 沈晓杰 许耀元 白金瑞 吴 帆 张莹月 莫云程 富嘉琪 项 斌 尹君杰 黄惠煌 付 康 罗 程 周 昶 李油玫 郑亚丽 李钧卓

应用化学(12 人)

王学涛 孙赵洁 刘志威 储永乐 耿照杭 王 跃 马俊扬 吴 邕 马 妍 孙田成 尤胜杰 谭才图

核化工与核燃料(6 人)

梁子坚 韩迎新 刘靖宇 邱雯钦 吴 波 马文结

能源化学工程(19 人)

宋韦剑 王 鹏 闫帅斌 张宇奇 赵丹洋 李 冰 冯鲁昊 王 庶 崔 璨 韩嘉新 刘馨阳 段三虎 张胜涛 付 昊 王昱璎 刘 涛 彭 博 杨传伟 谭 涛

食品科学与工程(18 人)

蔡 宇 高振洪 白钰莹 王 玥 魏增衍 张一爽 陈硕楠 李 旺 张登国 高 远 李计伟 邵鹏起 梁明才 江罗娜 李昕晏 徐梓阳 古 成 钟朝泽

2014 级(179 人)

高分子材料与工程(26 人)

周子涵 舒鹏飞 周煜彤 李 浩 张天乐 姜 警 郝 健 宋韵佳 袁碧秀 杨锦帅 刘 旭 张校萌 王 爽 余子尖 赵凯捷 余松吉 金 臻 陈贝嘉 马震宇 李振奋 李达治 钟永智 HANSEN MANUEL(曾寒升)
FARELL(陈勇健) MABOYI NOKUZOLA BOIKANO(左拉)
KIM MINJOO(金旻柱)

化学工程与工艺(47 人)

史剑桥 王晗 屠晓强 周著人 项李志 陈凯 王启航 童慧刚 徐唐亮
张时钰 周乔 白小明 郑发伟 刘谭鸿 宫仕佳 金英敏 刘诗宁 喻哲晗
张各 陈仲杰 鄢子觉 史方明 邓亮 刘仕宏 杨旸 何昕 胡广兴
陈飞 周扬 赵伟 张钰 牛壮壮 郑洁莹 胡越凡 赵程浩 阮周石林
何向远 赵连敏 徐鸿 黄星皓 张瑞天 尚书 唐双龙 王越 高云天
陆城业 余华海

材料化学(21 人)

陶致宇 崔凯 邓天奇 李丹莹 董琪 张济广 任梦强 熊启阳 赵修煜
杨雅文 肖雁东 姚锐 孙硕 赵勃然 王新柱 刘啸虎 解冠宇 王祖锟
刘若能 谢子龙 徐一童

材料化学(24 人)

杨惜晖 白铭皓 封司同 王万鹏 赵丹 刘洋 肖毅 孙健哲 安迪
张宝欣 王思奇 王天祥 宋颖斌 朱留丙 李俊毅 黄思逸 张毅重 夏宁
文德春 宾张杰 刘维凤 叶义飞 杨贵业 赵晨阳

应用化学(13 人)

郑博 赵宇凯 卢子昂 张欣宇 张欣童 王嘉奇 张思琪 刘澍 陈晓宇
洪颖潇 冯晨 黄丹梦 冯凯

核化工与核燃料(14 人)

董少明 詹博玮 张磊江 许海燕 邓志良 崔春盛 童天泽 杨露瑶 刘光耀
李泉成 赵超 舒寅川 王琪琦 曾刚毅

能源化学工程(19 人)

李江 李仁龙 宋亚杰 闫沁宇 王冠 刘栎钊 崔邴晗 池凯超 冷强
程琛 王新瑞 王博 何震 解思杰 袁青 栾力焜 崔子牧 孙碧涵
邓胜文

食品科学与工程(15 人)

孙海涛 张家殷 杨雨凡 胡婷蓉 王宇 董重 王钧渤 于佰惠 黄河
朱玺融 阎彤飞 赵致远 刘睿 唐寅朝 赵昊勋

2015 级(130 人)

高分子材料与工程(16 人)

万钧君 张乾 曹成硕 钟博文 薛舒晴 郑雪松 林欧凯 吴一琪 何曦
周晟雯 栗铭志 段建清 叶勇杰 王馨雨 梁熠坊 胡佳铭

化学工程与工艺(35 人)

王　坤　沈白承　王　猛　万俊豪　李志锋　林宇哲　彭周颉　杜克亚　徐浩然
于鑫龙　孙俊杰　任振宏　杨　明　曾学浩　王婧莹　林宇亮　李远清　夏　洋
吴方栋　陈虹冰　刘　旭　王康浩　宁　宇　时曜轩　石　玺　杜雨民　杨子旭
赵玉辉　张　鑫　刘忠飞　李　杰　任永硕　刘净伊　杨鹏展　付梦雨

材料化学(20 人)

任志恒　游　毅　周常楷　朱芸宏　杨子钰　陈旭毅　蔡宇晨　钱奕舟　许杰杰
于连元　肖子杰　张　彪　卢思雯　马可新　唐思哲　陈倚孝　朱一宁　苏　欢
刘　悦　余文彬

材料化学(20 人)

夏宇良　吴宇锋　朱子瞻　欧阳水鸣　周　瑞　李　云　魏国钊　周雅琳　丁璇璐
张志坤　戴云逸　韩建勋　暴诚龙　刘毅强　吕南希　周朝霞　王浩文　梅韦康
黄　健　李　为

应用化学(11 人)

任学业　吕靖成　康　聪　王琰康　许嘉男　刘晓龙　彭吉生　薛家栋　闫百通
王楚元　胡　波

能源化学工程(11 人)

孟　柯　苏长河　季振超　周洪志　张易艳　罗瑞泉　李中华　高　震　刘　铸
汪郑扬　黄　阳

食品科学与工程(17 人)

关雨轩　潘江昊　张　震　范文鹏　李庆一　杨慧勤　朱元昊　韩行行　马佳沛
蒋双保　刘　旗　王　倩　孟尔凡　卢晓飞　王来钊　张　亮　刘俊利

2016 级(141 人)

高分子材料与工程(29 人)

李尚松　单宇行　韩鑫钰　刘江峰　左志楠　李美谕　丁逸飞　潘昊泽　张润泽
邹湘斌　李泠锐　赵金旭　宋子蝶　帅　琦　李宏凯　查　昊　汪骐远　姚　京
胡宇航　陈思宇　郭宇浩　薛康乐　王彦直　张　威　林洋恺　王一凡　李蔚然
华梓博　刘　翔

化学工程与工艺(46 人)

任超群　李海娟　赵宇鑫　刘　博　王健铭　李宇轩　王　岩　霍鹏飞　张　强
王欣荣　刘　畅　黄颂德　孟　凡　贾　宾　朱江晨　栗世涵　叶创新　严玲慧
凌芳鑫　邰春艳　施凌锋　陈　铭　李鹏辉　刘崯海　肖宇雄　时家奎　张碧溪

李宇蒙　房佳辉　袁熙呈　李　晶　李志诚　马羽彤　周诗瑾　肖相俊　李春燕
张嘉强　王天骏　吴雪枫　吴　桐　王清怡
AHMED MOHEYELDIN HASSAN ADAM(亚当)
RUIZ ORLANDO(奥兰多)　BRANDON FRANDINATA(张震)
SATJAWATTHANA CHUSIT(楚西)　DEVAN DELFANO SEDASUS(黄金龙)

材料化学(18 人)

俞广志　刘敬道　陈京麒　赵洪胜　由可晟　刘述德　潘志锦　刘　凯　刘晓东
闫　琦　王朵拉　赵语嫣　侯正阳　谭　伟　张宏伟　王伟娜　廖　洁　赵志坤

化学(8 人)

胡　珊　吴宇锋　丁璈璐　孙德越　王傲群　郑建宗　叶浩昕　何泉泽

应用化学(20 人)

赵林飞　毛　洵　王　岚　陈大富　臧凯杰　康　宇　孟令浩　周宇泽　杨　鑫
马祎迪　黄　睿　史文彧　冉欣雅　宋禹成　张钧贤　田昌昊　苏　琛　隋文博
朱子夫　巩　雄

能源化学工程(15 人)

陈泽明　汪　星　邬磊彧　孙伟峰　曹　禹　何晓江　刘子琳　冯　瑾　张雪松
薛博文　张　乐　张　恒　张春博　李心宇　王洪刚

食品科学与工程(5 人)

纪仁松　田娇娇　荆　凯　徐文浛　刘炳霄

总人数:4 342

历届硕士研究生名单

（本部分年份为授予学位年份）

1985 年　工学(7 人)

应用化学(6 人)

程先华　姚　杰　沈晓明　姜兆华　刘新保　赵庆君

高分子材料(1 人)

陶晓秋

1986 年　工学(10 人)

环境化学工程(4 人)

周明亮　孙德智　陈小玲　廖永忠

应用化学(6 人)

邱光杰　张　满　吴丽娟　安茂忠　王　锐　刘　宏

1987 年　工学(26 人)

环境化学工程(9 人)

贺　珍　朱　祥　李淑芹　刘国光　何争光　尹平河　刘　林　杨军(校外)
李政(校外)

应用化学(应用电化学)(11 人)

闫心奇　邱广涛　陈玉娥　李学刚　杨硕林　徐　明　贾华琦　罗煜焱　冯　军
张英杰　钟　石

应用化学(表面加工)(2 人)

向　上　孟惠民

高分子材料(4 人)

张洪喜　赵金保　张秀斌　陈　刚

1988 年　工学(18 人)

环境化学工程(7 人)

尤　宏　袁惠民　邱志国　候文华　卓昌爱　范顺利　李萌初

应用化学(应用电化学)(7 人)

高宏伟　马良悦　孙克宁　高学铎　周成立　吴江峰　李乃朝

复合材料(4 人)

董　岩　许延军　吴绍兵　王合生

1989 年　工学(25 人)

环境化学工程(11 人)

谢绍东　李开明　孟宪林　王业耀　韦朝海　柳仁民　陈延民　王德权　傅崇岗
岳奇贤　张宝良

应用化学(表面加工)(2 人)

孙天健　许　越

应用化学(应用电化学)(12 人)

乔庆东　衣守忠　夏保佳　穆俊江　王殿龙　孙福根　蔡国庆　陈明亮　王维波
巴俊洲(校外)　王晓光(校外)　徐衍芬(校外)

理学(3 人)

高分子化学(3 人)

乔丽艳　戴亚杰　李　寅

1990 年　工学(25 人)

环境化学与工程(6 人)

张欲非　李仲文　刘　雷　苏德林　曹　曼　赵大传(校外)

应用化学(13 人)

张继海 施 永 陈 猛 周志军 钱新明 张忠林 戴凤英 戴长松 张连墨 李连琦 宋兆华 魏俊华 王定华(校外)

高分子材料(6 人)

周玉祥 程浩川 张德庆 苏荣军 陈二龙 金庆镐

1991 年 工学(16 人)

环境化工(5 人)

鄂利海 柳 萍 杨春平 王建龙 熊岳平

应用化学(8 人)

常连宾 罗新耀 夏定国 张亚杰 慕晓英 吴爱深 刘喜信 李文良

复合材料(2 人)

亢国胜 孙晓然

无机非金属材料(1 人)

贾晓林

1992 年 工学(19 人)

环境化工(3 人)

周抗寒 吕 群 张 勇

应用化学(10 人)

吴振东 任先武 魏 波 刘晓东 张 力 严川伟 曲志涛 郭志刚 袁安保 杜克勤

材料物理(1 人)

王佐诚

复合材料(5 人)

何 庆 王 军 王 彦 周春华 孟令辉(在职)

1993 年 工学(23 人)

环境化工(7 人)

丁德才 戚道铎 胡 翔 肖晋宜 赵蕴芬(在职) 刘惠玲(在职)

勤力同心 笃行致远

李政一(校外)

应用化学(12人)

黄海江　袁孝友　李道山　宋国松　郭清志　吕朝晖　李　欣　何正山　陈建设　王建明　袁　玲　王守军

材料物理(1人)

彭华新

复合材料(3人)

曲少龙　王福善　贾晓林(在职)

1994年　工学(21人)

环境化工(5人)

苏　彤　李朝林　唐冬雁　刘有昌　孙治荣

应用化学(10人)

李常清　郭慧林　周泽权　黄德勇　张全生　朱希平　全成军　许兴利　何　伟　李　君

复合材料(6人)

孙　莹　王　东　孙文训　周芳芳　杨　平　石建新

1995年　工学(29人)

环境化工(6人)

范文宏　任冬艳　李　璟　吴　雁　徐用军　徐怡珊

应用化学(16人)

赵　力　武彩霞　于升学　张树永　常立民　温世荣　刘光洲　申日辉　赵胜海　周景玲　王月芳　李定平　王　成　全成军　张丽新　杨春晖

复合材料(6人)

刘宇艳　董新新　冯　玉　吴金珠　顾　辉　张晓明(校外)

无机非金属材料(1人)

余大书

勤力同心 笃行致远

1996 年 3 月　工学(34 人)

环境化工(10 人)

慎义勇　韩力平　潘锦红　郑　彤　鲁秀国　范小林　唐良洁　张乃东　陈志强
孙福德

应用化学(13 人)

程新群　李建玲　潘宏伟　雷孙栓　叶丽光　李秉文　李自松　刘丽伟　周　强
陈　磊　蒋太祥　王光荣　贾　铮

复合材料(11 人)

田茂忠　艾　军　刘泽询　齐竹芳　朱　军　张晶莹　章少阳　刘　福　庄军莲
张立新　刘大格

1996 年 6 月　工学(38 人)

环境化工(11 人)

周　力　明平文　张云岭　赵广英　石宝友　段晓东　吴舜泽　宁长发　王雪梅
孟　军　冀滨弘

应用化学(16 人)

闫　岩　王滨松　王宝光　李国强　方海涛　王军荣　宋继东　咸春颖　杜翠薇
宁　刚　顾建成　王凤丽　颜　丽　刘晶华　周霁罡　毛永志

复合材料(3 人)

党旭佞　蒋　钊　王　铀

无机非金属材料(8 人)

张晶莹　朱　军　章少阳　陈树坤　陈连发　张明福　吴晓松　吴湘伟

1997 年　工学(28 人)

环境化工(6 人)

李亚红　胡　燕　范延臻　马玉新　孙晓君　单俊杰(在职、校外)

应用化学(14 人)

黄玉强　白瑞峰　王翠英　刘志刚　刘剑峰　梅晓红　罗成元　柯　克　何承群
夏朝阳　陈　玲　张丰发　周红卫　蔡佩君

复合材料(5 人)

李俊伟　邹守顺　徐　晖　张亚峰　刘　丽

无机非金属材料(3 人)

李　垚　赵九蓬　张　玥

1998 年　工学(40 人)

环境化工(12 人)

姜大雨　付莉燕　戚　爽　王海燕　叶　�　王俊辉　高锡才　刘　红　亓学梅
王青国　尹一戈　陈春云

环境工程(1 人)

宋　爽

应用化学(16 人)

赵杰权　闫智刚　江新芳　韩　露　屈仁刚　侯仰龙　刘新军　陈　莉　王旭东
王东路　王春生　时培敏　晏莉琴　黄　键　王立勇　卞鸿彦(校外)

复合材料(5 人)

邱　军　于春茂　刘玉文　宋宏伟　付秀伟

材料学(2 人)

吴松全　邵延斌

无机非金属材料(4 人)

鄢　浩　王　文　张俊宝　李文旭

1999 年　工学(24 人)

环境工程 (7 人)

林坤德　史长勇　余学春　岳同明　沈雄飞　郭晓燕　杨威*(校外)

应用化学(9 人)

刘　宇　王久林　武　刚　刘建明　赵志威　王　庆　常海涛　康晓红　贾学刚

材料学(8 人)

朱惠光　曹海琳　岳继华　马恒怡　王宝湖　辛世刚　于志强　魏克成

2000 年　工学(16 人)

应用化学(8 人)

孙　雪　杜春雨　何显峰　蔡亚光　章宁琳　纪　红　孔凡涛　路　密

材料学(7 人)

吴晓宏　田华雨　李　岩　王天慧　秦　伟　张春华(校外)　孙宝华(校外)

无机非金属材料(1 人)

魏克成

2001 年　工学(22 人)

应用化学　(10 人)

王鸣魁　黄冬梅　张熙贵　朱成勇　朱承飞　马丽萍　袁国辉　张乃庆　丛　华　徐衍岭

材料学(11 人)

周永丰　张　伟　邵　路　王　卓　金　政　石　蕾　高志秋　杨红兵　马兴法　李益民　李根臣

无机非金属材料(1 人)

王　静

2002 年　工学(57 人)

应用化学(15 人)

谷晓杰　马咏丽　杜文龙　林道勇　彭工厂　王　涛　王德宇　王新葵　栾中华　杜明华　林则青　郭垂根　陈　湘　王进福　黄晓梅*

化学工程(5 人)　(工程硕士班)

吴贤章　朱品才　包有富　毛贤仙　余四红

材料学(12 人)

李艳辉　孙举涛　李瑞华　吴　芸　李建华　王学兵　张学军　巩桂芬*　陈蔚岗*　黄国丰*　张春红　李大伟

无机非金属材料(1 人)

石　蕾

勤力同心　笃行致远

材料工程(24人)(工程硕士班)

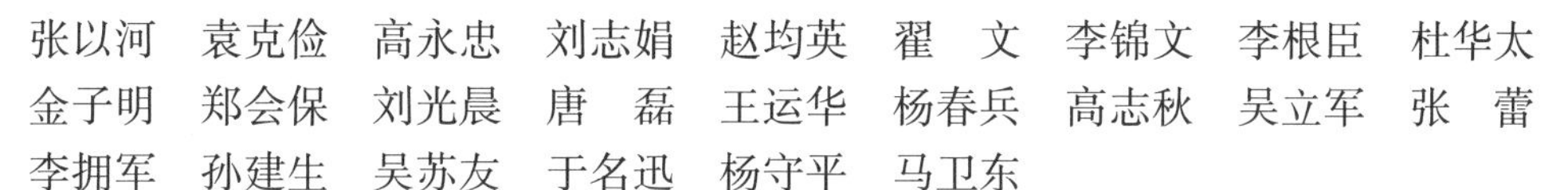

张以河　袁克俭　高永忠　刘志娟　赵均英　翟　文　李锦文　李根臣　杜华太
金子明　郑会保　刘光晨　唐　磊　王运华　杨春兵　高志秋　吴立军　张　蕾
李拥军　孙建生　吴苏友　于名迅　杨守平　马卫东

2003年　工学(41人)

应用化学(28人)

王振波　史瑞欣　黄　睿　贾瑞宝　聂义然　吴宁宁　谢小美　杨雪梅　王冬晶
张　皓　刘　军　杨　涛　张凤敏　王　丹　刘　颖　郑　伟　杨　红　邢晓旭
侯　敏　刘荣娟　张学伟　高　鹏　丁　飞　张慧姣　张耀辉　邵玉艳　吴志红
严乙铭

材料学(10人)

吕彦冬　李　伟　阳春莉　赵苍碧　许　辉　张　妍　李　娟　李　鹏　李大伟
李瑞琦

无机非金属材料(3人)

刘洪权　刘洪洋　刘新宇

2004年　工学(81人)

应用化学(28人)

刘海萍　杨　敏　张　一　黄晓涛　曹志锋　顾　健　任　宁　王　鹰　朱红平
伊廷锋　王　芳　乐士儒　张　鹏　石　磊　王宇轩　贾德利　付长璟　朴金花
凌　刚　许国锋　徐晓燕　王春雨　龙运前　姚俊峰　张菊香　舒　杰　张吉林*
黎德育*

化学工程(7人)　(工程硕士班)

王　路　张　华　赵金珠　王　瑜　马荷琴　李红祝　奚立民

化学工艺(27人)

付连春　徐志伟　谢　龙　赵毛毛　尚　安　刘文武　宋　迎　闵春英　陈乃涛
张贺新　张雪林　李　爽　李卫东　何利娜　张春芳　刘　冰　张　建　金仁成
吕观顺　谢　颖　付　强　卢晓东　刘丽丽　刘爱学　张　杰　张学忠　矫灵艳

工业催化(17人)

柯春兰　苏铭汉　李晓华　蔡　丽　周海生　乔金硕　李延伟　孙　亮　赵亚囡
朱晓东　索春光　杨凤杰　张　亮　王洪波　张利军　黄兴桥　胡会利

材料学(1 人)

张秋明

无机非金属材料(1 人)

李亚绢

2005 年　工学(95 人)

应用化学(28 人)

唐俊松　尹屹峰　张迎春　赵　静　陈　思　段伟伟　王二东　黄　莉　王家钧
闫　捷　侯俊波　王广进　郑书发　谷　芳　仝玉进　于昌双　刘　伶　高丽霞
任吉秋　蔡克迪　寇　亮　雷琼宇　常　宽　刘作鹏　海尔汗　邹忠利　张文吉
张晓红*

化学工程(17 人)　(工程硕士班)

陈象豹　陈丽颖　王　昉　陈益奎　孙彦铮　王庆华　杜永超　赵晋峰　王　捷
刘延东　郭永全　刘浩杰　王泽深　刘　春　刘雪省　卢　波　王　蒨

化学工艺(29 人)

钱　娟　葛　牧　许艳波　孙科军　高玉枝　董春妮　赵　勇　张春荣　张　蕾
马昌友　王天玉　李晓丹　曾晓斌　彭婷婷　杨占成　王剑飞　何薇婧　杨小波
曾　科　张大伟　梁志霞　杨　帆　蒋兴荣　周艳飞　杨　军　任　众　秦利涛
赵　亮　周育红*

工业催化(19 人)

周　楠　周洪平　陈庆峰　郑为启　王国文　张　彬　孙毅兵　刘　鹏　罗广求
蒋丽敏　丁大勇　莫治波　李吉刚　李　鑫　李晨亮　徐　平　白　青　林剑斌
穆松林

无机非金属材料(2 人)

冯海东　赵　华

2006 年　理学(34 人)

无机化学(16 人)

朱崇强　孙宏利　高　源　黄金祥　靳　磊　陈元娟　马　磊　权茂华　王　佳
马　岩　宋春来　张若楠　穆　晗　樊瑞娟　左海英　吴雪莲

高分子化学与物理(18 人)

黎　俊　王　虎　徐丽薇　李敏锐　于　虹　朱　琦　刘晓磊　郭　慧　王　智

哈盛章 范大鹏 赵 峰 方佳莹 刘 媛 张泓喆 王 卓 宫显云 朱 岩

工学(71 人)

应用化学(27 人)

文 波 连爱珍 袁春刚 高照利 夏继才 陈 辉 许凯冬 赵 君 孙 武
刘 联 张春丽 霍慧彬 张晓旭 杨 铁 马亚旗 曾 佳 王 辉 崔闻宇
矫云超 葛 昊 成信刚 李建忠 刘西净 卞军军 张文禹 羊 俊 宋振业

化学工程(1 人) (工程硕士班)

孙延先

化学工艺(16 人)

石德付 陈旺俊 由佰玲 田启友 华 杰 管彩云 朱学多 唐绍彬 魏兆冬
郭双华 苏培博 掌继锋 朱建华 尚 卓 赵贵梅 王云龙

工业催化(19 人)

李英宣 范立双 郭兴华 孙言春 尚广亮 樊丁珲 吴 楠 孟庆辉 徐 莘
沈哲敏 朱 静 郑旭翰 王 淼 张红杰 李春彦 程世婧 王 砥 刘 可
孙贵权*

生物化工(8 人)

余世锋 陶 然 麻炳辉 罗 聪 杨福明 苏晓雨 国 霁 张 宝

2007 年 理学(32 人)

无机化学(16 人)

吴 婷 马 晶 王小东 赵 威 郭晓玲 林 娟 张 鼎 李 季 刘 杰
郭 强 董晓静 曹 众 王威力 李 颖 张 磊 刘 辉

高分子化学与物理(16 人)

孙 硕 孟秋影 吴丽娜 赵瑛琛 杨 云 蔡克龙 王 卉 黄 姗 韦业奋
刘 魁 王 峰 赖学平 魏赛琦 宋兴来 杨 勇 高 雅

工学(89 人)

应用化学(2 人)

李 军 高春波(高级教师)

化学工程(7 人) (工程硕士班)

魏廷权 李 丹 邵双喜 杨宝峰 林晓东 张绍辉 薛 巍

化学工艺(17 人)

赵海波 崔 博 黄青娜 丁显波 姜静静 谭延江 王志江 成海涛 边 疆

赵丽荣 陈　龙 覃　吴 杨　勇 姚俊海 王　娟 李雪爱 高雪田

化学工程与技术(39 人)

阿　山 刘　琼 张慧玲 郑　剑 武俊萍 李吉丹 陈丽姣 姜丽萍 王明冶
万山红* 刘　冰 谭　谦 黄兰香 孙　庆 高振国 李永梅 李　娟 李　冰
孙迎超 张　生 杜　杰 盛　军 毕四富 尹丽丽 陈新冰 孙　兵 马毅斌
郝雪峰 吴仕明 吴丽军 王芳芳 刘桂媛 吴青龙 王　莹 徐　峰 杨湛林
姚琳琳 刘静涛 王　崇

工业催化(15 人)

黄盛蓉 韩　伟 穆　菊 王文久 杨同勇 周　超 尹　燕 马守涛 任　丽
苏　林 刘　冰 尹永哲 王　辉 张功侃 吴丽平

生物化工(9 人)

刘　博 王　鸾 兰俊杰 李　莹 武　卓 熊琼超 章振东 邱建伟 王海燕

2008 年　理学(34 人)

无机化学(17 人)

付秋月 辛伍红 苗　苗 余　勇 杨　恺 宋艳伟 褚　佳 夏士兴 李　莹
陆　明 付东升 刘大锐 孙　旺 杨　柳 冀　鸽 宋长梅 李　雪

高分子化学与物理(17 人)

贾　雷 王保启 胡　娜 胡　君 李　燕 刘　艳 张如良 隋微微 邱　冬
杨　勇 荆祥海 黄　旭 林　鹏 韩春苗 金　鑫 陈中武 杨宝红

工学(81 人)

应用化学(27 人)

程晓燕 严　琰 刘　慧 郭昆明 柳志民 沈水云 朱凤鹃 尚晓丽 曹　旭
祝　青 周文娟 王　敏 周传哲 王　岩 陈旭耀 高维广 朱学佳 赵富霞
金海族 邢乐红 李海先 杨万光 谈　骤 赵夫刚 商红武 王秋明 崔晨昊

化学工艺(17 人)

汪茂菊 刘瑞高 李秀莹 谢冰兰 贾方舟 顾金玲 王　超 李　康 祝洪奎
潘晓娟 孙浩杰 谢中禹 卢　艳 高会会 杜亚南 张　岩 田秀丽

化学工程与技术(10 人)

杨　滔 夏国锋 项海锋 郑　振 李永彦 刘　军 尹永哲 任俊霞 万　杰*
张　晶(高级教师)

工业催化(14 人)

高　杰 李鸿建 王　佳 刘璞生 吴　臣 陆冬青 李翠翠 张永梅 崔　英

刘维海　和广庆　卓建伍　宋以斌　李　丽

生物化工(13 人)

张　爽　于　淼　杨　凯　刘鹤楠　刘春平　李春阳　高　鑫　崔砾砾　赵宏璐
毛　兵　聂　蔚　任　迪　齐国俊

2009 年　理学(35 人)

无机化学(12 人)

吕维强　王　平　郭玉娣　胡　伟　王淑堂　丁艳波　葛士彬　陈海燕　何宝珠
刘　蕊　刘　玉　胡　璇

物理化学(7 人)

王　浩　王子佳　谷留安　杨　熙　李寒阳　郝树伟　金鹏飞

高分子化学与物理(16 人)

丁新艳　于胜志　杜　雷　修志锋　杨兴娟　刘　洋　刘大兴　李　瑞　张金宝
张　帆　冯　春　刘　辉　李　犁　刘平磊　刘　薇　周晏云*

工学(82 人)

应用化学(1 人)

朱传勇(高级教师)

化学工程(9 人)　(工程硕士班)

司宏君　苗冬梅　滕彦梅　王常波　王洪伟　张春涛　马永泉　罗　斌　宋　波

化学工程与技术(58 人)

施玲玲　冯　金　刘　彪　王晓宇　卜海涛　王文英　韩妙斐　肖　宁　潘中海
郑利民　陈　海　张　蕾　王夏芬　孙含笑　朱盈喜　田　栋　马春霞　王宏宇
江　船　王向慧　宫玉梅　董存库　牛丽丹　战　红　杨　双　刘彦梅　王建伟
孙化松　庄　容　臧海梅　高小佳　徐加民　温　娜　陈卫涛　孙净雪　李成伟
刘瑞卿　庄新娟　莫　念　刘宝丰　陈振宇　韩　璐　刘　肖　郭　静　李崇幸
王艳萍　贾　荻　孙　伶　孙珊珊　秦　波　徐　超　马全新　李永刚　谭晓兰
康　瑜　李玉歧　赵凤娟*　于元春*

食品科学(14 人)

梁　栋　王　雪　冷　佳　黄微薇　王弘杰　李宁娟　郭建国　张海玲　孙鸣序
葛　岭　房习习　李　娜　王　鑫　张　丽

2010 年　理学(36 人)

无机化学(17 人)

谷献模　张　群　段相彬　潘旭闽　王　云　丁晓东　李梁梁　毛义武　关丽丽
邱海龙　赵培艳　任锦宇　赵佳宁　王冬梅　李已才　楚　盈　张艳娇

物理化学(6 人)

李　峰　葛怀刚　陈静晶　陈新强　邱宝付　王　辉

高分子化学与物理(13 人)

刘　坤　袁文静　高　猛　孙雯雯　赵传奇　高章飞　严文斌　王晓坡　单国华
缪长礼　杨海冬　马悦欣　杨海冬

工学(90 人)

化学工程(15 人)　(工程硕士班)

梁世硕　宋维根　卢桂峰　李兴华　廖　奭　尚艳莉　谢　勋　田　广　陈于春
武雪峰　肖　畅　王艳辉　岳超华　马兰芳　敬素君

化学工程与技术(59 人)

冯英武　杨丽杰　高　源　杨卫岐　高翠花　任亚琦　王　冲　吴林飞　刘顺洲
李　伟　计结胜　于耀光　易传贵　倪　丹　武　术　王丽媛　燕　波　王丽娜
王　毅　黎海波　冯慧峤　王　娜　刘　佳　李　松　田　浩　郎　野　谷红微
郑　毅　张家林　陈焕骏　李　伟　张　伟　王海燕　边雯雯　曹志坚　孙卫国
程　琳　邢丽丽　朱晓航　蔡杰健　魏召唤　梁一林　刘　杰　张　宁　曾　林
王振宏　田书君　肖　锋　郝丽敏　遇世友　邵爱芬　郑晓玲　王　欢　齐素芳
朱　超　姜承慧　范香容　谢朝香　柳　雪

食品科学(16 人)

吴志光　高雯欣　李　琦　王士磊　薛超辉　王　璐　邵文娇　徐桂连　杜连荣
郝博慧　綦　蕾　崔茉丽　李　芳　容　容　李小雨　蒙　琦

2011 年　理学(50 人)

无机化学(15 人)

江　玲　李　亮　孙存发　王小菲　周　密　刘　洁　韩　啸　李春梅　朱　鹏
陈　红　唐翔波　程　言　孟宪伟　隋旭磊　韩　帅

高分子化学与物理(16 人)

赵　敏　李祥龙　李　娜　王盛蕊　刘宇婷　唐宪友　顾　静　韩建平　黄一峰

勤力同心　笃行致远

裴冠中 王凤文 韦会鸽 季 楠 张建军 母长明 孟祥旭

物理化学(19 人)

陈秋枝 孙虹南 齐小丽 陈 虹 李天保 王志军 张晓林 董国超 卢 瑜
秦余杨 刘祝娟 汪春晖 林 润 杨 菲 李 乐 孙境尧 李 伟 赵 伟
张 颖

工学(93 人)

化学工程(11 人)

丛爱丽 郎笑石 刘伟伟 邵 韦 何 淼 许可松 陈 琳 姬姗姗 李东东
赵 欣 李 兰

化学工程与技术(66 人)

沈川杰 尚立伟 解 卿 李颜海 孟玉凤 田 明 李 冰 王 涛 张 菲
仇兆忠 陈晓龙 刘 正 刘彩萍 石 晗 郭 倩 秦利明 刘安敏 汪 洋
杨思远 黄兴林 李炳江 汪 立 于 倩 刘 晋 李庆阳 孔祥萍 张 洁
任雪峰 方 亮 汪 松 张 毅 王 琳 赵 宏 谢新苗 刘秀影 张 慧
吕文邦 王丽萍 杨胜男 甄江曼 卢光波 晏 明 胡文星 彭进明 万 浩
任 杰 孙胜男 侯胜伟 邓国静 陈佰爽 张永光 阚文涛 张 娜 杨永斌
朱俊生 赵 超 孙培亮 王艳青 任丽丽 魏思捷 吴宁宁 胡素荣 雷作涛
康美荣 王竞鹏 邢 奇

生物化工(1 人)

李宝磊

食品科学(15 人)

葛 岭 张宸阁 宋欣欣 刘大川 程金菊 栾 慧 高海波 杨晓春 毛 佳
任佩佩 高长永 王吉昌 李 娜 刘 伟 ROKAYYA EL-DIB

2012 年 理学(74 人)

无机化学(27 人)

徐 斌 张 音 王 令 王同保 张旭男 荆孟娜 刘晓红 徐晶晶 王 伟
康磊磊 王丹丹 朱孟花 楚合涛 宫再霖 闫 俊 盛 杰 杨 帆 王丽媛
何娇娇 孙延玉 赵 勇 张会杰 龚 锋 肖 宇 陈淑青 赵怿之 李佳龙

高分子化学与物理(13 人)

毛利飞 林 程 李爽娜 黄 磊 梁希凤 郑 楠 邵志敏 李大龙 朱凤磊
程喜全 于海洋 白惠文 潘宝庆

物理化学(34 人)

高欣欣 李晓琳 张春雨 广新颖 靳贝贝 张 路 陆小龙 陈 晨 王 楠

马昊天　宗　薇　桂威军　文振忠　李松鞠　和文平　杜　明　薛青凤　王　旭
赵梦霞　黄　海　代洪静　周安坤　夏伟涛　冯　伟　申造宇　田　莹　张荣福
杨　柳　苟宝权　耿慧慧　邵运英　刘　亮　胡元鑫　陈大宏

工学(89 人)

化学工程(27 人)

牟辰中　苏秀莉　申　斌　磨晓亮　王书洋　孙自许　雷龙飞　潘　通　郑东洋
李晓东　张　涛　田　静　刘宝军　陆仕稳　陈章庭　贺艳秋　昝振峰　吴光美
康宏强　齐国栋　赵丽娟　刘晓红　邢东军　吕　通　孟祥彬　潘英俊　邹春虹

化学工程与技术(43 人)

王蓓蓓　王战辉　孔　磊　齐鹭汀　刘志豪　张　明　李晓昆　张恩爽　牛英华
雷拯宇　卢文义　吴　洁　郭　俊　李国瑞　娄帅锋　梅艳霞　于凤斌　刘少柱
孙　林　张　靖　崔　立　赵彦彪　周　俊　刘晓天　李春振　熊　凯　孙笑寒
燕　玲　陈　宁　王洺浩　刘道庆　李存梅　邢麒麟　刘　鑫　姜义田　张　屾
李春小　王　洋　陈　虎　张振文　翟运飞　MOROZOVA IRINA
MAZUROVA OLGA

生物化工(2 人)

王　丽　李文静

食品科学(17 人)

程　恳　李　芳　邵文娇　容　容　王　璞　金　文　张　丽　焦晶凯　张伟洋
刘　佟　秦一兵　孔莹莹　李娅楠　彭　雪　费喜佳　张文龙　张　浩

2013 年　理学(81 人)

无机化学(29 人)

刘宝生　潘也唐　王　潇　李煜东　陈小康　严奇文　梁君秀　毛德羽　赵占玉
张　鹏　周　炜　姚冬梅　刘静华　刘　蕾　张传明　王芳霄　李云娇　付　丽
杨　雯　何艳贞　左　昕　杨馨蓉　石　岩　樊淑鸽　商庆燕　刘臣娟　朱前程
董玉伟　蒋恩英

高分子化学与物理(17 人)

张磊昌　孙红光　刘　洋　王智博　李　朦　李晶波　叶真铭　蒋丽琴　姚宇环
张福臣　康红军　陈秋阳　李翠云　林媛媛　佟晓楠　方　雪　黎菁菁

物理化学(35 人)

乔淑花　贾梦柯　王　楠　鲁聪颖　顾　佳　李晓超　宋志远　王云龙　李薇薇
马晓丽　曹丽丽　黄　达　赵慎龙　郭　林　郭金华　姚　禛　孙　佳　范　旭

勤力同心　笃行致远

石小凤 王 玮 高崑淇 呼小红 钱志英 熊桂洪 王 钢 卢 艳 黎 哲
李俊杰 张 晓 何 昀 肖丽丽 许展铭 胡宜栋 张翠云 甄丽莉

工学(99人)

化学工程(29人)

白清友 姚 远 苏 晶 岳玉龙 崔存仓 李长江 侯 超 矫金福 岳利培
孙 凯 陈金润 罗永龙 付丽霞 程广玉 王攀攀 尹成果 马荆亮 杨 进
曹 喻 胡兴龙 曲 宜 牛翱翔 黄 通 刘 猛 李晓燕 俞贞妮 田庆彬
翟红梅 解新周

化学工程与技术(49人)

张娇龙 王雪靖 孔德龙 石 好 刘晨宇 安朋娜 刘 磊 王雅静 王洪彩
刘 伟 霍 莉 魏征晴 付珂玮 朱升财 刘义波 陈泳兴 冯忠宝 张博斌
林 利 宋志光 罗艳路 张晓磊 金 雷 周 燕 冷坤岳 刘 欢 苗菲菲
范 鹏 孙 顺 李 维 王浩宇 褚宏举 张丽芳 高 锃 赵淑贞 郑 侠
雷 杰 贾方娜 李忠宏 陈 飞 王建康 陈秀萍 张 明 崔 莹 翟婧如
李 正 吴 超 方 伟 IGNATENKO VIACHESLAV

食品科学与工程(21人)

李 琳 张 超 王 蕾 赵现明 王 超 邹 攀 陈镜羽 杨益森 侯亚文
曾祥宏 孙婷婷 迟淳良 卢 静 高 波 徐韧博 赵 越 高 薇 李 冰
袁 园 冷 凝 徐显睿

2014年 理学(63人)

无机化学(19人)

李 松 张庆楠 黄燕萍 孟亚楠 钟士发 张译文 王 余 程 皓 刘位雨
张馨洋 许梦颖 杨秋玲 王华威 张世超 何远东 郭玉楠 贺少波 高 敏
陈 娜

高分子化学与物理(11人)

王慧莲 戚美微 张 春 李 楠 张永玲 王 苏 傅 鑫 张文生 于 静
于金旭 王 芳

物理化学(21人)

李晓光 陈 雪 王 蕾 杨治波 李秀丽 谈 翔 张 文 闫杜娟 廖军海
史晓睿 李郭敏 盖美玉 罗 燕 乐元琪 刘 洁 齐 敬 郝临星 殷 航
余艳霞 吕羚源 刘进财

分析化学(9人)

马 健 郭 岩 杨春丽 张嘉楠 李 叶 王 慧 刘文文 徐 雪 龙 达

有机化学(3 人)

冯立言　张小飞　刘　超

工学(101 人)

化学工程(38 人)

白　瑞　胡　瑞　代洪秀　侯　瑞　宋建伟　王鹏翔　谷　慧　李　琴　隋丽媛
滕娇琴　徐　莹　毕方圆　李　超　孙　翠　刘军磊　李晶晶　李　洋　赵　丹
郝延顺　曹健强　李华山　贺金秋　王永臻　高冬冬　徐云鹤　卢曦元　王　雪
吕　鹏　苏　锐　白　雪　刘　柯　王振文　向松涛　李　悦　魏珺儒　兰　天
尤万龙　李　达

化学工程与技术(43 人)

赵正远　朱　浩　李景波　李庆川　张　静　王利光　薛　原　汤慎之　陈思源
裴林娟　王宝玉　刘立振　付定国　刘　辉　李红菊　廖成龙　魏艳珍　田　刚
冯荣坤　常晓晶　侯　俊　王冬友　刘青松　高艳男　王熙源　刘光欣　赵　磊
郑丽丽　王仕伟　李振华　胡　冰　赵长杰　孟　冲　蓝　卫　董庆亮　安小坤
张春梅　杨文航　倪祖君　王凯锋　王斌腾　沈巧香　陈桂林

食品科学与工程(20 人)

高季瑜　王　超　周　常　公丕民　于艳燕　伊娟娟　赵　姣　李溪盛　秦　迪
张思琪　邓　浩　沈巳焱　李　璐　田思聪　周英爽　曹成龙　卢千慧　杨艳艳
樊凤娇　CHOI SEOJEONG

2015 年　理学(67 人)

无机化学(16 人)

张航川　郭晓会　梁　晨　刘志鹏　黄　尖　臧梦樵　刘　博　汪　祺　马　丛
梁　桃　毛静春　夏　雪　王旗栋　杨丹丹　胡　博　滕忆菲

高分子化学与物理(10 人)

邹　洋　何　珊　王春艳　李　霄　董　巍　刘宇鹏　班海娟　程　浩　刘雅薇
尉　枫

物理化学(21 人)

赵智博　周淑娟　李鹤楠　仇壮壮　廖艳平　王志达　方媛媛　龚　珊　吴琳琳
刘晶晶　顾　萌　史雨婷　陶　冶　张欢喜　贺绍飞　张永强　牛艳宁　吕蓬勃
吴振维　邹　贤　王泊宁

分析化学(12 人)

邹志娟　楚家玉　樊丽霞　孟红伟　张俊逸　王敏君　任立腾　段西健　陈虹曲

王琳　崔莹　荆强

有机化学(8 人)

朱丹　张海申　李亮　申文波　包礼渊　蒋贵刚　王丹　张磊

工学(120 人)

化学工程(57 人)

王玉　胡驰宇　李冲　徐亚南　查泽奇　吕吉先　张晓倩　田丹　李少慧
刘振国　王亚飞　刘一珺　朱维哲　许维怡　王学良　张波　王海娟　杨潇
庞春玲　曲德智　李天翥　李东刚　汪浩　李可运　李婷婷　刘恩诚　罗金
李孟愈　杨哲建　汤洋　廖庆光　李宁宁　李家飞　颜世银　张杰　杨路
王宁　丁善刚　高田田　韩娇　眭凯强　姜晓梅　程云　徐林煦　吴泽
徐佳宝　贾平　王继涛　张富纬　闫春秋　郭敬敬　王海博　潘云星　陈宇
王梓桥　李飞　山珊

化学工程(4 人)　(工程硕士班)

姜磊　王敏　沈浩宇　王春梅

化学工程与技术(40 人)

刘滔　王可心　张奇　肖建伟　张幸　常文博　崔雯　朱一鸣　张磊
高金龙　胡海峰　李永刚　林月　刘连宝　张亚军　夏琦兴　孔文杨　夏云飞
唐满　马奇会　宋海林　方园　武芹席　麻海鹏　韦华宇　邸安頔　林亚男
李文杰　贺强　孙风鹤　陈文霄　周艳　王恒　许慧鑫　王海娇　李超楠
李小莹　史海浩　钱正义　王熙禹

生物化工(1 人)

徐鹏飞

食品科学与工程(18 人)

王东　王哲　任璐雅　赵淞　杨戬　李景彤　王韫　吕晓萌　张琬桐
左春洋　张玥　章检明　杨玉波　孙美青　吕临征　唐兴国　胡盼盼　崔鹏举

2016 年　理学(80 人)

无机化学(15 人)

高香香　于春奇　刘欢欢　李鑫　肖朋　韦沛成　张微乐　张加静　段源羚
邓丹凤　彭靖　王文娟　勾金玲　王铎　庞小青

高分子化学与物理(23 人)

邵青　姚翔宇　张晨阳　文苹　郑晓强　王硕　胡相相　雷靖宇　齐小东
毛娇　宋飞　杨晓彬　刘长瑜　朱晓丹　金鑫垚　徐春红　左权　黄云峰

潘海涛　布　赫　王利鹏　张　聪　谭　磊

物理化学(26 人)

孙佩鑫　苏子鸣　苏姣姣　邝青霞　智美元　樊　硕　戴于力　覃燕兰　张聪敏
安　芸　黄彦民　徐欢欢　周建军　刘　娜　吴晓明　饶倩蓝　于　洋　王　雅
张　强　陈宽宽　戴　钧　许云雪　王　涛　李月梅　茹　毅　杨　晶

分析化学(11 人)

韩　鑫　翟羽佳　黄　玮　李婷婷　李冉冉　马文杰　吴金德　彭凡珊　刘国红
张世晨　丁　玎

有机化学(5 人)

范　丹　黄彬斌　毛朱青　周　佳　甘绍艳

工学(131 人)

化学工程(59 人)

邵金宇　马　刊　王　欢　张艺方　谷　兴　朱玉蓉　欧　旸　付传凯　杨文存
蔡　亮　孙洁平　李　娟　魏　晗　田相军　邵　翃　董成国　刘　敏　田　达
许春阳　魏　慧　刘采云　孙　健　张建辉　刘　爽　文雅靖　贺雅琼　赵娅靖
袁玉和　周亚威　张法宁　魏　巍　曲　航　马汝甲　刘宏威　宋依桥　江历峰
景梦华　王　尧　王言芬　陈　齐　马培培　陈　诚　蔡继翔　李　玮　卢　瑞
郭佳威　南　希　殷世波　郑香玉　杨昊崴　代洋洋　金继凯　纪甜甜　张芳平
苏大鹏　卢春涛　鲁　荣　张鸿林　李长乐

化学工程(10 人)　(工程硕士班)

黄　镔　张亚红　舒红群　严宗鑫　王许成　沈焕钢　吴春江　张祖波　赵名越
马洪涛

化学工程与技术(35 人)

马春雪　徐一方　梁成豪　刘　静　李有明　申　健　李明仙　李程远　王维宙
王　琦　吕敏兰　王　磊　姚　雪　易奎杨　范雪蕾　程俊涵　吴学昊　王　琦
李　敬　阮泽文　张睿心　赵艳丽　李小龙　刘丽娟　李艳红　张航宇　张青勇
张　玮　范晓莉　赵　峥　靳博文　谭美玲　王剑飞　林春华　丁　成

生物化工(2 人)

史　旺　胡俊飞

食品科学与工程(25 人)

雷　鹏　石璞洁　李　慧　黄　蕾　涂茂林　李　星　翟星辰　董青青　田培郡
戚聿妍　王　宁　向鑫玲　吕思润　刘　泓　宋　晨　王琳琳　赵　苒　孙敬明
牛玲玲　唐晓婷　井雪萍　赵春雨　谯　飞　杨虎臣　张怡欣

勤力同心　笃行致远

2017年　理学(71人)

无机化学(18人)

张君平　兰健文　胡冬雪　刘　畅　杨晓辉　王军海　苗思文　王芳炜　杨　旭
齐小芳　黎文博　罗　旋　包辛未　李崯雪　王晓波　邢　丹　王　鑫　李　旭

高分子化学与物理(11人)

马忠宝　周玉婷　张奎元　郭　靖　李　辉　尤方杰　张佳佳　宋忱昊　孙星卉
钱　玥　胡文博

物理化学(22人)

王彦翔　贺克武　孟俊生　曹美琦　汤鹏霄　李鉴桓　丁丹丹　刘秩桦　曾　炜
别常峰　张秀玉　刘　悦　李俊心　梁宇婷　赵　芮　闫龙飞　田　甜　马　力
李艳影　闫晓静　孙　猛　满金龙

分析化学(14人)

王　琦　丁雅茹　王　静　李　硕　陈玉秀　李　凯　何江龙　李金苑　曹　传
樊亚楠　段文菊　王魁元　辛　甜　马芳晨

有机化学(6人)

刘校双　葛一铭　王燕培　陶　磊　张慧芳　王久涛

工学(113人)

化学工程(63人)

刘文军　朱明华　张羽听　王　飞　何志超　刘昕阳　曹礼敏　李蒙刚　杨子涵
宋云鹤　蔡晓祥　刘　通　郝兆晗　屈博文　郝艳军　张晓勇　马　超　李尚鸿
张　群　陈　梁　蒋　旭　杨思思　丁　琦　褚宏旗　贾志刚　于金芝　张军帅
周英钰　谢天娇　李凯凯　马冰雪　许　俊　孙　帅　屈财玉　赵钱龙　宋雪芹
罗　浩　吴　清　陈　永　方文利　何　坤　贾芳芳　罗玲玲　李德洋　李玉鹏
李昭宇　刘　盼　任　静　杨炳伟　张　松　刘　芮　郝兴娟　焦建国　刘文婷
任　杰　王　伟　白欣欣　包锡洋　陈丹丹　冯佳茵　于彩红　许　虎　艾宝山

化学工程(2人)　(工程硕士班)

宋泽斌　郭艳娜

化学工程与技术(31人)

徐　寸　林泓旭　吴　迪　孙亚男　李典霖　张金萍　毛　颖　解秀秀　张　恒
刘冠杰　程亚蕊　陈　轩　董小龙　孙承志　王敬臣　周振心　徐　晟　白晨洁
张跃娟　郝晶敏　黎恩源　李　巧　花俊夫　黄艾灵　王婷婷　史威威　秦　迪
高　磊　孙志恒　郭　怀　孙　堃

食品科学与工程(17 人)

玄依凡　谭晓怡　张　晶　唐海珊　石晓璐　李佳琪　冯立婷　苏　迪　李书彬
徐婷婷　杨　喆　王碧莹　王正旋　李　丽　张　红　孙宗艳
AFFOUDA MOISEZ

2018 年　理学(97 人)

高分子化学与物理(15 人)

王秋霞　宋攀可　战　捷　尹玮达　张　麒　王晓强　李怀宇　李嘉文　关晨晨
张剑桥　郑继明　施　旭　张大禹　钱艺豪　史佳艳

物理化学(2 人)

宁洪岩　秦　冬

化学(80 人)

张恩浩　黄国梁　刘艳杰　鱼章龙　杨东辉　宋传奇　姬　敏　黄文俊　王　宁
孙秀杰　杨　灵　宋伟东　高　琴　赵益章　杨琳琳　郑宣鸣　朱俊泳　燕　禾
张相彬　魏从印　周玉霞　李雪飞　甄丛丽　蔚根花　陈文波　卢仁坤　崔　淼
齐丽颖　郭芮含　朱善旭　王凯萱　王一搠　吕美军　张文媛　张　晓　王伟平
吴月含　武学森　甄晓枫　王建飞　冯雅秀　王金丽　朱继超　王美晶　徐学晖
陆　阳　杨　薇　赵臻妮　郑晓楠　黄晓迪　李泽生　赵婧如　于晓妍　龙传江
陈太鑫　陈军超　张志荣　李文豪　李玉玲　朱俏俏　郑付伟　哈　藠　吴万宝
张方圆　李阳辉　杨连科　郭　纪　由春子　吴奕初　邹洪运　赵红红　沈云峰
李振南　张婧宇　赖　玲　黄恒军　辛　杉　叶　晨　邓雅心　陆　雪

工学(153 人)

化学工程(79 人)

董伟亮　张　鑫　郑元元　冉笑笑　李新魁　吉元鹏　赵子微　武新战　孙颖颖
闫新华　邵俊杰　张凌儒　何　凝　宁　辛　朱文琪　祝长城　李昌锦　王　慧
原　因　老欣悦　喻　聪　林进雄　许　超　韩佰洋　陈　飞　王　娟　姜云鹏
戴鹏程　李　曜　张浩亮　范秀花　邓建华　刘丽娜　鲍长远　董毅超　陈　敏
朱珂瑀　周鑫涛　曹　菲　郝梦圆　徐　露　陈　兴　孙　扬　万　圆　陈　攀
孙雨彤　秦　龙　陈一帆　刘　娇　郭　振　张鸶鹭　任　攀　王　峰　刘力源
高文佳　朱　帅　李一鸣　王斯敏　郑璐萍　张丽娟　赵晓璐　许王伟　田春雨
王博涵　何　盼　孙淑婷　李怀明　张瑞涛　徐志明　王云凤　于雪梅　孙永杰
季天豪　潘　鹭　宋爱利　张永朝　张　笑　潘欣子　郝思琪

化学工程(2 人)　(工程硕士班)

王秀利　张　凯

化学工程与技术(54 人)

尹志伟　王芳　赵小彬　张光明　李大敏　孙欣　李林超　张新羽　田莉
于泽腾　唐磊　杨斌　李卓　石英辛　王金鹏　王成利　孟艳秋　张文博
吉军义　高满意　谢浩添　赵翔　覃国师　崔西明　韩光辉　韩乐　刘锦润
刘杨　胡佳萍　刘禹萱　陆向宇　梁晨希　陈强　袁野　戚雁武　郑继利
耿天凤　胡潜骏　石一卉　陈童　武鹤显　夏贵岭　杨大帅　邱泽超　张伸
刘楠楠　欧阳琪　王帆　刘东日　韩莹平　高健　张宇奇
SHCHERBIN DENIS　NAM YOONSEUNG

食品科学与工程(18 人)

夏文艳　任军丽　王端莹　刘砚耕　索超　邬慧颖　曾德永　曲玲　邵素娟
彭方帅　韩雪　丁方莉　李晓曼　赵红星　李琦　杨楠　米雅清
PERMPATR TASSAMANEE

2019 年　理学(78 人)

化学(78 人)

马妍　高雅丽　高蔓莎　李风帆　刘迪心　许占　王逢源　马凡茹　李树贤
储永乐　韩轶　尤胜杰　周庆洁　李小凤　郝冬宇　张紫岩　刘诗慧　曹阳
刘显达　贾舒悦　金珊　王侨　田冬　霍婵媛　吴富贵　那益嘉　华可
阳旭　刘文龙　马文路　孙莹　李慧敏　李佩颖　周圣尧　王明　董俊
杜利新　于思潮　王立新　滕可心　纪新振　师成城　马清海　梁策　耿嘉中
郑丽敏　贾亚丽　李震辉　李佳贺　闫肃　王玉霞　柳鑫淼　周宇　孙菲菲
申志宏　尹思彤　庄心蕊　葛春宇　王达康　罗明检　黄修学　赵婷婷　杨扬
梁红波　王立军　郝玉秀　安博远　魏恒祥　宋冉冉　刘莹莹　贾文杰　李欣
张园媛　张群　牡玲　马天戈　曾成根　马雨倩

工学(141 人)

化学工程(66 人)

李佳杰　袁亚龙　刘扬　于龙　曲忠宇　熊建城　张建平　闫倩　孙祥
张文轩　王昱璎　王天琳　程千存　纪媛　陈昌举　赵若曦　张建清　单雪飞
陈悦飞　张晶波　胡宇涵　刘青松　朱葛　翟喜民　孙震　李若鹏　张南
葛立萍　王盈君　刘继鹏　陈远东　陈亮　侯月丹　高钟玥　余维　史彦
巩柳廷　李冠姝　高春磊　龙妍彤　吴建廷　张伟岩　张宇哲　毕亚军　朱雅杰
赵佳艺　司新新　董宇婷　孙莹　刘晶　王炜　王占花　刘秀　庞博
陈凯　李旭东　秦昭　杨修利　武云　韩煦　勾纪通　韩雪　吴梦欣
郭志坤　刘雨菲　官佺

化学工程与技术(58 人)

杨　洋 曹莹莹 陈君剑 张炫烽 朱　梅 闫琳琳 孙菲菲 衣晓彤 傅孟晗
张　伟 康海瑞 王永吉 李清馨 梁　瑞 司　维 叶　菁 刘东旭 余威懿
杜　洋 段真真 徐源祥 靳　帆 田　宇 刘　言 付　昊 张胜涛 赵丹洋
查冰杰 张　瑾 张宇奇 唐欣田 尚宏儒 刘馨阳 于丽男 李冠颉 李雪健
侯现金 封贻杰 谷金鑫 张雨葳 郭　鑫 张亚肖 潘小艺 于雯珺 孙　逊
宋　宁 孙宝国 张雨舒 李春凤 KUMAR TAUFIK SADAM HUSSAIN
AZIMBAY AMINA KIM SEULKI LEMI EDWARD RUFAS HAKIM
CHINDIKANI STANLEY MSISKA GARANG AROK JOK AKECH
EMMANUELVITALELOMILUK LOHIDE AKYLBEK DAMIR

食品科学与工程(17 人)

白钰莹 魏诗芸 王建成 赵赛楠 古　成 李思佳 王　玥 陈知秋 关凯方
崔素素 高增乐 李昕晏 杨雨茗 SIRIPHITHAKYOTHIN THANAWAT
JANG HYEONJIN MOYO RUMBANI KEZIA BESS

2020 年　理学(71 人)

化学(71 人)

金　明 郑新宇 周　涛 冯晓向 孙　成 商　菲 衣晓庆 刘　冰 张　丹
张晓茹 张亚萍 周美雪 韦士奇 敖新玲 张艺竞 徐一涵 王变娜 刘　念
黄丹梦 高静茹 卢子昂 杨　磊 乔亚东 林　娜 殷志远 李莉娜 雷体铁
翟亚超 董　琪 张　珍 李贝贝 孙莹莹 赵勃然 邓天奇 肖雁东 马　鸣
张　倩 武靖然 崔金楠 樊凯悦 刘阳阳 马晓妮 古　瑞 魏红伟 王育杰
历　杰 柴志怡 王瑞洁 尚玉倩 陈　聪 于健丽 任士栋 陈　雨 李金雪
李　赛 卓王涛 程海雪 路晓琳 马守春 祁家瑞 魏彬校 苑雪玉 张光华
谢克富 纪心阳 王金梦 袁淑瑞 王思奇 苏子一 刘月池
KALEBO HABAKUKI

工学(137 人)

化学工程(60 人)

李永刚 王安冉 杨　洋 方　野 徐　浩 熊永健 辛　浩 徐　军 虢凡郡
黄星皓 张欣宇 黄一婷 张伟鸿 徐　进 张清扬 张　蕊 吕　强 孙宗煜
王绍杉 王守泽 李　建 江振飞 姜云山 杨　靖 朱昱龙 付会珍 何婳勍
荣　昊 李　鑫 林　强 田南焱 李春玉 徐　鸿 张春艳 刘　杰 崔莹贝
王新瑞 李锦锦 宁克猛 何　震 崔迎雪 闫　琳 刘彩霞 赵晶晶 何虹运
宋欣月 王天一 苗　凯 孙　瑶 包永镇 王　宇 董晓华 乔文姝 张玉琪

勤力同心　笃行致远

王 舒 王玮琛 罗 韬 李松雪 张 靖 朱留丙

化学工程与技术(59人)

梅正繁 张艳秋 李振奋 王 爽 袁林成 余松吉 刘 旭 张天乐 刘 鹤 杨锦帅 崔玉涛 周子涵 申立其 王治璞 刘 晨 王启航 项李志 周著人 刘宗哲 屠晓强 刘雅欣 刘倩雯 徐 铭 张 各 宋亚杰 李 欣 王姗姗 李 响 赵 伟 赵程浩 周生宇 于凯论 于 爽 张亚群 高青青 王 冠 李 江 张晨阳 胡良良 赵天际 王俊峰 朱钰妍 刘 迪 袁文博 吴 倩 唐双龙 李 思 赵 丹 任怀正 张丽君 孙曼华 宾张杰 李子晨 王天祺 胡 婧 白小明 SHAKIROV NIKOLAI BYSTROVA ANASTASIIA GOH KOK SWEE

食品科学与工程(18人)

张一爽 韩晓旭 孙 玥 王佳慧 李欣瑜 鞠 婷 刘婧怡 王佳帆 赵梦雅 李 旺 王 笑 刘春红 王琮玉 刘 双 梁佳乐 GANKHUYAG JAVZAN SIRIPITAKYOTIN NIYAPHORN ANDUALEM ESHETU BEZE

总人数:3 188

* 同等学力学位

勤力同心 笃行致远

历届博士研究生名单

（本部分年份为授予学位年份）

1992 年　工学(2 人)

环境化工(2 人)

侯文华　于鹏光

1993 年　工学(3 人)

环境化工(2 人)

岳奇贤　王建龙

复合材料(1 人)

黄玉东

1994 年　工学(2 人)

环境化工(2 人)

胡万里　熊岳平

1995 年　工学(2 人)

环境化工(2 人)

姜兆华(在职)　于秀娟

1996 年　工学(7 人)

环境化工(3 人)

李大鹏　王　鹏(在职)　孙德智(在职)

环境工程(3 人)

冯玉杰　王　竞　戚道铎

复合材料(1 人)

白永平

1997 年　工学(5 人)

环境化工(4 人)

解晶莹　张全生　李朝林　孙治荣

复合材料(1 人)

石建新

1998 年　工学(10 人)

环境化工(4 人)

李建玲　陈振宁(在职)　孟宪林(在职)

复合材料(2 人)

孙文训　刘宇艳

材料学(4 人)

张博明　汪　进　顾　辉　曲建俊

1999 年　工学(5 人)

环境工程 (1 人)

胡　翔

材料学(4 人)

董绍胜　龙　军　安茂忠*　付宏刚*(校外)

2000 年　工学(3 人)

应用化学(1 人)

谷云龙

材料学(2 人)

赵九蓬　侯仰龙

2001 年　工学(4 人)

材料学(3 人)

宋　英　刘　丽　白续铎*(校外)

材料物理与化学(1 人)

史克英*

2002 年　工学(6 人)

材料学(5 人)

刘玉文　余大书　曹海琳　马恒怡　李　昕

材料物理与化学(1 人)

许　越

2003 年　工学(7 人)

材料学(3 人)

秦　伟　于志强　张　斌

材料物理与化学(4 人)

郝素娥　吴晓宏　甄西合　周百斌*

2004 年　工学(12 人)

应用化学(5 人)

杨　蕾　贺文智　王　锐*　王殿龙*　戴长松*

材料学(6 人)

孟令辉 陈向群 李金焕 孙岩峰 乔英杰* 王 超

材料物理与化学(1 人)

李中华

2005 年 工学(19 人)

应用化学(10 人)

徐 忠 郭元茹 孙举涛 张春华 栾野梅 杨丽娜 王柏臣 王光华 袁国辉 孙学通

化学工艺(1 人)

李文旭

材料学(8 人)

牛海军 郭 旭 吴松全 傅宏俊 李峻青 张春红 金 政 SEYED JA

2006 年 工学(35 人)

应用化学(32 人)

张玉军 宋元军 姚忠平 郑 伟 丁 飞 王 炎 邓 超 王百齐 王桂香 常立民 贺金梅 李 霞 邵玉艳 张 勇 崔国峰 高 军 黄 兵 顾大明 王振波 李艳辉 黄晓梅 李丽波 史瑞欣 刘玉荣 杨培霞 郭洪飞 张学忠 李 伟 杜 红 缪 佳 吴忆宁 邵永松*

化学工艺(1 人)

黄现礼

材料学(2 人)

刘志刚 徐世伟

2007 年 工学(26 人)

应用化学(3 人)

杨 涛 薛 松 张学伟

化学工程与技术(22 人)

刘洪权 章少阳 吴振东 姜艳丽 左朋建 李延伟 杨春巍 伊廷锋 王 征 郑环宇 徐志伟 王 哲 孔江榕 乐士儒 朱晓东 孟祥丽 卢俊峰 卢晓东 闵春英 孙 秋 马荣华* 王晓光*

化学工艺(1 人)

高　昆

2008 年　工学(22 人)

化学工程与技术(22 人)

付长璟　朴金花　姜再兴　姜　波　赵　杰　刘海萍　乔金硕　孙　雪　池玉娟
万丽娟　谢　颖　王二东　张　健　王家钧　张艳华　付　强　郭继平　郭　丽
王　松　刘喜军*　邬　冰*　邓启刚*

2009 年　工学(35 人)

化学工程与技术(35 人)

胡会利　王　磊　赵　亮　蔡克迪　郝国栋　张锦秋　李付绍　刘　鹏　付　颖
裴　健　张　彬　苏占华　林　宏　戴咏川　张成武　刘宇光　贾　近　俞志刚
郭　瑞　王振华　赖勤志　路蕾蕾　刘　伶　韩家军　葛　昊　周　楠　张雪林
曹立新　郭兴华　王洪波　董晶莹　任　众　邓康清*　宋　纯*　田　言*

2010 年　工学(30 人)

化学工程与技术(30 人)

王云龙　徐　平　郭　慧　王　淼　王艳红　王　猛　许　晶　张红杰　李英宣
赵志凤　徐宇虹　苏培博　穆松林　余世锋　马玉林　王广进　陈历水　朱崇强
吴丽娜　王　峰　李　颖　巩桂芬　王　崇　易华西　张　生　王　鑫　鞠春华*
徐衍岭*　TIMONAH NELSON SOITAH　RAMIN YAVARI

2011 年　工学(31 人)

化学工程与技术(31 人)

赵弘韬　崔闻宇　马天慧　覃　昊　李雪爱　苏彩娜　赵　红　崔瑞海　邹忠利
景介辉　杨同勇　周　超　赵　峰　苏晓雨　郭春锋　张如良　马　晶　张　磊
李　季　初园园　夏士兴　李　娟　李春香　张英春　王　超　张羽男　孙玉增
安永昕　梁　君　王芳芳　宫丽红*

2012 年　工学(27 人)

化学工程与技术(27 人)

邢乐红　姜政志　李德海　杨　恺　徐丽薇　张　丽　李海梅　于　凯　褚　佳
何胜华　赵国磊　邵玉田　周广鹏　杨潇薇　柳志民　张莉丽　王　砥　樊梓鸾
李婧妍　钱艳楠　沈哲敏　孙　彧　田双起　陈　欣　刘立敏　金仁成　贾方舟

2013 年　工学(45 人)

化学工程与技术(45 人)

孙　旺　赵东江　谷　芳　夏国锋　王伟军　李延华　孔凡栋　廖丽霞　刘　蕊
崔　磊　王　林　赵海田　吴亚东　王秋明　马毅斌　范秀娟　王小东　方　涛
刘国宇　崔巍巍　胡春平　谷留安　陈振宇　丁艳波　田　栋　叶　茂　郝树伟
徐　超　王　平　宋　波　黎德育　张　华　王　冲　李艳伟　孙净雪　徐丽英
范大鹏　郑　振　付东升　王海瑞　付秋月　唐　辉　张凌云　左丽丽　李小雨

2014 年　工学(56 人)

化学工程与技术(56 人)

方　巍　韩春苗　李　娜　林秀玲　董存库　肖　宁　程翠林　王　璐　郭玉娣
马凤鸣　谷红波　卢　艳　林德荣　张　丹　孙海燕　徐　丽　孙言春　邱海龙
曲微丽　邢丽丽　罗亚楠　姚　磊　刘海燕　张　鑫　王淑梅　于耀光　薛超辉
陈　硕　刘天一　刘瑞卿　朱俊生　徐海明　孙　鹤　刘羽熙　张　杰　谷献模
卢松涛　刘文丽　赵二庆　谭　强　祝　青　燕　波　孙金超　李洪波　孙　婷
王　莹　雷作涛　杨丽杰　李　明　郭晨峰　王大力　穆建帅　李炳江　所艳华
董银卯*　许浮萍*

2015 年　工学(45 人)

化学工程与技术(45 人)

樊丽权　许丽荣　张庆波　陈　磊　莫润伟　董红军　王雪芹　吴子剑　张　爽
洛　雪　李　良　初红涛　赵　蕾　李　亮　孟　爽　刘云夫　李德峰　李启明
李寒阳　李晓微　姜黎明　姜大伟　王　晨　遇世友　刘丹青　楚　盈　杨靖华
隋旭磊　吴英杰　玄明君　王新铭　吴志光　全　帅　郎笑石　何述栋　孙虹南
王　磊　张　敏　孙秀玲　王　博　郭晓玲　韩　爽　范立双　于殿宇*

OMMEAYMEN SHEIKHNEJADBISHE

2016年　工学(63人)

化学工程与技术(63人)

武光顺　焦国正　魏立国　马丽春　毕洪梅　严鹏丽　张蕾　孙丽娟　郑毅
高嵩　刘继江　刘丽来　王一　丁丽萍　刘安敏　程文静　任雪峰　黄国胜
于振兴　王宇威　陈登泰　程喜全　王志登　石磊　孙源　王竞鹏　仇兆忠
邢丽欣　关丽丽　宫显云　程玮璐　刘辉　陈少娜　徐阳　俞佳　刘广洋
姬姗姗　张玲玲　李冰　刘佳欣　胡玚玚　刘道庆　秦世丽　荆祥海　陈伟兴
焦月华　白海娜　孙少凡　王艳青　张娜　吕通　范丽莉　张恩爽　张迎
马生华　李冰　赵艳红　李赞　和文平　李春梅　李辉　邵婧鑫
ESUBALEW MEKU GODIE

2017年　工学(86人)

化学工程与技术(86人)

陈广宇　冷坤岳　靳超　程金菊　林鹏　林润　金文　康磊磊　张会杰
何芳　王振兴　刘铁峰　于佳立　张昱屾　郑楠　冯忠宝　黄磊　董玉伟
吴捷　邵韦　钟正祥　李庆阳　张靖佳　赵亚婷　高克卿　伊娟娟　苏婷
李存智　石岩　张立美　王亚斌　王晶　宋阳　姜艳霞　玉富达　李纪伟
罗英　王建康　蒋坤朋　张艳欣　张敏　王轶男　陈泳兴　方伟　王芳霄
曲云飞　刘旭松　郑茹娟　张会敏　刘元龙　田明　王阳　姬晓曦　于晓瑾
李伟　邵麟　娄帅锋　郝健　张音　吕桃林　李大龙　闵秀娟　刘伟
辛亮　王巍　王彩凤　杜磊　马全新　屈云腾　高长永　高飞　王文琼
崔瑛志　赵磊　刘猛帅　李宁　申斌　陈大宏　冯茜　员可力　田春华
张智嘉　张福臣　侯雪梅　刘晓天　李宣东*

2018年　工学(95人)

化学工程与技术(95人)

石靖　何艳贞　王龙　彭得群　马丽娜　刘发堂　杜玺　王利光　刘荣
徐艳超　刘强　郑乐伟　陈明　胡那日苏　王志奎　孙雍荣　李航　于在乾
朱孟花　于欣　李正林　周彦松　董国华　强荣　邱军强　潘庆瑞　王一博
李超　关婷　连叶　王洺浩　刘桂静　王倩　余艳霞　梁乃国　王鹏翔
高跃岳　刘春华　王状　薛原　胡宜栋　徐嘉　刘猛　颜廷胜　宗薇
章逸良　昌登虎　陈美玲　邹攀　孟伟巍　刘宝生　何灿霞　高崑淇　刘晨宇

杨福明　王立枫　王雪飞　陈宁　吴丽军　邸维　王洪双　王芳　谢非
李煜东　王军利　于琪瑶　张旭男　马浩翔　陈崇　李庆川　孙顺　康红军
刘倩倩　刘伟伟　刘永贵*　魏俊华*　王茗倩*　孙景峰*　刘志锴　闫春爽　华春霞
马晓轩　张坤　刘光波　吕查德　朱春桃　张瀚　邢伟男　于洲　周佩
吴光瑜　罗龚　黄书　马满玲　RAHOUI NAHLA

2019 年　工学(66 人)

化学工程与技术(66 人)

贺晓书　杨少强　安美忱　王雅静　王虹元　王莹　李晓琳　王明强　樊志敏
曲慧颖　郑琦　李佳龙　刁岩　韩钟慧　刘静华　何雄　韩璐　张基亮
孟昭旭　王雪靖　孙薇　赵敏　郑丽丽　郭岩　赵亚松　纪禹行　田思聪
樊凤娇　公丕民　姜旭　黄丽　王永臻　陈晓义　王熙源　王蕾　苏迎春
黄登明　王阿妮　焦杨　苏东悦　赵立伟　任晴晴　夏琦兴　王敏君　吴泽
杜韫哲　杨晓兵　章检明　涂茂林　智康康　阙兰芳　朱朝阳　秦利明　孔德龙
王紫玉　李松伟　姜婷婷　刘超　陈艳　徐林煦　曲德智　李慧　叶干
TALOUB NADIA　RUTKOWSKI SVEN
MOHAMMAD AHMED MOHAMMAD HEGAZY

2020 年　工学(76 人)

化学工程与技术(76 人)

曹丽丽　翟婧如　肖然　项迪　张春　徐星　杨杰　杨杰　孟庆强
程凤　霍杭　楚家玉　王宇晴　李加展　高啸天　王俊雷　简勇　张奇
龚珊　王宇　孔凡鹏　翟星辰　李贺　金晓丽　宋仁升　刘虎　孙延先
闫婷婷　刘雅薇　曹毅　姜艾锋　孙红光　马文杰　牛天娇　刘宗俊　范鹏
李梦茹　苗芃　张蕾　卞春　刘迪迪　崔新宇　王景风　闫义彬　邢凯
王娜　任子秋　岳明丽　雷文娟　方晓娇　李冲　高田田　赵肖乐　韦华伟
张东杰　张艳秋　潘晓娜　尚云飞　腾飞　林凯　赵彦彪　张彤　杨春雨
梁彩云　申健　曲航　李月梅　陈威　郑绪彬　张思文　刘旭　王雅
刘海燕　杨宝峰　GHELLAB SALAH EDDINE　WIN THI YEIN

总人数:825

---

* 同等学力学位